宽带中国出版工程

工业和信息产业科技与教育专著出版资金资助出版

宽带中国与物联网

续合元　编著

电子工业出版社

Publishing House of Electronics Industry

北京·BEIJING

内 容 简 介

本书首先简单介绍物联网的起源及现有的概念，同时根据作者长期以来的跟踪、研究成果对物联网的发展进行了定位，并给出了其分类视图；然后对物联网涉及的信息通信技术及共性技术进行分析与介绍，并基于物联网的基本要素阐述了物联网的标准、各种行业应用的发展状况。

本书的主要读者对象是各级政府和行业主管部门、国内外电信运营商、设备制造商、增值业务提供商，以及相关行业协会和研究机构的具有一定技术背景的专业人员。

图书在版编目（CIP）数据

宽带中国与物联网 / 续合元编著. —北京：电子工业出版社，2015.1
（宽带中国出版工程）

ISBN 978-7-121-24673-9

Ⅰ.①宽… Ⅱ.①续… Ⅲ.①互联网络—应用②智能技术—应用 Ⅳ.①TP393.4②TP18

中国版本图书馆 CIP 数据核字（2014）第 254658 号

策划编辑：宋　梅
责任编辑：桑　昀
印　　刷：三河市双峰印刷装订有限公司
装　　订：三河市双峰印刷装订有限公司
出版发行：电子工业出版社
　　　　　北京市海淀区万寿路 173 信箱　邮编　100036
开　　本：720×1 000　1/16　印张：19.75　字数：410 千字
版　　次：2015 年 1 月第 1 版
印　　次：2015 年 1 月第 1 次印刷
印　　数：3 000 册　定价：68.00 元

宽带中国出版工程

总序 1

宽带网络是新时期我国经济社会发展的战略性公共基础设施，是推进国家治理能力现代化和公共服务均等化的重要手段，是推动工业强国建设、促进农村经济发展和新型城镇化建设的重要途径。发展宽带网络对于促进信息消费、推动经济发展方式转变、全面建成小康社会具有重要支撑作用。加快宽带网络建设、增强技术创新能力、丰富信息服务应用、繁荣网络文化发展、保障网络安全，利在当前惠及长远。

当前，我国已建成覆盖全国、连接世界、技术先进、全球最大的宽带网络，网民数量、移动智能手机用户规模全球领先，相关产业能力持续提升，已经成为名副其实的网络大国。但同时，我国宽带领域的自主创新能力相对落后，区域和城乡普及差异比较明显，平均带宽与国际先进水平差距较大，网络安全形势日益严峻，总体上看国内宽带网络发展仍存在诸多瓶颈。在全球各国加强宽带战略部署、ICT 产业变革发展日新月异的形势下，要实现工业化、信息化、城镇化、农业现代化四化同步发展、建成网络强国仍然任重道远。

党中央、国务院高度重视宽带网络发展和管理，2013 年国务院先后出台了《"宽带中国"战略及实施方案》和《关于促进信息消费扩大内需的若干意见》。2013 年年底，中央网络安全和信息化领导小组成立，习近平总书记亲自担任组长，提出努力把我国建设成为网络强国，战略部署要与"两个一百年"奋斗目标同步推进，向着网络基础设施基本普及、自主创新能力显著增强、信息经济全面发展、网络安全保障有力的目标不断前进。这是党中央在新时期对我宽带网络发展提出的新目标和新要求，需要我们以改革创新精神，通过政策推动、技术驱动、产业带动、应用拉动促发展保安全；需要我们着眼长远、统筹谋划，积跬步、行千里，不断推动网络大国向网络强国迈进。

工业和信息化部电信研究院是我国在 ICT 领域权威的研究机构，多年来在重大决策支撑、行业发展规划、技术标准引领、产业创新推动和监管支撑服务中发挥了重要作用。"宽带中国出版工程"系列丛书，是该院及业界多位专家学者知识和智慧的结晶，是多专业科研成果的集中展现，更是多年理论与实践经验的综合集成，该系列丛书的出版有助于读者系统学习宽带网络最新技术，准确把握宽带应用和相关产业的最新趋势，从而提升对宽带网络的研究、规划、管理、运营水平。希望我国政产学研用各界齐心协力，共同为宽带中国发展、网络强国建设事业贡献力量！

工业和信息化部

总序 2

市场牵引是通信发展的动力，通信业务从话音为主到数据和视频为主，对带宽的需求与日俱增。思科公司 2014 年 6 月发布的报告指出，2013 年全球互联网忙时流量是平均值的 2.66 倍，与 2012 年相比，平均流量和忙时流量分别增长了 25%和32%，思科公司还预测从 2013 年到 2018 年，全球互联网流量忙时是平均值的 3.22倍，平均流量和忙时流量分别年增 23%和 28%。在互联网流量中视频已成主流，全球互联网视频流量占总量之比从 2013 年的 57%将增长到 2018 年的 75%。全球移动数据流量增长更快，2013 年一年就增加 81%，到 2018 年还将保持平均年增 61%的速度，届时移动数据流量将占全部 IP 流量的 12%。美国 Telegeography 公司给出的国际互联网干线流量 2009－2013 年平均年增 45%，2013 年相比 2012 年增加了 38%。我国国际互联网干线带宽从 2009 年到 2013 年平均年增 39.6%，2013 年相对 2012年增 79%，增长的后劲更明显。

通信业务与技术的发展总是市场牵引与技术驱动相辅相成，市场催生了技术，技术支撑了市场。集成电路继续遵循摩尔定律，单位面积的晶体管数年增 40%，强大的计算和处理能力改进了频谱效率与信噪比，提升了通信流量，比较好地适应了互联网流量的增长。光器件的技术进步加上电域的信号处理，使光纤通信干线商用容量水平基本按照十年千倍提升。2009 年起我国移动通信从 2G 经 3G 跨越到 4G，借助先进的多址复用技术和频谱的扩展等，峰值速率增加数百倍。

近年通信技术与业务发展一个值得注意的趋势是从消费者的应用向企事业应用扩展，2013 年全球企事业单位互联网流量较 2012 年增 21%，到 2018 年还将达到 2013年的 2.6 倍，将占全球互联网流量的 14%，而且全球企事业单位互联网流量中 14%将是移动流量。随着物联网发展及信息化与工业化深度融合，企事业单位的互联网应用还将有更大的发展。

互联网的渗透促进了经济的复兴，2013 年发布的《OECD 互联网经济展望 2012》分析了互联网对所有行业经济的影响，得出如果宽带普及率增长 1%，GDP 将增长0.025%，并且通过模拟得出互联网的贡献占 2010 年美国 GDP 的 4.65%～7.21%，占企业增加值的 3%～13%。波士顿咨询公司 2012 年发表的《连接世界》报告分析2010－2016 年互联网经济对 GDP 的贡献，中国仅次于英国和韩国为第三位，占 GDP的比例从 2010 年的 5.5%增加到 2016 年的 6.9%。IDC 公司提出信息技术已从计算机和互联网这两个平台发展到移动宽带、云服务、社交应用和大数据为标志的第三平台，即宽带化平台，并预测到 2020 年信息产业收入的 40%和增长的 98%将由第三平台的技术所驱动。世界银行的研究报告表明，对制造业的海外销售额和服务业的销售额来说，使用宽带的企业与其他企业相比分别高出 6%和 7.5%～10%，中低收入国家的宽带普及率每增加 10 个百分点，GDP 将会增长 1.38 个百分点。美国认为宽带的发展对上下游产业就业的拉动作用是传统产业的 1.7 倍。GSM 协会和德勤咨询机构 2012 年发表的研究报告指出，3G 移动数据应用增加 100%，人均 GDP 增速提升 1.4 个百分点。

为了抢占信息技术新的制高点并获得宽带化的红利，一些国家纷纷出台国家宽带战略，最近两三年来美国出台了《国家宽带计划》和《大数据研究和发展倡议》等，全球有 146 个国家都制定了加速发展宽带的国家战略或规划，不少国家建立了宽带普遍服务基金。

我国网民数量世界第一，但按网民平均的国际互联网干线带宽、固网平均接入速率和移动互联网下载速率仍低于世界平均水平，这几年有了显著改进，但与互联网高速发展和社会大众的期望相比总是恨铁不成钢。国务院在 2013 年 8 月发布了《"宽带中国"战略及实施方案》，提出到 2015 年要初步建成宽带、融合、安全、泛在的下一代国家信息基础设施，到 2020 年我国下一代信息基础设施基本接近发达国家水平，技术创新和产业竞争力达到国际先进水平。该方案对宽带网络覆盖、网络能力、应用水平、产业链发展和网络信息安全保障五方面提出了具体发展目标、重大任务和保障举措等。可以预期"宽带中国"战略的实施，必将为我国经济和社会的发展奠定坚实的网络基础，并惠及大众。

工业和信息化部电信研究院作为"宽带中国"战略的起草支撑单位之一，为"宽带中国"战略的制定做了深入的调查研究，现在与电子工业出版社联袂推出"宽带中国出版工程"系列丛书。该丛书串起终端、接入、传送、网络和云端各环节，涉及研究、制造、运营与服务各方面，涵盖宽带化技术、业务、应用、安全与管理各领域，解读"宽带中国"战略制定的背景，分析宽带化的解决方案，展望宽带化发展的前景。本套丛书内容全面，系统性强，既反映了宽带网最新的技术及国际标准化进展，又有国内实践经验的总结，兼具前瞻性与实用性。在此，衷心感谢工业和信息化部电信研究院和电子工业出版社及众多的作者所付出的辛勤劳动，希望本套丛书能够有助于业内外人士加深对宽带化的意义和内涵及难度的理解，相信本套丛书能够对行业发展和政府决策起到积极作用，为"宽带中国"战略的实施贡献正能量。

工业和信息化部通信科学技术委员会主任

中国互联网协会理事长

前　言

全球众多国家纷纷将发展宽带作为战略优先选择，正在推动新一轮信息化发展浪潮，同时我国已将"宽带中国"战略上升为国家战略，首次成为国家战略性公共基础设施。物联网是通信网和互联网的网络延伸和应用拓展，是新一代信息技术的高度集成和综合运用。物联网应用需要宽带网络，物联网发展呼唤宽带的升级和增强，宽带中国的实施将赋予我国物联网应用更广阔的发展空间，反过来物联网的广泛应用也会促进宽带网络的进一步发展，两者有密不可分的关系。

物联网是未来的信息通信技术的发展趋势，网络正从被动地接受、传输信息向主动采集、处理和利用信息的方向发展，并广泛应用到基础设施、物流配送、环境保护、安全生产和军事防御等领域，实现物质世界实时便捷的资源配置和科学管理。广泛分布的传感器、射频识别（RFID）和嵌入式智能小物体使物理实体具备了感知、计算、存储和执行的能力，不断推动物理世界的智能化。通信网、互联网、传感器网和识别技术融合集成将构建未来的信息网，使信息沟通从人与人向人与物、物与物扩展延伸，实现信息共享和业务协同，同时也使得人、环境和自然的协调适应和发展具备了更加广阔的前景。

本书共 7 章，系统介绍宽带中国及物联网相关的技术、标准、应用和产业体系，并预测了物联网的未来发展方向。第 1 章综合阐述物联网，重点介绍宽带中国与物联网的关系、物联网的内涵和特征、起源和发展现状以及发展过程中涉及的关键要素，以便读者建立宏观的物联网概念，本章由工业和信息化部电信研究院（简称CATR）的续合元撰写。第 2 章从感知技术、通信技术、信息处理技术、共性技术四个方面系统介绍物联网涉及的关键技术。感知技术中包括的传感器技术由 CATR 的杜加懂撰写，RFID 技术由 CATR 的周怡撰写，视频图像感知技术由 CATR 的曹远撰写；通信技术中的短距离通信技术由 CATR 的罗振东、马军锋、杨萌撰写，其中罗振东和杨萌负责短距离无线通信技术部分，马军锋负责短距离通信组网技术部分；广域网通信技术由 CATR 的刘荣朵撰写；信息处理技术中的海量数据存储和数据挖掘由 CATR 的曹远、罗松撰写；物联网共性技术中的物联网安全由 CATR 的陈湉撰写，物联网标识和解析由 CATR 的周怡和黄颖撰写，物联网的频谱由 CATR 的朱禹涛撰写。第 3 章重点介绍智能电网、智能交通、智慧城市、智能家居、电子健康、智能农业、智能环保七个典型物联网应用的发展情况，其中智能电网由 CATR 的龚达宁撰写，智能交通由 CATR 的汤立波撰写，智慧城市由 CATR 的李健撰写，智能家居由 CATR 的陆洋撰写，电子健康由 CATR 的李成撰写，智能农业由中国电信的江志峰撰写，智能环保由 CATR 的李健撰写。第 4 章介绍与物联网相关的国内外标准组织的标准化状况，包括 ITU-T、3GPP、ETSI、OneM2M、IETF/IPSO、IEEE、

CCSA、WGSN 等及行业物联网标准化的情况，由 CATR 的李海花撰写。第 5 章介绍物联网的制造业和服务业的产业发展状况，重点分析我国物联网产业的发展情况，由 CATR 的李健撰写。第 6 章分析物联网面临的安全风险，提出适用于物联网的安全评估方法，并借鉴信息系统安全等级保护的概念，探讨物联网环境下如何实施安全等级保护，由 CATR 的张雪丽撰写；物联网测试由 CATR 的罗松撰写。第 7 章预测物联网未来将向着泛在协同的泛在网方向发展，由 CATR 的续合元撰写。曲振华负责每章导读和全书的校正和核对。

参加本书编写工作的有续合元、张雪丽、罗振东、李健、曹远、李海花、周怡、马军锋、刘荣朵、龚达宁、汤立波、陆洋、李成、江志峰、陈湉、朱禹涛、杜加懂、曲振华、杨萌、黄颖、罗松。

由于物联网涉及的体系庞杂，且在不断发展演进之中，书中难免有差错和不当之处，欢迎广大读者提出宝贵意见。

编 著 者

2014 年 7 月于北京

目　　录

第 1 章

综　述

本章导读

　　全球众多国家纷纷将发展宽带作为战略优先选择，正在推动新一轮信息化发展浪潮，同时我国已将"宽带中国"战略上升为国家战略，首次成为国家战略性公共基础设施。物联网是通信网和互联网的网络延伸和应用拓展，是新一代信息技术的高度集成和综合运用。物联网应用需要宽带网络，物联网发展呼唤宽带的升级和增强，宽带中国的实施将赋予我国物联网应用更广阔的发展空间，反过来物联网的广泛应用也会促进宽带网络的进一步发展，两者有密不可分的关系。本章重点介绍宽带中国与物联网的关系、物联网的内涵和特征、起源和发展现状以及发展过程中涉及的关键要素。

1.1　宽带中国与物联网

　　宽带正在推动着新一轮信息化发展浪潮，在全球仍未走出经济低迷的情况下，众多国家纷纷将发展宽带作为战略优先选择，加速推进。目前全球已经有 146 个国家实施了宽带战略或行动计划。2013 年 8 月 1 日，我国国务院发布了"宽带中国"战略及实施方案，部署了未来 8 年宽带发展目标及路径，这意味着"发展宽带"在我国已经从部门行动上升为国家战略，宽带首次成为了国家战略性公共基础设施，迎来了新一轮的快速发展。

　　宽带在推动社会经济发展、提升国家长期竞争力方面的作用日益突出，主要表现在宽带能够高效的带动经济增长。宽带使得各行各业的生产、业务流程更加高效，大幅度提升了生产效率，并且使企业可以通过呼叫中心、服务外包等方式最大化地利用劳动力、原材料等资源。众多研究表明宽带比其他 ICT 技术更能促进经济社会的发展，并且对发展中国家的作用更为显著。仅在提升生产率方面，宽带就平均每年帮助制造业提高 5%、服务业提高 10%、信息产业提高 20%的生产率。宽带已经成为众多国家战略优先发展领域，欧盟把宽带发展作为"欧盟 2020 战略"的重要组成部分；美国把宽带作为重建美国、赢得未来的关键；韩国连续几届政府都把宽带作为优先事项；日本首相直接领导 IT 战略本部，每年进行宽带政策优先事项进行审查。联合国已呼吁将宽带列入全球"可持续发展目标（SDG）"，希望通过宽带的应用与服务创新促进经济增长、社会发展和环境保护。

　　物联网概念最早于 1999 年由美国麻省理工学院提出，早期的物联网是指依托射频识别（RFID）技术和设备，按约定的通信协议与互联网相结合，使物品信息实现智能化识别和管理，实现物品信息互联、可交换和共享而形成的网络。为抢占经济科技制高点，欧美、日韩等发达国家早已经将物联网产业提升到国家发展的战略高度，将其作为新一轮产业发展的重点，积极开展物联网技术研究、标准制定，加快推动物联网基础设施建设，着力推进物联网产业发展。美国提出《美国创新战略》，将物联网作为振兴经济、确立优势的关键战略；欧盟发布了下一代全欧移动宽带长期演进与超越以及 ICT 研发与创新战略，并制订物联网行动方案，公布了涵盖标准化、研究项目、试点工程、管理机制和国际对话在内的物联网领域十四点行动计划。日本提出"U-Japan"和"I-Japan"战略并将物联网作为发展重点，还出台了数字日本创新项目 ICT 鸠山计划行动大纲。韩国出台《物联网基础设施构建基本规划》，重点提出构建物联网基础设施、发展物联网服务、研发物联网技术、营造物联网扩散环境等四大领域。澳大利亚、新加坡、法国、德国等其他发达国家也加快部署了下一代网络基础设施的步伐。

自 2009 年 8 月温家宝总理提出"感知中国"以来，物联网被正式列为我国新兴战略性产业之一。物联网是我国战略性新兴产业的重点发展领域，发展物联网产业不仅是提高我国信息产业核心竞争力、改造提升传统产业和提升社会信息化水平的重要举措，也成为我国加快发展方式转变，推进自主创新的重要突破口。目前我国物联网在安防、电力、交通、物流、医疗、环保等领域已经得到应用，且应用模式正日趋成熟。在安防领域，视频监控、周界防入侵等应用已取得良好效果；在电力行业，远程抄表、输变电监测等应用正在逐步拓展；在交通领域，路网监测、车辆管理和调度方面正在发挥积极作用；在物流领域，物品仓储、运输、监测等多个环节得到广泛应用；在医疗领域，个人健康监护、远程医疗等应用日趋成熟。除此之外，物联网在环境监测、市政设施监控、楼宇节能、食品药品溯源等方面也开展了广泛的应用。

现今，通信网络的宽带化、移动化和 IP 化发展趋势越发明显，各种新颖、便利的数据应用层出不穷，各类新技术、新模式、新业务不断涌现，新的产业增长点正在形成。继互联网之后，物联网成为信息社会演进的推动力，肩负着再次振兴全球经济的特殊使命。随着物联网感知设备的泛在部署，物联网应用的不断提供，传统通信网络需要进行相应的不断优化和增强，并需要支持海量数据处理。我国正在加快物联网的建设步伐，争取尽快实现"感知中国"。因此，我国物联网的发展离不开通信网络，更宽、更快、更优的下一代宽带网络将为物联网发展提供更有力的支撑，也将为物联网应用带来更多的可能，因此说物联网的应用需要宽带支撑，物联网发展呼唤宽带的升级和增强，宽带中国的实施将赋予我国物联网应用更广阔的发展空间。

1.2 物联网的内涵和特征

物联网（Internet of Things，IoT）是通信网和互联网的网络延伸和应用拓展，是新一代信息技术的高度集成和综合运用，它利用感知技术与智能装置对物理世界进行感知识别，通过网络传输互联，进行计算、处理和知识挖掘，实现人与物、物与物的信息交互和无缝链接，以达到对物理世界实时控制、精确管理和科学决策的目的。

物联网具有多种网络形态，可以是独立的物理网，也可以是构架在通信网、互联网、行业网上的逻辑网络，实际中可以构建面向不同应用或服务领域的各种物联网，如智能电网、智能交通、智能物流等。物联网的主要特征包括：

- 物联网提供面向物的连接能力；
- 物联网提供自主的、可扩展的面向物的信息感知、传送、处理、控制能力；
- 物联网通过各种通信网络（通信网、互联网、行业网络）和信息处理，实现基于物的信息服务。

随着技术和应用的发展，物联网的内涵变得更加丰富，并且出现了多个与物联网相关的术语和概念，如泛在网、机器到机器通信（Machine to Machine，M2M）、传感器网。

泛在网是指基于个人和社会的需求，利用现有的网络技术和新的网络技术，实现人与人、人与物、物与物之间按需进行的信息获取、传递、存储、认知、决策、使用等服务，网络超强的环境感知、内容感知及其智能性，为个人和社会提供泛在的、无所不含的信息服务和应用。

M2M 是以机器终端设备智能交互为核心的、网络化的应用与服务，它通过在机器内部嵌入通信模块，通过各种承载方式将机器接入网络，为客户提供综合的信息化解决方案，以满足客户对监控、指挥调度、数据采集和测量等方面的信息化需求。

传感器网是利用各种传感器（光、电、温度、湿度、压力等）加上中低速的近距离无线通信技术构成一个独立的网络，是由多个具有无线通信与计算能力的低功耗、小体积的微小传感器节点构成的自组织分布式网络系统，它一般提供局域或小范围物与物之间的信息交换。传感器网、M2M、物联网、泛在网四者之间的关系如图 1-1 所示。

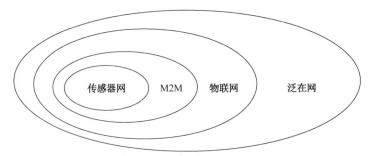

图 1-1　传感器网、M2M、物联网、泛在网四者之间的关系示意图

物联网是从以满足人与物之间通信为主，走向了连通人与物理世界，因此是迈向泛在网的关键一步；泛在网是物联网的发展方向和目标；M2M 特指由电信运营商构建的面向物联网的应用和网络；传感器网是物联网的一种末端接入手段和感知层

的重要组成部分。四者之间是包含的关系，即泛在网包含物联网，物联网包含 M2M，M2M 包含传感器网。

1.3 物联网的发展要素

物联网的发展涉及技术、应用、标准、产业和评测等多方面的关键要素。

1. 物联网技术

根据信息处理的三个关键环节，物联网网络架构在逻辑功能上由感知域、信息通信域、应用域组成，如图 1-2 所示。

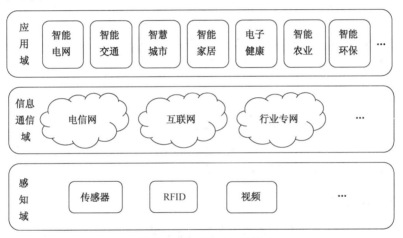

图 1-2 物联网网络架构

- 感知域：实现对物理世界的智能感知识别、信息采集处理和自动控制，并通过通信模块将物理实体连接到信息通信域和应用域，如传感器、RFID、视频等。
- 信息通信域：实现物联网数据信息和控制信息的双向传递、路由和控制，包括延伸网、接入网和核心网，可依托公众电信网和互联网，也可以依托行业专网。
- 应用域：包含应用基础设施/中间件和各种物联网应用，应用基础设施/中间件为物联网应用提供信息处理、计算等通用基础服务设施、能力及资源调用接口，以此为基础实现物联网在众多领域的各种应用，如智能电网、智能交通、智慧城市、智能家居、电子健康、智能农业等。

如上所述，物联网网络架构分为三个域，并架构在电信网、互联网、行业专网等多种网络之上，不同层面综合应用各类信息通信技术，涉及人类生产生活各种应用，因此物联网涵盖的关键技术非常庞杂，本书将从感知技术、通信技术、信息处理技术、共性技术四个方面系统介绍物联网涉及的关键技术，详见第 2 章。

2．物联网应用

物联网应用，既有公众应用，也有行业应用。其中公众应用是面向公众普遍需求提供的基础应用，如智能家居等；行业应用通常是面向行业自身特有的需要，面向行业内部提供的应用，如智能电网、智能交通等；其中部分行业应用也可以面向公众提供，如电子健康，称为行业公众应用，详见第 3 章。

3．物联网标准

物联网标准是国际物联网技术竞争的制高点，由于物联网涉及不同专业技术领域、不同行业应用部门，物联网的标准既要涵盖面向不同应用的基础公共技术，也要涵盖满足行业特定需求的技术标准。基于物联网技术体系和行业特殊性，将物联网标准分成四类，即物联网总体性标准、物联网通用共性技术标准、物联网公共标准以及电力、交通等行业的专属物联网标准，详见第 4 章。

4．物联网产业

物联网产业包括物联网相关的制造业和服务业，物联网产业并非完全新的产业，除了传感器产业、RFID 产业、M2M 产业的核心产业外，还有基于现有的基础 ICT 产业并且带动传统产业的发展，详见第 5 章。

5．物联网评测

随着物联网从概念规划逐渐步入落地实施，在各地、各行业都有了一定规模的部署，业界需要客观评价物联网的发展水平，对物联网相关的技术进行测试，保证产品质量并提高产品兼容性，开展安全评估，保障物联网系统和应用的安全性，详见第 6 章。

第 2 章
物联网技术

本章要点

- ✓ 物联网技术体系
- ✓ 物联网感知技术
- ✓ 物联网通信技术
- ✓ 物联网信息处理技术
- ✓ 物联网共性技术

 本章导读

物联网综合应用各类信息通信技术，同时网络架构在通信网、互联网、行业专网等多种网络之上，并涉及各种行业领域，因此物联网涵盖的关键技术非常庞杂，本章从感知技术、通信技术、信息处理技术、共性技术四个方面系统介绍物联网涉及的关键技术。

2.1 物联网技术体系

为了系统介绍物联网技术，将物联网技术体系划分为感知技术、通信技术、信息处理技术、共性技术，如图 2-1 所示。

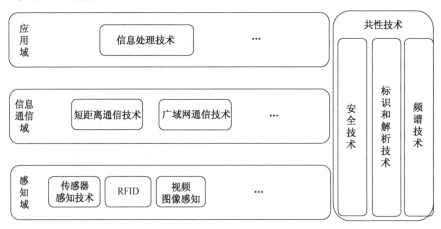

图 2-1 物联网技术体系

1．物联网感知技术

感知域是物联网感知物理世界获取信息和实现物体控制的首要环节，涉及的关键技术包括传感器、RFID、视频图像感知等技术，详见 2.2 节。

2．物联网通信技术

信息通信域涉及的关键通信技术包括各种短距离通信技术、广域网通信技术，详见 2.3 节。

3．物联网信息处理技术

应用域关键技术主要实现信息处理和业务应用支撑，其中关键信息处理技术包

括海量数据存储技术和数据挖掘技术，详见 2.4 节。

4．物联网共性技术

物联网共性技术涉及基础支撑技术和网络跨层技术，主要包括物联网安全技术、物联网标识和解析技术、物联网频谱技术等方面，详见 2.5 节。

2.2 物联网感知技术

2.2.1 传感器

2.2.1.1 传感器概述

物联网与移动互联网的一个重要的区别是其底层增加了传感器网络，利用传感器来从外界获取信息，极大地摆脱了传统意义上必须借助于人类的感觉器官来获取外界物理世界信息的限制；从这个方面来说，传感器可以被看作是人类感觉器官的延伸。

随着新技术的不断发展，世界已开始进入到信息时代，越来越多的有关生产及生活的数据被收集上来，促进了大数据的繁荣；但这一切的前提是要扩大信息获取的途径并保证信息的准确可靠，传感器就是获取自然和生产领域中信息的主要途径和手段。目前传感器已经渗透到生产和生活的各个方面，如智能终端、智能家居、工业生产、海洋勘探、环境保护，等等，传感器在推进经济及社会发展方面起到越来越重要的作用。

2.2.1.2 传感器定义及分类

1．传感器定义

按照国家标准 GB7665—87《传感器通用术语》中对传感器的定义是"能感受被测量并按照一定的规律转换成可用输出信号的器件或装置，通常由敏感元件和转换元件组成"。传感器是一种检测装置，它能感受被测量的信息，并将检测到的信息按照一定的规律转换成电信号或其他形式的信号输出，以满足信息的传输、处理、存储、显示、记录和控制等要求。总体来说，传感器是以一定的精度和规律把被测量转换为与之有确定关系的、便于应用的某种物理量的测量装置。

2．传感器分类

目前对于传感器尚无一个统一的分类方法，可以按照不同的维度对其进行分类，主要的分类方法有以下几种。

（1）按照传感器测量的物理量进行分类：主要有位移、压力、速度、温度、流量、气体成分等传感器。

（2）按照传感器工作原理进行分类：主要有电阻、电容、电感、电压、霍尔、光电、光栅等传感器。

（3）按照传感器输出信号的性质分类：主要有模拟传感器、数字传感器及开关传感器等。模拟传感器将被测量的信号转换成模拟输出信号；数字传感器将被测量的信号转换成模拟输出信号；开关传感器是根据被测量信号是否到达某个特定阈值来产生相应的输出信号。

（4）按照传感器材料进行分类：在外界因素的作用下，所有材料都会做出相应的、具有特征性的反应。传感器就是利用这些材料的特性，来制作传感器的敏感元件。从传感器所用的材料可以将传感器分为下列几类。

- 按照所用材料类别不同来分类，如金属、陶瓷、混合物等。
- 按照所用材料的物理性质不同来分类，如导体、绝缘体、半导体、磁性材料等。
- 按照材料的晶体结构不同来分类，如单晶、多晶、非晶材料等。

（5）按照传感器制造工艺分类：不同的传感器所使用的制造工艺不同，可以将传感器分为集成传感器、薄膜传感器、厚膜传感器和陶瓷传感器。

2.2.1.3 传感器发展历程

从产生到现在，传感器发展大体可分为以下三代。

（1）第一代：结构型传感器，它是利用结构参量变化来感受和转化信号的。结构型传感器属于早期开发产品，近年来，随着新材料、新原理、新工艺的使用，其在精度、可靠性、稳定性等方面有了很大的提高。目前结构型传感器在工业自动化、过程检测等方面仍占有相当大的比重。

（2）第二代：固体型传感器，这种传感器利用半导体、电介质、磁性材料等固体元件的某些特性制成。例如，利用热电效应、霍尔效应、光敏效应分别制成热电偶传感器、霍尔传感器、光敏传感器。这类传感器基于物性变化，结构简单，体积小，运动响应好，且输出为电量；易于集成化、智能化；功耗低、安全可靠；但线性度差、温漂大、过载能力差、性能参数离散大。

（3）第三代传感器：智能型传感器，具有一定的人工智能，是微型计算机技术与检测技术相结合的产物。智能传感器带有微处理器，具有采集、处理、交换信息的能力，是传感器集成化与微处理器相结合的产物。智能传感器相比于传统的传感器，可以提高传感器的精度、可靠性及性价比等，促进了传感器的多功能化。

2.2.1.4　传感器技术特点和发展趋势

1．传感器新材料的研发

材料研发是传感器技术的重要基础，新型材料是传感器技术升级的重要支撑。在新材料研究方面主要有以下三个研究方向。

（1）探索已知材料的新现象、新效应。

在已知的材料中探索新的现象、效应和反应，然后使它们能在传感器技术中得到实际使用。

（2）利用已知现象、效应和反应，探索新的传感器材料。

在利用好现有传感器材料的基础上，探索新的传感器材料，探索那些已知的现象、效应和反应在新材料中的效果，从而改进传感器技术。

（3）研究新型材料的新现象、新效应和反应。

在研究新型材料的基础上探索新现象、新效应和反应，并在传感器技术中加以具体实施。

2．MEMS 技术的使用

MEMS 称为微机电系统，是将微电子技术与机械工程融合到一起的一种工业技术。完整的 MEMS 是由微传感器、微执行器、信号处理和控制电路、通信接口和电源等部件组成的一体化的微型器件系统，尺寸通常在 20 微米到 1 毫米之间，因此 MEMS 不仅能够采集、处理和发送信息或指令，还能够按照所获取的信息自主地或根据外部指令采取行动。

MEMS 技术与传感器相结合形成 MEMS 微型传感器，它是采用微电子和微机械加工技术制造出来的新型传感器，与传统传感器相比，它具有体积小、质量轻、成本低、功耗低、可靠性高、适于批量化生产、易于集成和实现智能化的特点。同时，由于其尺寸在微米量级，可以使其能完成某些传统机械传感器所不能实现的功能。

目前 MEMS 的研究主要集中在以下三个方面。

（1）基础理论研究。

由于 MEMS 技术是建立在微米量级尺寸上的技术，虽然宏观世界基本的物理规律仍然起作用，但由于尺寸缩小带来的影响，许多物理显现与宏观事件有很大的区别，因此许多原来的理论基础都会发生一定的变化，如力的尺寸效应、微结构的表面效应等，因此需要对这些基础理论进行深入研究。

（2）技术研究。

MEMS 是微电子技术与机械工程相互融合的产物，因此需要对其涉及的微机械设计、微机械材料、微细加工、微装配与封装、微测量等基础技术进行研究。

（3）MEMS 技术应用。

MEMS 技术与各个学科领域相互结合可以产生不同的应用，需要深入研究 MEMS 如何与各领域应用结合，推动 MEMS 在各领域的广泛使用。

3．传感器集成化

随着物联网及智慧城市应用的发展，单一传感功能的传感器越来越不能满足应用需求，传感器的集成化已成为传感器未来发展的方向。集成化就是使传感器从单一功能、单一检测向多功能多点检测发展，大规模集成电路的发展使得传感器与相应的电路集成到同一芯片，为传感器集成化提供了技术保障。

集成技术的发展主要侧重于以下两个方面。

（1）硬件集成研究。

传感器硬件集成功能的研究主要集中在两个方面，一方面是各类传感功能的集成，使传感器具有多功能、多传感参数的感知等复合功能（如汽车用的油量、酒精检测和发送机工作性能的复合传感器）；另外一方面的研究主要是将传感功能、信息处理及执行功能的集成，使传感器具有信息感知、信息处理及传输能力。

（2）软硬件集成研究。

传感器软硬件集成是将传感器内的硬件及软件集成在一起实现传感器的各种增强功能，主要使传感器不但有数据采集能力，同时要具有数据融合处理能力。在物联网各类应用中，各种传感器形成底层传感器网络实现数据的采集传输，由于许多数据具有相关性和冗余性，为了节省传输资源，需要传感器能实现数据的前期处理和融合，这就需要考虑传感器的软硬件集成。目前多数据融合是这方面的主要研究内容，即对多个传感器或多源信息进行综合处理、评估，从而得到更为准确、可靠的结论。

4．传感器智能化

随着传感器应用的丰富，人们对传感器的要求也在逐渐增高，已经不再满足传感器简单的信息探测功能，而是希望传感器能将海量信息进行分析优化，过滤掉无用的数据，将最有用的信息传递给决策单元，并可能根据远程命令或自行决策执行相关的动作；同时人们还要求传感器具有更高的安全性、更强的可操作性及更强的恶劣环境适应能力。这些需求促使传感器向智能化方向发展。

智能传感器主要能实现以下功能。

（1）信息存储和传输。

智能传感器能通过通信网络实现双向通信，从而通过测试数据传输或接收指令来实现各项功能，如内检参数设置、测试数据输出等。

（2）自补偿和计算能力。

传感器一直存在温度漂移和输出非线性等问题，需要做大量的补偿工作，智能传感器的自补偿和计算能力为解决这些问题开辟了新的道路。

（3）自检、自校、自诊断功能。

普通传感器需要定期检验以保证其使用的准确度，一般要求首先将传感器拆卸下来送到实验室或检验部门进行检验，而智能传感器可以运行自检程序，进行自我诊断，还可以根据结果进行在线校正。

智能传感器的研究主要考虑软硬件的结合，通过将传感、存储、执行及通信功能集成一起实现，同时研究自补偿、自校正等智能算法。

5. 传感器的无线网络化

由于传感器本身集成化及智能化的发展，使传感器实现了信息的采集、数据的简单处理及数据传输，为传感器组成网络奠定了基础。同时在实际应用过程中，需要将大量的传感器部署在远端用于信息采集及数据传递工作，因此需要将这些传感器组成合适的网络，以提高工作效率。

无线传感器网络就是由部署在监测区域内大量的传感器节点通过无线方式组成的一个网络，其目的是协作感知、采集和处理网络覆盖区域中的被感知对象，并发送给观察者。无线传感器网络通过传感器的相互协作实现了对区域范围内的全面、多方位、准确可靠的感知，使系统具有很强的适用性和容错性，同时它扩展了人与现实世界进行远程交互的能力，为各种实际应用奠定了基础。美国《商业周刊》认为无线传感器网络是全球未来四大高技术产业之一，是 21 世纪世界最具有影响力的21 项技术之一。

（1）功耗管理。

某些应用要求部署的无线传感器网络生命期必须达到数月或数年，而传感器节点一般由电池供电，能源有限；对于大规模与物理环境紧耦合的无线传感器而言，通过更换电源的方式补充能源的方式不现实。同时还要考虑整个网络的能力均衡问题，避免有些传感节点能力耗尽而使整个网络瘫痪，因此需要对无线传感器的能量消耗进行管理，在传感器节点的设计、网络设计及操作等方面都要考虑功耗管理，使系统在能量消耗、系统性能之间做出均衡，使整个网络的生命周期最大化。

（2）安全问题。

无线传感器网络处于真实的物理世界，其所处环境属于不受应用服务提供商的控制的非安全区域，因此传感器网络的安全受到严峻的挑战。无线传感器网络可能遭遇到窃听、消息修改、路由欺骗、暴力破坏、拒绝服务、恶意代码等安全威胁。对于无线传感器网络的安全研究，不但要考虑通信安全，还要考虑到隐私保护问题。目前无线传感器网络安全研究还处于初期，需要根据传感器网络的特点，针对其所受到的安全威胁研究新型、轻量级的安全协议和安全策略。

（3）数据融合。

无线传感器网络由于传感器节点较多，感知的信息具有很大的冗余性，如果把这些冗余性数据直接传递给应用平台，会造成很大的网络负担，消耗过多的网络能量。因此目前在无线传感器网络中引入网络内计算，实现传感数据的融合，在保障数据准确性及全面性的同时，降低数据冗余，减少网络通信量，提高网络及带宽使用效率。

（4）IP化。

传统无线传感器网络以非IP技术为主，如常使用的ZigBee网络层协议就是非IP协议。目前，将IP技术向下延伸应用到感知层已经成为重要的趋势。国际上正在积极推进无线传感器网络的IP化，以便实现与互联网的同质连接，支持端到端IP业务应用。IETF积极制定IPv6技术在无线传感器网应用的相关技术标准，6LoWPAN、ROLL、COAP等核心标准已经基本制定完成。ZigBee联盟的智能电力Smart Energy 2.0应用已经开始全面支持IP协议。

2.2.1.5 传感器的应用

传感器的应用前景广阔，广泛应用于环境监测、智能家居、健康监测、汽车电子等领域，目前许多行业试图利用传感器来实现自动化。随着传感器及相关技术研究的深入，传感器会逐渐深入到人类生产、生活的各个领域。

1．环境监测

随着人们对环境的日益关注，对环境指标的监控需求也越来越强烈，"十二五"规划中明确有环境监测的要求，各地也把环境指标作为一项重要的政绩考核。传感器及传感器网络可以用于监测河流水质、空气质量（如PM2.5）、土壤情况、洪水监测、森林火灾等，替代了传统的人工定期或不定期的现场采样、分析等，提高了工作效率和监测水平，同时还节省了成本。

2．智能家居

传感器能够应用在家居中，通过在家电和家具中嵌入传感器节点，利用无线或有线连接成传感器网络，并通过Internet与监控终端或手机相连，形成远程监控系统，这样人们就可以通过手机等终端完成对家电的远程遥控。例如，在回家之前半小时将空调打开等。智能家居中传感器的使用为人们提供了更加舒适便捷的智能家居环境，提升了人们的生活品质。

3．健康监测

随着生活节奏的加快和生活压力的增加，越来越多的人处于亚健康状态，人们急切需要了解自身的健康状况；同时由于老龄化的到来，独居老人也越来越多，对于老年人身体健康的监测需求也越来越强烈。传感器及传感器网络在健康护理方面的应用可极大地满足人们的这种需求，通过在人身体上放置传感器，可以及时地采集到人体的各种生命特征，如心率、血压、脉搏等，并通过无线或有线网络传送到应用平台，医生可以根据这些监测信息，给出相应的建议。

4. 汽车电子

随着电子技术的发展，汽车的电子化程度不断提高，车用电子控制系统也越来越发达。对汽车各项运行状况的及时了解是实现控制的前提，因此车内被安装了各种传感器以用于监测汽车在运行过程中的各种工作状态信息，如车速、发动机运转状态等；传感器采集这些信息并将其通过车内通信总线及时地反馈给中央控制单元。汽车工业对传感器的要求极为严格，汽车传感器必须具有稳定性和精度高、响应快、可靠性好、抗干扰和抗震能力强、使用寿命长等特点。

2.2.2　RFID

2.2.2.1　RFID 技术概述

RFID（Radio Frequency Identification）技术是一种非接触式自动识别技术，它通过射频信号自动识别目标对象并获取相关数据。RFID 识别工作无须人工干预，可工作于各种恶劣环境，可识别高速运动物体，并可同时识别多个标签，操作快捷方便。因此，RFID 技术已成为全球自动识别技术发展的主要方向。

RFID 技术的主要特点是通过电磁耦合方式来传送识别信息，不受空间限制，可快速地进行物体跟踪和数据交换。与同期或早期的接触式识别技术相比，RFID 技术主要具有以下优点。

1. 读写方便

RFID 数据的读取无须光源，且可穿透纸张、木材、塑料等非金属、非透明材质包装。无源远距离读写可达 1.5 米，采用自带电池的主动标签时，有效识别距离可达 30 米以上。

2. 读写速度快

RFID 读写采取非接触方式，标签进入磁场后，阅读器可即时读取其中的信息，通常几毫秒完成一次读写，无方向性要求。其防冲突机制可支持同时处理多个标签，最多识别量可达每秒 50 个，且能够在运动中进行识别。

3. 数据存储量大

目前，在其他自动识别技术种类中，数据容量最大的是二维码 PDF417 码制，最多能存储 2725 个数字，若包含字母，则存储量会相应减少。而 RFID 标签的存储容量为 2 的 96 次方以上，可使世界上的每一种物品都拥有唯一标识。

4. 数据安全性高

RFID 标签数据可加密，扇区可独立一次锁定，并能根据用户锁定重要信息，数据安全性大大提高。

5. 物理性能优越

RFID 标签可耐高低温，工作温度范围约为−25～759 摄氏度，能适应各种工作环境和工作条件，对水、油和药品等物质具有强力抗污性，尤其适合工作于油污、粉尘、辐射、黑暗等恶劣环境。此外，RFID 标签可存储永久性数据和非永久性数据，存储器内数据可动态更新、反复使用。

6. 防冲突

RFID 标签支持快速防冲突机制，能防止卡片之间出现数据干扰，因此阅读器可同时处理多张非接触式射频卡，一次可处理 200 个以上。

2.2.2.2　RFID 技术发展及应用

RFID 技术起源于第二次世界大战时期的飞机雷达探测技术。雷达应用电磁能量在空间的传播实现对物体的识别。二战期间，英军为了区别盟军与德军飞机，在盟军飞机上装备了一个无线电收发器，当战斗中控制塔上的探询器向空中飞机发射询问信号时，收发器在接收到询问信号后会回传相应信号，探询器即可根据回传信号来识别是否为己方飞机。这一技术至今仍在商业和私人航空控制系统中使用。

雷达的改进和应用催生了 RFID 技术。1945 年，Leon Theremin 发明了第一个基于 RFID 技术的间谍用装置。1948 年，Harry Stockman 发表的论文"利用反射功率的通信"奠定了射频识别的理论基础。Harry Stockman 指出，在能量反射通信中还有许多问题需要解决，在开辟 RFID 的实际应用领域之前，还要做相当多的研究和开发工作。20 世纪 50 年代是 RFID 技术研究和应用的探索阶段，远距离信号转发器的发明扩大了敌我识别系统的识别范围。D B Harris 提出了信号模式化的理论及被动标签的概念。

20 世纪 70 年代，RFID 技术终于走出实验室进入了应用阶段。很快，RFID 技术与产品得到了迅速发展，出现了早期的规模化应用。20 世纪 80 年代以来，集成电路、微处理器等技术的发展更加促进了 RFID 规模化发展，封闭系统应用初步形成。1991 年，美国俄克拉荷马州出现了世界上第一个开放式公路自动收费系统。近几年来，随着自动收费、门禁、身份卡片等的应用，RFID 技术已经逐渐走入了人们的生活。

RFID 技术的发展可按 10 年期划分为如下几个阶段。

- 1941—1950 年：雷达的改进与应用催生了 RFID 技术，1948 年奠定了 RFID 技术理论基础。
- 1951—1960 年：早期 RFID 技术探索阶段，主要处于实验室实验研究。
- 1961—1970 年：RFID 技术理论得到发展，开始部分应用尝试。
- 1971—1980 年：RFID 技术与产品研发大发展时期，各种 RFID 技术测试得到加速，出现了早期 RFID 应用。
- 1981—1990 年：RFID 技术及产品进入商业应用阶段，各种规模应用开始出现。
- 1991—2000 年：RFID 技术标准化问题日趋受到重视，RFID 产品得到广泛应用，逐渐成为人们生活中的一部分。
- 2001 年至今：标准化问题更加为人们所重视，RFID 产品种类也更加丰富，有源、无源、半无源电子标签均得到发展，标签成本不断降低，行业应用规模不断扩大，RFID 技术理论得到不断丰富与完善，单芯片电子标签、多电子标签识读、无线可读可写、无源标签远距离识别、适应高速移动物体的 RFID 技术与产品等均逐步走向应用。

在我国 RFID 市场发展中，政府相关应用占据了 RFID 应用领域中的最大份额。第二代身份证的推出是近年来我国 RFID 市场规模得以迅速扩大的重要原因之一。此外，政府在城市交通、铁路、网吧、门票、危险物品管理等方面也利用 RFID 技术实现数据读取的方便性和安全性，进一步促进了 RFID 市场发展。政府的推动不仅拓展了我国 RFID 市场，同时也有助于发展相关配套环节，完善产业链，为 RFID 的进一步发展创造条件。

在跟踪发达国家 RFID 技术的同时，我国自主创新技术也在不断研究之中，多家企业在读写器和电子标签产品系列化、多样化方面取得显著成果。在标签生产方面，也初步形成了以芯片生产厂家为龙头，天线设计、芯片与天线封装制作等为主体的行业队伍。不过，我国的 RFID 技术应用在低频和中高频领域较为成熟，在超高频领域则仍有待于开展更深入的研究。

2.2.2.3 RFID 系统组成及工作原理

RFID 技术作为一种自动识别技术，其基本原理是利用射频信号和空间耦合（电感或电磁耦合）或雷达反射的传输特性实现对被识别物体的自动识别。RFID 系统因应用不同其组成会有所不同，但通常都由电子标签、读写器和数据交换与管理系统三部分构成，如图 2-2 所示。

其中，电子标签或称射频卡、应答器等，由耦合元件及芯片组成，其内部包含带加密逻辑、串行电可擦除及可编程式只读存储器（EEPROM）、微处理器 CPU 以及射频收发及相关电路。电子标签具有智能读写和加密通信的功能，它通过无线电波与读写设备进行数据交换，工作能量由读写器发出的射频脉冲提供。读写器，也称为阅读器、查询器或读出装置，主要由无线收发模块、天线、控制模块及接口电路等组成。读写器可将主机的读写命令传送到电子标签上，再把从主机发往电子标签的数据加密，将电子标签返回的数据解密后送到主机。数据交换与管理系统主要完成数据信息的存储及管理，以及对卡进行读写控制等。

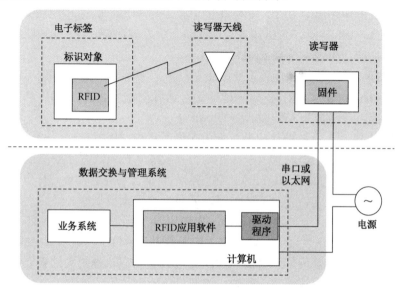

图 2-2　RFID 系统组成

RFID 系统的工作原理框图如图 2-3 所示。

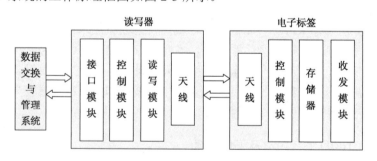

图 2-3　RFID 系统的工作原理框图

　　读写器通过天线在一定区域内发射电磁波信号，其区域大小取决于工作频率和天线尺寸。当电子标签进入磁场后，如果接收到读写器发出的射频信号，卡内芯片中的相关电路即会对此信号进行调制、解码、解密，然后对命令请求、密码、权限等进行判断。若为读命令，控制逻辑电路则从存储器中读取有关信息，经加密、编码、调制后通过卡内天线再发送给读写器。读写器接收到电子标签的数据后，首先解码并进行错误校验来确定数据的有效性，然后将数据存储到读写器内部的存储器中，或送至中央信息系统进行有关数据处理。若为修改信息的写命令，有关控制逻辑则引起内部电荷泵提升工作电压,以对 EEPROM 中的内容进行改写。若经判断其对应的密码和权限不符,则返回差错信息。

2.2.2.4 RFID 标签和识读

依据工作频率、供电形式、工作方式和可读性的不同,RFID 标签可分为多种类型。

1. RFID 依据工作频率分类

电子标签的工作频率即射频识别系统的工作频率,是标签最重要的特征之一。电子标签的工作频率不仅决定着射频识别系统的工作原理(电感耦合还是电磁耦合)、识别距离,还决定着电子标签及读写器实现的难易程度和设备成本。工作在不同频段或频点上的电子标签具有不同的特点。射频识别应用占据的频段或频点在国际上有公认的划分,即位于 ISM 波段。典型的工作频率有 125 kHz、133 kHz、13.56 MHz、27.12 MHz、433 MHz、902～928 MHz、2.45 GHz、5.8 GHz 等。

(1)低频段电子标签。

低频段电子标签,简称为低频标签,其工作频率范围为 30～300 kHz。典型工作频率有 125 kHz、133 kHz。低频标签一般为无源式电子标签,其工作能量通过电感耦合方式从读写器耦合线圈的辐射近场中获得。低频标签与读写器之间传送数据时,低频标签需要位于读写器天线辐射的近场区内。低频标签的阅读距离一般情况下小于 1 m。

低频标签的典型应用有动物识别、容器识别、工具识别、电子闭锁防盗(带有内置应答器的汽车钥匙)等。与低频标签相关的国际标准有 ISO 11784/11785(用于动物识别)、ISO 18000—2(125～135 kHz)等。低频标签有多种外观形式,如应用于动物识别的低频标签外观有项圈式、耳牌式、注射式、药丸式等。

低频标签的主要优势体现在标签芯片一般采用普通的 CMOS 工艺,具有省电、廉价的特点,工作频率不受无线电频率管制约束,可以穿透水、有机组织、木材等,非常适合近距离、低速度、数据量要求较少的识别应用。低频标签的劣势主要体现在标签存储数据量较少,只适用于低速、近距离的识别应用。

(2)高频段电子标签。

高频段电子标签的工作频率一般为 3～30 MHz,典型工作频率为 13.56 MHz。从射频识别应用角度看,该频段标签的工作原理与低频标签完全相同,即采用电感耦合方式工作,因此可将其归为低频标签一类。但根据无线电频率的一般划分,其工作频段又称为高频,所以也常常将其称为高频标签。

高频电子标签一般也采用无源方式,其工作能量同低频标签一样,通过电感(磁)耦合方式从读写器耦合线圈的辐射近场中获得。标签与读写器进行数据交换时,标签必须位于读写器天线辐射的近场区内。高频标签的阅读距离一般情况下也小于 1 m(最大读取距离为 1.5 m)。

高频标签可方便地做成卡状，典型应用主要包括电子车票、电子身份证、电子闭锁防盗（电子遥控门锁控制器）等。相关的国际标准有 ISO 14443、ISO 15693、ISO 18000—3（13.56 MHz）等。

高频标签的基本特点与低频标签相似，但由于其工作频率有所提高，因而可以具有较高的数据传输速率。

（3）超高频与微波标签。

超高频与微波频段电子标签的典型工作频率为 433.92 MHz、862（902）～928 MHz、2.45 GHz、5.8 GHz 等。该类电子标签可分为有源式电子标签与无源式电子标签两类。工作时，电子标签位于读写器天线辐射场的远区场内，标签与读写器之间的耦合方式为电磁耦合方式。读写器天线辐射场为无源式电子标签提供射频能量，或将有源式电子标签唤醒。相应的射频识别系统阅读距离一般大于 1 m，典型情况为 4～7 m，最大可达 10 m 以上。读写器天线一般均为定向天线，只有在读写器天线定向波束范围内的电子标签才可被读写。

由于读写距离的增加，应用中可能出现在读写区域内同时存在多个电子标签的情况，因此提出了多标签同时读取的需求。目前，先进的射频识别系统均将多标签识读问题作为系统的一个重要特征。目前，无源超高频电子标签比较成功的产品相对集中在 902～928 MHz 工作频段上。而 2.45 GHz 和 5.8 GHz 射频识别系统多以半有源微波电子标签产品生产。半有源式电子标签一般采用纽扣电池供电，具有较远的读写距离。

超高频与微波电子标签的典型特点主要集中在是否无源、无线读写距离、是否支持多标签读写、是否适合高速识别应用、读写器的发射功率容限、电子标签及读写器的价格等方面。对于可无线写入电子标签而言，通常情况下写入距离要小于识读距离，其原因在于写入要求更大的能量。

超高频与微波电子标签的数据存储容量一般限定在 2 Kbit 以内，典型的数据容量指标有 1 Kbit、128 bit、64 bit 等，更大的存储容量并无过多意义。从技术及应用的角度来看，超高频与微波电子标签并不适合作为大量数据的载体，其功能主要在于标识物品并完成无接触的识别过程。超高频与微波电子标签的典型应用包括移动车辆识别、电子身份证、仓储物流应用、电子闭锁防盗（电子遥控门锁控制器）等。相关的国际标准有 ISO 10374，ISO 18000—4（2.45 GHz）、ISO 18000—5（5.8 GHz）、ISO 18000—6（860～930 MHz）、ISO 18000—7（433.92 MHz），ANSI NCITS 256—1999 等。

2. RFID 依据供电形式分类

RFID 标签需要供电才能工作，它的电能消耗非常低，一般是 1/100 mW 级别。按照标签获取电能方式的不同，RFID 标签通常可分为无源式电子标签、有源式电子标签和半有源式电子标签。

（1）无源式电子标签。

无源式电子标签的内部不带电池，需靠外界提供能量才能正常工作。无源式电子标签典型产生电能的装置是天线和线圈，当标签进入系统工作区域时，天线接收到特定电磁波，线圈即会产生感应电流，再经整流向电容充电，电容电压经过稳压后可作为工作电压。

无源式电子标签具有永久使用期，支持长时间的数据传输和永久性的数据存储，通常用于标签信息需要频繁读写的场景。无源式电子标签由于主要依靠外部电磁感应供电，因此电能较弱，数据传输的距离和信号强度均受到限制，需要敏感性较高的信号接收器才能可靠识读。但相对来说，无源式电子标签的成本低，体积小，易用性强，是电子标签应用的主流产品。

（2）有源式电子标签。

有源式电子标签通过标签自带的内部电池进行供电，它的电能充足，工作可靠性高，信号传送距离远。有源式电子标签可通过设计电池的不同寿命来对标签的使用时间或使用次数进行限制，可应用于需限制数据传输量或使用数据受限的场景。有源式标签相对价格高，体积大，标签的使用寿命受限，并且随着标签内电池电力的消耗，数据传输的距离会越来越短，从而影响系统的正常工作。

（3）半有源式电子标签。

半有源式电子标签内的电池仅对标签内要求供电维持数据的电路供电，或为标签芯片工作所需的电压提供辅助支持，为自身耗电很少的标签电路供电。标签未进入工作状态前，一直处于休眠状态，相当于无源式电子标签。标签内部电池能量消耗很少，可维持几年，甚至长达 10 年有效。当标签进入读写器的读取区域，受到读写器发出射频信号的激励而进入工作状态时，标签与读写器之间信息交换的能量支持以读写器供应的射频能量为主（反射调制方式），标签内部电池的作用主要在于弥补标签所处位置的射频场强不足，其能量并不转换为射频能量。

3．RFID 依据工作方式分类

根据标签的工作方式，可将 RFID 标签分为主动式电子标签、被动式电子标签和半主动式电子标签。

（1）主动式电子标签。

一般情况下，主动式 RFID 系统为有源系统，即主动式电子标签用自身的射频能量主动发送数据给读写器，在有障碍物的情况下，能量只需穿透障碍物一次。由于主动式电子标签自带电池供电，电能充足，因此工作可靠性高，信号传输距离远。主要缺点是标签的使用寿命受到限制，随着标签内部电池能量的耗尽，数据传输距离会越来越短，从而影响系统的正常工作。

（2）被动式电子标签。

被动式电子标签需要利用读写器的载波来调制自身的信号，标签产生电能的装置是天线和线圈。标签进入 RFID 系统工作区后，天线接收特定的电磁波，线圈产生感应电流供给标签工作，在有障碍物的情况下，读写器的能量需要来回穿过障碍物两次。

（3）半主动式电子标签。

在半主动式 RFID 系统里，电子标签本身带有电池，但是标签并不通过自身能量主动发送数据给读写器，电池只负责对标签内部电路供电。标签需要被读写器的能量激活，然后再通过反向散射调制方式传送自身数据。

4．RFID 依据可读性分类

根据内部使用存储器类型的不同，可以将 RFID 标签分成只读标签（RO）和可读可写标签（RW）。

（1）只读标签（RO）。

只读标签内部置有只读存储器（ROM）和随机存储器（RAM）。其中，ROM 用于存储发射器操作系统说明和安全性要求较高的数据，它与内部处理器或逻辑处理单元完成内部操作控制功能，如响应延迟时间控制、数据流控制、电源开关控制等。同时，ROM 中还存有标签的标识信息。这些信息可以在标签制造过程中由制造商写入，也可以在标签开始使用时由使用者根据特定应用目的写入特殊编码信息。但这些信息只能一次写入，多次读出。只读标签中的 RAM 用于存储标签反应和数据传输过程中临时产生的数据。此外，只读标签中通常还置有缓冲存储器，用于暂时存储调制后等待天线发送的信息。只读标签一般容量较小，多用作标识标签，即将数字、字母或字符串等编码存储于标签中，作为检索管理系统中标识对象详细信息的键值。

（2）可读可写标签（RW）。

可读可写标签内部除置有 ROM、RAM 和缓冲存储器外，还包含非活动可编程记忆存储器。该存储器通常为 EEPROM，它除了具备数据存储功能外，还具有在适当条件下允许对原有数据进行多次擦除及重新写入的功能。

可读可写标签一般存储容量较大，标签中除可存储标识编码外，还可存储标识对象的其他相关信息，如生产信息、防伪校验码等。在实际应用中，由于标识对象的所有信息均存储于标签中，因此通常无须再连接到系统数据库进行信息读取。此外，可读可写标签还可在数据读取过程中，根据应用目的的不同控制数据的读出，实现在不同情况下读出不同数据部分的功能。

2.2.3 视频图像感知

2.2.3.1 视频图像感知的基本原理

俗话说"百闻不如一见"，视频图像信息具有直观、生动、信息内容丰富等特点，是人类最重要的信息载体，今后也必将成为物联网中最重要的信息之一。通常情况下，我们通过数字有线电视网络或者互联网络看到的视频图像，都是数字图像，这种数字图像的产生经过了量化、压缩、存储/传输、解压缩等步骤，视频图像感知的基本原理如图 2-4 所示。

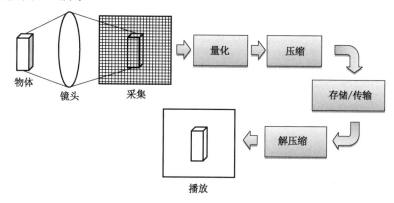

图 2-4 视频图像感知的基本原理

外部光源照射物体或者物体自身产生的光线，通过摄像设备的镜头进入摄像设备，摄像设备的光线感应元器件首先实现了对图像的采集。采集后的图像实现了模拟信号的数字化，但是数字化的图像仍然需要经过量化处理，量化后的图像信息数据才能够进行进一步的处理。通常情况下，量化后的图像信息数据将会被压缩，压缩会降低图像的数据量，减少存储或信息传输的开销，但同时也会损失部分图像的原始信息。在某些对图像有高质量要求的应用场合，量化后的图像信息将会在进行适当封装后直接存储或传输。被存储或者经通信网络直接传输过来的图像数据，在经过解压缩的过程后，即可在播放设备上实现播放。

2.2.3.2 视频图像的采集

视频图像的采集由光线感应元器件来完成。光线感应元器件事实上就是一种传感器，它所传感的对象就是图像信息。通常我们看到最多的是由普通可见光形成的图像，这里图像是通过可见光感应元器件产生的，包括 CCD 型传感器和 CMOS 型传感器。CCD 型传感器和 CMOS 型传感器不仅在成像原理上不同，在应用上也各有千秋。CCD 型传感器是由为数众多的微小光电二极管及译码寻址电路构成的固态电子感光成像部件，CCD 的主要优势是在相同工艺水平下，成像质量要好于 CMOS。CMOS 型传感器主要是利用硅和锗这两种元素所做成的半导体，使其在 CMOS 上共存着带 N（带-电）和 P（带+电）极的半导体，这两个互补效应所产生的电流即可被处理芯片记录和解读成影像。一般的 CMOS 型传感器结构简单、造价低于 CCD，同时还具有电量消耗低的优点。两种传感器在视频图像采集领域都大量应用。

与视频图像成像质量最直接相关的是 CCD/CMOS 型传感器的尺寸，尺寸越大感光面积越大，成像效果越好。相比而言，数字图像的像素数量对成像质量的影响要小一些，但是更高的像素数量会让图像看上去更细腻一些。

除了我们通常见到的可见光视频图像外，还有一类图像称为红外热成像图像。红外热成像技术原理是基于自然界中一切温度高于热力学零度（-273℃）的物体，每时每刻都辐射出红外线，同时这种红外线辐射都载有物体的特征信息，这就为利用红外技术判别各种被测目标的温度高低和热分布场提供了客观的基础，利用这一特性，通过红外探测器将物体发热部位辐射的功率信号转换成电信号后，成像装置就可以一一对应地模拟出物体表面温度的空间分布，得到与物体表面热分布相对应的热像图，即红外热图像。

红外热成像图像的采集主要通过红外焦平面阵列探测器来实现。焦平面探测器的焦平面上排列着感光元件阵列，从无限远处发射的红外线经过光学系统成像在系统焦平面的这些感光元件上，探测器将接收到光信号转换为电信号并进行积分放大、采样保持，通过输出缓冲和多路传输系统，最终送达监视系统形成图像。红外热成像技术由于成像器件价格昂贵，普及程度远远不如可见光成像技术。但是红外热成像技术相比于可见光成像技术更完全，在军事、消防、设备检修、测温、恶劣天气监控等领域应用中具有不可替代的优势。

2.2.3.3　视频图像的量化

视频图像的量化是指将经过图像传感器件采样到的各像素灰度值，由模拟量转换成离散量的过程。量化后的图像数据，需要采用一种数据格式来表达。对于彩色视频图像，通常采用 RGB 或 YUV 的格式表达图像。任何彩色图像都可以 R（红色），G（绿色），B（蓝色）三种基色混合叠加形成。对于量化的彩色图像，每一个像素点都可以采用 R，G，B 的分量表示。例如，最常见的 RGB24 格式，就是采用 24 个比特位描述一个像素，其中 R，G，B 分量各占 8 个比特。

除了 RGB 格式外，彩色图像还可以采用 YUV 的色彩格式来描述。YUV 格式的产生有其历史原因，它通过定义亮度信号 Y 和两个色差分量 U 和 V，很好地解决了彩色成像与黑白成像的兼容问题。YUV 格式和 RGB 格式是可以互换的。

常用的 YUV 格式包括 YUV4∶2∶2、YUV4∶2∶0 等，后面的数字代表图像的每个像素量化后，三个分量占用的比特位数量。例如，YUV4∶2∶2，就是 Y 分量占用 4 个比特位，而 U 和 V 分量各占用 2 个比特位；YUV4∶2∶0 格式是 H.264 视频压缩标准所支持的图像格式。

2.2.3.4　视频图像的压缩和解压缩

视频图像的压缩和解压缩算法非常多，包括 MPEG、MPEG2、H.263、H.264 等，但是现在占据主流位置的压缩算法是 H.264 压缩/解压缩算法。特别是通过互联网传播的图像，绝大部分都采用了 H.264 压缩算法。

H.264 是 ITU-T 的 VCEG（视频编码专家组）和 ISO/IEC 的 MPEG（活动图像编码专家组）联合视频组（Joint Video Team，JVT）开发的一个新的数字视频编码标准，它既是 ITU-T 的 H.264，又是 ISO/IEC 的 MPEG-4 的第 10 部分。1998 年 1月开始草案征集；1999 年 9 月，完成第一个草案；2001 年 5 月制定了其测试模式TML-8；2002 年 6 月的 JVT 第 5 次会议通过了 H.264 的 FCD 版本；2003 年 3 月正式发布。在 2005 年又开发出了 H.264 的更高级应用标准 MVC 和 SVC 版本。

H.264 的编解码流程主要包括 5 个部分：帧间和帧内预测（Estimation）、变换（Transform）和反变换、量化（Quantization）和反量化、环路滤波（Loop Filter）、熵编码（Entropy Coding）。H.264 的算法原理如图 2-5 所示。

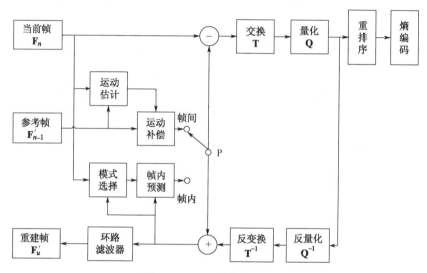

图 2-5　H.264 的算法原理图

H.264 并没有明确定义编解码器，而是规定了编码后的视频比特流的句法和该比特流的解码方法。与以前的标准一样，H.264 采用了基于块的混合编码方法。一方面，将图像分割成若干宏块，对每一个宏块，利用帧内或帧间预测去除空间或时间冗余信息，然后对预测残差进行 4×4 的整数变换编码，去除数据间的相关性。变换后的系数经量化、重排序后，最后进行熵编码输出二进制比特流，最大限度地消除符号间的冗余度。另一方面，量化后的系数经过反量化、反 DCT 变换，与编码时形成的预测帧相加得到重建帧，经过去块效应滤波器后得到解码后的图像，将其存储起来作为编码宏块的参考图像。

2.2.3.5　视频图像的智能分析

虽然视频图像中蕴含了非常丰富的信息量，但是当我们面对海量视频信息时，仅仅依靠我们的双眼去识别和抓取这些信息，是完全不可行的，特别是在安防监控等视频图像应用领域。实验结果表明，在盯着视频画面仅仅 22 分钟之后，人眼就对视频画面里 95% 以上的活动信息视而不见；而且现实中如果同时监视着多个屏幕，发现异常事件更是一件困难的事情。

为了解决传统视频图像应用中的困难，智能视频分析是利用计算机视觉和模式识别等技术，通过对监控视频的实时分析来对动态场景中的目标进行定位、识别和跟踪，并且分析和判断目标的行为，从而能在异常情况发生时及时做出反应。智能视频分析的目标是代替人来观看和理解监控视频，实时发现某些异常情况（如入侵、被盗、非法停车等）并以多种方式产生报警，或者分析视频内容从而输出有价值的统计信息（如交通流量等）。与传统的视频监控应用相比，智能视频分析的主要优势如下所述。

1. 24×7 全天候可靠监控

智能视频分析系统彻底改变了以往完全由安全工作人员对监控画面进行监视和分析的模式，它通过嵌入在前端设备（网络摄像机或视频服务器）中的智能视频模块对所监控的画面进行分析，并采用智能算法与用户定义的安全模型进行对比，一旦发现安全威胁立刻向监控中心报警。

2. 提高报警精确度

智能视频分析系统能够有效提高报警精确度，大大降低误报和漏报现象的发生。智能视频分析系统的前端设备（网络摄像机和视频服务器）集成了强大的图像处理能力，并运行高级智能算法，使用户可以更加精确地定义安全威胁的特征。

例如，用户可以定义一道虚拟警戒线，并规定只有跨越该警戒线（进入或走出）时才产生报警，从警戒线旁边经过则不产生报警。用户定义只有穿越房门的活动才产生报警，而经过房门的活动则不产生报警。

3. 提高响应速度

智能视频系统拥有比普通网络视频监控系统更加强大的智能特性，它能够识别可疑活动（如有人在公共场所遗留了可疑物体，或者有人在敏感区域停留的时间过长），因此在安全威胁发生之前就能够提示安全人员关注相关监控画面，使安全部门有足够的时间为潜在的威胁做好准备工作。

4. 有效扩展视频资源的用途

无论是传统的视频监控系统还是网络视频监控系统，其所监控到的视频画面都只能应用在安全监视领域，而在智能视频分析系统中，这些视频资源还可以有更多的用途。例如，商场大堂的监视录像可以用来加强对 VIP 顾客以及普通客户的服务，智能视频系统可以自动识别 VIP 用户的特征，并通知客服人员及时做好服务工作。

智能化、数字化、网络化是视频监控发展的必然趋势，智能视频分析的出现正是这一趋势的直接体现。智能视频分析设备比普通的网络视频监控设备具备更加强大的图像处理能力和智能因素，因此可以为用户提供更多高级的视频分析功能，它可以极大地提高视频监控系统的能力，并使视频资源能够发挥更大的作用。智能视频分析利用计算机视觉和模式识别等方法，从监控图像序列中检测、识别、跟踪运动目标，并对目标的行为进行理解与描述。其中，运动目标检测、运动目标跟踪、运动目标分类属于视觉中的低级和中级处理部分，而行为理解和描述则属于视觉中的高级处理部分。

5. 运动目标检测原理

运动目标检测是指从序列图像中将变化区域从背景图像中提取出来。运动目标的正确检测与分割对于目标分类、跟踪和行为理解等后期处理是非常重要的，因此成为视频监控系统研究中的一项重要课题。由于天气和光照的变化、背景运动物体的干扰、运动目标的影子等影响，使得运动目标检测成为一项相当困难的工作。目前几种常用的方法有时间差分法、背景减除法（Background Subtraction Techniques）、光流法、能量运动法等，但是光流法和能量运动法计算复杂度非常高，实际应用中很少使用。

6. 运动目标跟踪原理

运动目标跟踪是计算机视觉领域中重要的研究内容，是后续行为理解等工作的基础。运动目标跟踪在工业过程控制、自动导航等领域有着广泛的应用。不同的领域对运动目标跟踪的要求是不同的，在视频监控中能够容忍一定的误差。运动目标跟踪等价于在连续的图像帧之间创建基于位置、速度、形状、纹理、色彩等有关特征的对应匹配问题，目的是在连续的图像帧之间建立目标的对应关系。国内外学者已经对此问题做了大量的研究，提出了很多有效的算法。根据不同的分类标准，有很多不同的分类方法。根据目标检测和目标跟踪时间关系可分为三类：一是先检测后跟踪，先检测每帧图像上的目标，然后将前后两帧图像上的目标进行匹配，从而达到跟踪的目的。二是先跟踪后检测，先对下一帧图像中目标所在的位置进行预测，然后根据检测结果进行矫正。三是边检测边跟踪，检测要利用跟踪提供的对象区域，跟踪要利用检测提供的运动目标。根据跟踪空间可以分为二维和三维。根据跟踪目标的个数可分为单目标跟踪和多目标跟踪。根据摄像机是否运动还可分为摄像机固定的目标跟踪和摄像机运动的目标跟踪。

分类方法还有很多，但总体上讲，通常分为以下两种：一种是通过运动估计来跟踪目标的；另一种是基于匹配对应关系。基于匹配对应关系的跟踪通常又可分为基于模型的跟踪、基于区域的跟踪、基于活动轮廓的跟踪、基于特征的跟踪。

基于运动估计进行运动目标跟踪是一种常用的技术，主要有光流估计法、卡尔曼滤波算法、蒙特卡罗算法（粒子滤波器）等。传统的光流法计算复杂，很难实现实时。粒子滤波技术通过非参数化的蒙特卡罗模拟方法来实现递推贝叶斯滤波，跟踪性能较好。但是该方法需要进行很多假设，而且随着目标个数的增加，将会产生组合爆炸，很难应用于实时多目标跟踪系统。

基于模型的跟踪方法通常有如下三种：线图模型、二维轮廓模型、立体模型。基于区域的方法目前已有较多的应用，按照一定的特征把目标分为若干小区域，通过跟踪各个小区域来完成对整个目标的跟踪。基于活动轮廓的跟踪思想是利用封闭的曲线轮廓来表达运动目标，并且该轮廓能够自动连续的更新。基于特征的跟踪包括特征的提取和特征的匹配两个过程，比较经典的是基于质心的外接矩形框法等。视频图像的智能分析已经应用在多个领域，包括与安全相关和非安全相关的领域。

7．安全类相关的应用

安全类相关的应用是目前市场上存在的主要智能视频应用，特别是在"9·11"恐怖袭击、马德里爆炸案以及伦敦爆炸案发生之后，市场上对于此类应用的需求不断增长。这些应用主要作用是协助政府或其他机构的安全部门提高室外大地域公共环境的安全防护。此类应用主要包括：

- 高级视频移动侦测（Advanced VMD）——在复杂的天气环境中（如雨雪、大雾、大风等）精确地侦测和识别单个物体或多个物体的运动情况，包括运动方向、运动特征等。
- 物体追踪（Motion Tracking）——侦测到移动物体之后，根据物体的运动情况，自动发送 PTZ 控制指令，使摄像机能够自动跟踪物体，在物体超出该摄像机监控范围之后，自动通知物体所在区域的摄像机继续进行追踪。
- 人物面部识别（Facial Detection）——自动识别人物的脸部特征，并通过与数据库档案进行比较来识别或验证人物的身份。此类应用又可以细分为"合作型"和"非合作型"两大类。
- 车辆识别——识别车辆的形状、颜色、车牌号码等特征，并反馈给监控者。此类应用可以用在被盗车辆追踪等场景中。
- 非法滞留——当一个物体（如箱子、包裹、车辆、人物等）在敏感区域停留的时间过长，或超过了预定义的时间长度就产生报警。典型应用场景包括机场、火车站、地铁站等。

8．非安全相关类应用

除了安全相关类应用之外，智能视频还可以应用到一些非安全相关类的应用当中。这些应用主要面向零售、服务等行业，可以被看作管理和服务的辅助工具，用于提高服务水平和营业额。此类应用主要包括：

- 人数统计——统计穿越入口或指定区域的人或物体的数量。例如，为业主计算某天光顾其店铺的顾客数量。

- 人群控制——识别人群的整体运动特征，包括速度、方向等，用于避免形成拥塞，或者及时发现异常情况。典型的应用场景包括超级市场、火车站等人员聚集的地方。
- 人物面部识别——识别人物的面部特征，并通过这些信息来判定人物的身份。
- 注意力控制——统计人们在某物体前面停留的时间。可以用来评估新产品或新促销策略的吸引力，也可以用来计算为顾客提供服务所用的时间。
- 交通流量控制——用于在高速公路或环线公路上监视交通情况。例如，统计通过的车数、平均车速、是否有非法停靠、是否有故障车辆等。

2.3　物联网通信技术

2.3.1　概述

现有通信体系按照覆盖范围大小，通常被划分为个域网、局域网、广域网（含城域网）。

个域网主要覆盖几十米范围，比如蓝牙、ZigBee 等；局域网覆盖范围在百米量级，如 Wi-Fi，具有非常高的数据吞吐量，产业成熟且应用普及，物联网应用中适合较大范围的大数据量传输，当前正向更低功耗方向发展，以更好地支持各种轻量级的物联网应用。个域网和局域网因覆盖范围较小，一般认为是短距离通信。特别是，采用无线方式连接的短距离无线通信在物联网体系架构中是连接各类感知层设备（如传感器、执行器等）与汇聚网络、实现灵活的数据采集、控制、管理等功能的主要手段，是物联网不可或缺的核心关键技术，对整个物联网的技术、产业和应用发展具有非常重要的影响。

广域网（含城域网）可覆盖整个地区、国家，甚至全球，如移动蜂窝通信网、光纤网、IP 网等，由于采用无线接入技术，终端具有移动性、网络具有广覆盖的特性，通过对现有网络的增强，在支持物联网应用方面具有独特的优势，特别是一些无人值守区域的应用，以及广覆盖区域移动性管理需求的应用方面得到了广泛的应用。

综上所述，短距离无线通信、广域网通信是当前物联网的主流通信技术，下面将对这两种技术进行重点介绍。

2.3.2　短距离无线通信技术

2.3.2.1　概述

短距离无线通信是指用于近距离范围内无线设备之间数据传输的无线通信技术。在物联网体系架构中，短距离无线通信是连接各类感知层设备（如传感器、执行器等）与汇聚网络、实现灵活的数据采集、控制、管理等功能的主要手段，是物联网不可或缺的核心关键技术，对整个物联网的技术、产业和应用发展具有非常重要的影响。在物联网发展的推动下，短距离无线通信技术已成为当前 ICT 技术中发展非常活跃的一部分，技术快速发展，功耗、速率、覆盖、组网、业务能力、安全性等方面的性能不断快速提升。与此同时，短距离无线通信的产业不断壮大，市场高速增长，应用日益普及。

在现有无线通信体系划分中，并没有明确的短距离无线通信类别。实际上，按照覆盖范围大小，无线通信通常被划分为无线个域网（WPAN）、无线局域网（WLAN）、无线城域网（WMAN）和无线广域网（WWAN）。其中，无线个域网主要覆盖几十米范围，如蓝牙、ZigBee 等；无线局域网覆盖范围可达数百米，如 Wi-Fi/IEEE 802.11；无线城域网覆盖范围在数公里至数十公里，如 IEEE 802.16 等；无线广域网可覆盖整个地区、国家，甚至全球，如移动通信、卫星通信等。相对于无线城域网和无线广域网，无线个域网和无线局域网的覆盖范围较小，一般被认为是短距离无线通信。

无线个域网技术分支较多，主要包括低速无线个域网、中速无线个域网和高速无线个域网三类。IEEE 802.15.4 是目前低速无线个域网的主流技术标准，基于 IEEE 802.15.4 标准的 ZigBee 技术已得到广泛应用；蓝牙是中速无线个域网的主流技术，在消费电子设备中应用非常普及，目前也在物联网领域积极拓展；高速无线个域网主要包括超宽带（UWB）、WirelessHD（IEEE 802.15.3c）等技术，但高速无线个域网技术发展较慢，市场影响力较小。总体来看，IEEE 802.15.4 和蓝牙是目前最主要的无线个域网技术，应用普及、产业影响力大，而且技术上非常适合无线传感器网络等轻量级物联网应用。

无线局域网产业成熟，应用普及，是另一大类非常有影响力的短距离无线通信技术。当前，无线局域网以 IEEE 802.11 系列标准为技术基础。尽管 IEEE 802.11 包含二、三十项技术标准，但不同标准之间保持了很好的兼容性，可看作是一个整体。无线局域网具有非常高的数据吞吐量，覆盖范围大于无线个域网，在物联网应用中，无线局域网适合较大范围的大数据量传输。当前，无线局域网也正在向更低功耗方向发展，以更好地支持各种轻量级的物联网应用。

综上所述，低速无线个域网（IEEE 802.15.4）、蓝牙和无线局域网（IEEE 802.11）是当前短距离无线通信的主流技术，下面将对这三种技术进行重点介绍。

2.3.2.2　低速无线个域网

2.3.2.2.1　低速无线个域网概述

低速无线个域网（Low-Rate WPAN，LR-WPAN）是指面向低速数据采集、控制等低速率应用的无线个域网技术，当前的主流标准是 IEEE 802.15.4 系列标准，最具代表性的技术为基于 IEEE 802.15.4 的 ZigBee 技术。

LR-WFAN 在传输速率、覆盖范围、功耗、工作频率、组网、用户数等方面具有如下特点。

- 传输速率：通常在 1 Mbps 以下。
- 覆盖范围：覆盖半径一般在几十米，但也在向更大覆盖范围发展。
- 功耗：超低功耗，可长期使用电池供电工作。
- 工作频率：主要使用免许可频段，如 2.4 GHz 频段（全球通用）、868 MHz 频段（欧洲）、915 MHz 频段（美国）等。
- 组网：支持星形、树形、网状等灵活的组网方式。
- 用户数：支持大规模用户接入。

LR-WPAN 技术主要面向低速率低功耗的无线传感器网络相关应用。随着物联网技术和产业的快速发展，LR-WPAN 技术迎来发展的高潮，产业规模快速增长，应用日益普及，成为当前物联网感知延伸层的主要通信技术之一。在技术上，当前基于 IEEE 802.15.4 标准已形成 ZigBee、WirelessHART、ISA100.11a 等多种 LR-WPAN 技术方案，并针对各种行业应用需求不断发展完善。在应用上，LR-WPAN 技术已在智能电网、智慧城市、电子健康、环境监测、工业自动化等方面得到了广泛应用。在产业上，在物联网业务需求的推动下，其市场规模快速攀升。根据 ZigBee 联盟公布的数据，预计 2015 年 IEEE 802.15.4 芯片出货量将达到 6.45 亿只，而 2009 年的出货量仅为 1000 万只。2010 年 IEEE 802.15.4/ZigBee 模块产值为 4.29 亿美元，预计在 2016 年将提升至 17 亿美元。

2.3.2.2.2　低速无线个域网物理及 MAC 层

1. IEEE 802.15.4 标准体系

IEEE 802.15.4 是 IEEE 802.15 工作组制定的低速无线个域网系列标准。IEEE 802.15.4 具有低成本、低功耗、灵活组网、易于安装等特点，主要面向无线传感器网络（WSN）相关应用。IEEE 802.15.4 是当前无线传感器网络领域的主流标准，也是 ZigBee、WirelessHART、ISA100.11a、WIA-PA 等技术的基础标准。随着物联网产业的兴起，IEEE 802.15.4 被认为是物联网感知层中最重要的短距离通信技术，并已发展成为 IEEE 802.15 工作组中最受关注、最有前景的研究领域。

2003 年，IEEE 802.15 工作组完成了 IEEE 802.15.4 第 1 版标准（IEEE 802.15.4—2003），之后，又对该版本进行了修改完善，并于 2006 年发布了第 2 版标准 IEEE 802.15.4—2006（也称为 IEEE 802.15.4b），目前该标准是当前 IEEE 802.15.4 系列标准的基础。2007 年，IEEE 802.15 工作组完成了增强标准 IEEE 802.15.4a，在原有基础之上增加了超宽带（Ultra Wideband，UWB）和线性调频扩频（Chirp Spread Spectrum，CSS）两个新物理层。2009 年，IEEE 802.15.4 又增加了对中国频道（779～787MHz）和日本频段（950～956 MHz）的支持，并发布了相应的补充标准 IEEE

802.15.4c 和 IEEE 802.15.4d。2012 年，IEEE 802.15 工作组完成 IEEE 802.15.4e（MAC 层增强）、IEEE 802.15.4f（Active RFID，有源 RFID）和 IEEE 802.15.4g（面向智能电网的物理层增强）三项标准。当前，IEEE 802.15 还正在制定 IEEE 802.15.4j（美国频段的电子健康标准）、IEEE 802.15.4k（基础设施控制与端点节能）、IEEE 802.15.4m（支持电视白空间频段）、IEEE 802.15.4n（中国频段的电子健康）、IEEE 802.15.4p（主动火车控制标准）和 IEEE 802.15.4q（超低功耗）六项新标准。

在 IEEE 802.15.4 系列标准体系中，IEEE 802.15.4—2006 和 IEEE 802.15.4g 是 IEEE 802.15.4 的核心标准，对产业发展有重要影响，参见表 2-1。

表 2-1　IEEE 802.15.4 标准体系

标 准 名 称	主 要 内 容	发 布 时 间
IEEE 802.15.4—2003	IEEE 802.15.4 第 1 版标准，规定了最基本的技术内容	2003
IEEE 802.15.4—2006	IEEE 802.15.4—2003 标准的修订版，对物理层做了增强	2006
IEEE 802.15.4a	增加了 UWB 和 CSS 物理层	2007
IEEE 802.15.4c	支持中国频段（314～316 MHz、430～434 MHz、779～787 MHz）	2009
IEEE 802.15.4d	支持日本频段（950～956 MHz）	2009
IEEE 802.15.4—2011	IEEE 802.15.4—2006 标准的修订版，整合之前发布的标准	2011
IEEE 802.15.4g	面向智能电网的物理层增强	2012
IEEE 802.15.4e	MAC 层增强	2012
IEEE 802.15.4f	主动 RFID 技术	2012
IEEE 802.15.4j	支持美国频段的电子健康	未发布
IEEE 802.15.4k	基础设施控制与端点节能	未发布
IEEE 802.15.4m	支持电视白空间频段	未发布
IEEE 802.15.4n	支持中国频段的电子健康	未发布
IEEE 802.15.4p	主动火车控制标准	未发布
IEEE 802.15.4q	超低功耗	未发布

2．IEEE 802.15.4—2006

IEEE 802.15.4—2006 规定了 IEEE 802.15.4 系列标准物理层和 MAC 层的基础部分，是整个 IEEE 802.15.4 系列标准的基础核心。目前，ZigBee、WirelessHART、ISA100.11a 等商用技术的底层均采用了该标准。

1）物理层

IEEE 802.15.4—2006 标准主要有三个工作频段，均为免许可频段，包括全球通用的 2400～2483.5 MHz 频段（简称 2.45GHz 频段）、欧洲 868～868.6MHz 频段（简称 868MHz 频段）和美国 902～928MHz 频段（简称 915MHz 频段）。针对上述频段，IEEE 802.15.4—2006 共定义了 2.45GHz O-QPSK、868/915MHz O-QPSK、868/915MHz BPSK 和 868/915MHz ASK 四种物理层技术，其中前两种为必选方案，后两种为可

选方案。

（1）2.45 GHz O-QPSK 物理层。

基本原理：将每 4 个输入比特作为一组形成一个符号，对每个符号进行扩频，形成 1 个 32 位扩频序列，对扩频序列进行 O-QPSK（Offset Quadrature Phase-Shift Keying，偏移四相相移键控）调制，形成调制信号。这里，O-QPSK 是指将 QPSK 信号的 Q 路比 I 路延迟 1/2 个码片周期发送，可以有效降低带外辐射。2.45 GHz O-QPSK 物理层的传输速率为 250 Kbps。

（2）868/915MHz O-QPSK 物理层。

基本原理：868/915MHz O-QPSK 与 2.45GHz O-QPSK 原理非常相似，在使用扩频序列时使用 16 位的扩频序列，而 2.45GHz O-QPSK 物理层频段使用 32 位的扩频序列。868 MHz 和 915 MHz 频段传输速率分别为 100 Kbps 和 250 Kbps。

（3）868/915MHz BPSK 物理层。

基本原理：首先对输入比特进行差分编码，然后将每个差分编码后的比特扩频（映射为 1 个 15 位扩频序列），再对扩频序列进行 BPSK 调制，形成调制信号。868 MHz 和 915MHz 频段传输速率不同，分别为 20 Kbps 和 40 Kbps。

（4）868/915MHz ASK 物理层。

基本原理：868/915MHz O-QPSK 物理层传输速率也是 250 Kbps，但与其他物理层相比，其技术较为复杂，物理层帧头/负载、同步头、帧启示符发送方式不同，如下所述。

- 物理层帧头/负载：先将输入比特转换为符号，在 868MHz 频段每 20 个比特组成 1 个符号，在 915MHz 频段每 5 个比特组成 1 个符号；对每个符号进行并行序列扩频（PSSS）操作，即将每个符号中的每一个比特映射为 1 个扩频序列，然后将所有比特对应的扩频序列叠加；对叠加信号进行 ASK 调制，形成调制信号。这里，每一个扩频序列由 1 个 31 位的基序列加上 1 个循环扩展比特组成；在 868MHz 频段，后一个比特采用的基序列是前一个比特采用的基序列经过 1.5 个码片循环后产生的；在 915MHz 频段，后一个比特采用的基序列是前一个比特采用的基序列经过 6 个码片循环后产生的。
- 同步头：使用第一个比特对应的扩频序列，868MHz 频段需要进行 2 倍重复，915MHz 频段需要进行 6 倍重复，然后进行 BPSK 调制，形成调制信号。
- 帧启示符：将第一个比特对应的扩频序列反序，然后进行 BPSK 调制，形成调制信号。

总的来说，IEEE 802.15.4 主要面向低成本和低功耗应用，其物理层设计比较简洁，并且采用扩频技术以提升接收机灵敏度和抗干扰能力。

2）MAC 层

（1）工作方式。

IEEE 802.15.4 采用载波侦听/冲突避免（CSMA/CA）作为信道接入机制，具体包括以下两种工作方式。

- 信标模式：IEEE 802.15.4 协调器（Coordinator）需要发出信标（Beacon）帧，其他设备在信标帧的指示下进行信道接入。信标模式能够实现比较丰富、服务质量较高的传输和组网功能，是 IEEE 802.15.4 的主要工作模式。

- 无信标模式：IEEE 802.15.4 协调器不发信标帧，设备使用无时隙的 CSMA/CA 机制完成信道接入和发送数据，实现简单、灵活的无线接入。

在信标模式下，相邻两个信标帧之间被看作是一个超帧。协调器可以在超帧中定义一段时间的非激活期，协调器可以在此期间进入低功耗状态。在激活期，协调器可定义一部分时间为竞争期，期间 IEEE 802.15.4 设备采用时隙 CSMA/CA 机制进行数据传输；协调器也可以定义一部分非竞争期，期间提供一定数量的保证时隙（Guaranteed Time Slot，GTS），设备在 GTS 期间不需要竞争，从而实现更加可靠的通信。

IEEE 802.15.4 设备可分为全功能设备（FFD）和简化功能设备（RFD），以适应各种不同的应用需求。FFD 有网络协调器、协调器和终端设备三种操作模式。网络协调器也称 PAN 协调器，是 IEEE 802.15.4 网络的中心控制节点，能协调整个网络的工作。协调器是指能够转发数据的网络节点。终端设备也就是 RFD，只能完成与自己直接相关的通信，无法转发其他节点的数据。每个设备都有 1 个唯一的 64 位 MAC 地址，协调器也可以为设备分配更短的临时地址，以降低通信时的开销。

（2）数据传输方式。

为了实现低功耗，IEEE 802.15.4 把数据传输分为以下三种方式。

- 直接数据传输：适用于 IEEE 802.15.4 网络中所有形式的数据传输。采用非时隙 CSMA/CA 还是时隙 CSMA/CA 的数据传输方式，要视使用模式是 Beacon-enabled 模式还是 Nonbeacon-enabled 模式而定。

- 间接数据传输：仅适用于从协调器到设备的数据传输。在这种方式中，数据帧由协调器保存在事务处理队列中，等待相应的设备来提取。通过检查来自协调器的 Beacon 帧，设备就能发现在事务处理队列中是否挂有一个属于它的数据分组。在确定有属于自己的数据时，设备使用非时隙 CSMA/CA 或时隙 CSMA/CA 来进行数据传输。

- 有保证时隙数据传输：适用于设备与其协调器之间的数据传输。在 GTS 传输中不需要 CSMA/CA。

IEEE 802.15.4 支持星形和对等（Peer-to-Peer，P2P）两种网络拓扑。星形网是无线通信中最常见的网络拓扑结构，所有设备都需要通过中心节点与其他设备或外部网络连接。在 P2P 网络中，也有一个 PAN 协调器，但 P2P 网络的 PAN 协调器主要用于协调整个网络的工作，设备可以与其他任何一个相邻的设备直接进行通信，不必经过 PAN 协调器转发。

（3）安全机制。

IEEE 802.15.4 提供了如下主要安全机制来保障通信安全。

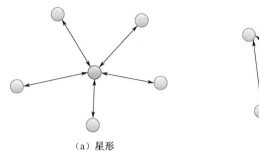
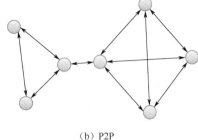

（a）星形 （b）P2P

图 2-6 IEEE 802.15.4 网络拓扑结构

- 数据加密：采用基于 128 位 AES 算法的对称密钥方法保护数据。
- 数据完整性：使用消息完整码 MIC 防止对信息进行非法修改。
- 数据源认证：使用消息认证标签，确保消息源的合法性和传递中不被篡改。
- 序列抗重播保护：使用 BSN（信标序列号）或者 DSN（数据序列号）来拒绝重放数据攻击。

IEEE 802.15.4 提供了四个大的安全等级，以适应不同的应用需求。

- 第一级：无安全性。
- 第二级：完整性保护 + 数据源认证。
- 第三级：数据加密。
- 第四级：完整性保护 + 数据加密 + 数据源认证。

其中，第二级和第四级又细分了三个安全等级，以满足更加多样化的安全需求。

3. IEEE 802.15.4g

IEEE 802.15.4g 标准于 2008 年 12 月立项，2012 年 4 月正式发布，其主要制定面向智能电网应用的物理层增强技术标准。为了使 IEEE 802.15.4g 能够成为全球通用的标准，IEEE 802.15.4g 支持不同国家/地区的 10 余个工作频段。

- 全球通用：2400～2483.5MHz。
- 中国：470～510 MHz、779～787 MHz。
- 欧洲：169.400～169.475 MHz、863～870 MHz。
- 美国：450～470 MHz、896～901 MHz、901～902 MHz、902～928 MHz、928～960 MHz、1427～1518 MHz。
- 加拿大：1427～1518 MHz。
- 日本：920～928 MHz、950～958 MHz。
- 韩国：917～923.5 MHz。

IEEE 802.15.4g 一共有三种物理层技术，分别采用频移键控（FSK）、正交频分复用（OFDM）和 O-QPSK 作为主要传输技术。由于 IEEE 802.15.4g 物理层能够支持多种传输速率，并针对各国频谱特点进行了优化，因此在 IEEE 802.15.4g 标准中将 FSK、OFDM 和 O-QPSK 分别命名为 MR-FSK、MR-OFDM 和 MR-O-QPSK。这里，MR 是多速率多区域（Multi-Rate and Multi-Regional）的英文缩写。

（1）MR-FSK 物理层。

MR-FSK 是 IEEE 802.15.4g 的物理层技术之一。MR-FSK 实质上是经过滤波后的频移键控（Filtered FSK）技术，针对各国频段有不同参数配置。MR-FSK 物理层支持 2FSK 和 4FSK 两种 FSK 调制方式和多种调制指数（BT 值），以支持不同的频段和不同的速率。在 920MHz 和 950MHz 频段，必须采用调制指数为 0.5 的高斯滤波频移键控（GFSK）技术。

MR-FSK 有多种操作模式，每种操作模式实际上是一组参数指标组合，包括每个工作频段对应的传输速率、调制方式、调制指数、信道间隔等参数。每个工作频段都支持 1～2 种必选操作模式，以及 2 种可选操作模式。根据参数配置的不同，MR-FSK 可支持 2.4～400Kbps 的传输速率。

在 MR-FSK 物理层中，纠错编码是可选功能。如果使用纠错编码，可采用 1/2 码速率、限制长度均为 4 的递归系统卷积码（RSC）或非迭代非系统卷积码（NRNSC），其八进制生成多项式均为（17,13）。

（2）MR-OFDM 物理层。

MR-OFDM 实际上是针对各国频段有不同参数配置的 OFDM 技术，共支持 470～510 MHz、779～787 MHz、863～870 MHz、902～928 MHz、917～923.5 MHz、920～928 MHz、950～958 MHz 和 2400～2483.5 MHz 八个工作频段。MR-OFDM 子载波间隔 31250/3 Hz，OFDM 符号速率为 8.333 Kbps，符号周期为 120μs，每个 OFDM 符号循环前缀和有效数据部分的长度分别为 24μs 和 96μs，DFT 点数为 128，64，32 和 16，信号带宽可从 1.2MHz 到 200kHz 以下。

MR-OFDM 物理层采用 BPSK、QPSK 和 16-QAM 三种调制方式，其中 BPSK 可进行 2 倍和 4 倍的频域扩展，QPSK 符号可进行 2 倍的频域扩展，16-QAM 是可选调制方式。MR-OFDM 采用非系统卷积码作为纠错编码，该卷积码的基础编码速率为 1/2，限制长度为 7，其八进制生成多项式为（133,171），通过打孔处理可生成 3/4 编码速率。MR-OFDM 物理层支持 50～800 Kbps 的传输速率。

（3）MR-O-QPSK 物理层。

MR-O-QPSK 采用纠错编码、交织、比特差分编码、扩频、码片白化、O-QPSK 等关键技术完成 IEEE 802.15.4g 物理层传输。采用 MR-O-QPSK 的 IEEE 802.15.4g 设备支持采用 780 MHz、915 MHz 和 2450 MHz O-QPSK 物理层的已有 IEEE 802.15.4 设备。

MR-O-QPSK 采用的纠错编码为 1/2 码速率的卷积码，限制长度为 7，八进制生成多项式为（133,171）。MR-O-QPSK 有直接序列扩频（DSSS）和复用直接序列扩频（MDSSS）两种扩频模式，其中 DSSS 适用于所有 MR-O-QPSK 工作频段，包括 470～510MHz、779～787MHz、868～870MHz、902～928MHz、917～923.5MHz、

920～928MHz、950～958MHz 和 2400～2483.5MHz 频段，传输速率 6.25～500Kbps。MDSSS 只适用于 779～787MHz、902～928MHz、917～923.5MHz 和 2400～2483.5MHz 频段，传输速率 62.5～500Kbps。

DSSS 可以每一个比特为单位进行扩频,扩频序列长度可为 2,4,8,16,32,64 和 128。对于扩频序列长度为 8,16,32,64 和 128 时,可以 4 个比特为一组映射 1 个扩频序列。在 MDSSS 中,输入比特需要先经过 Turbo 乘积编码（TPC）,然后再进行扩频和复用操作,形成输出序列。这里,TPC 的水平编码采用哈达玛（Hadamard）编码,垂直编码采用单奇偶校验码（SPC）。经过 DSSS 处理后的输出比特还需要进行码片白化操作,以改进发射信号的频谱特性,提升扩频增益。MDSSS 不需要进行码片白化操作。

2.3.2.2.3 6LoWPAN

LoWPAN（Low Power Wireless Personal Area Networks,低功耗无线个域网）由符合 IEEE 802.15.4 标准的、低速率、低功耗、低成本设备组成的低功耗无线个域网,通常这些设备的计算能力、存储容量或可用电量都很低,如无线传感器设备。而 6LoWPAN（IPv6 over LoWPAN）是用于低功耗无线个域网的 IPv6 技术,它是 IEEE 802.15.4 与 IPv6 之间的适配协议,能够使轻量级 IEEE 802.15.4 协议更有效地支持 IPv6 协议。

1. LoWPAN 网络的特点

LoWPAN 是由符合 IEEE 802.15.4 标准的设备组成的网络, 其具有以下特点:
- 传输报文小;
- 支持 IEEE 16 比特短 MAC 地址和 64 比特扩展 MAC 地址;
- 传输带宽窄;
- 网络拓扑结构为网状或星形;
- 设备功耗低;
- 设备成本低;
- 设备数量大;
- 设备位置不确定或不易到达;
- 设备可靠性差;
- 设备可能长时间处于睡眠状态。

2. 感知延伸层 IP 技术的选择

1）IP 技术特点满足感知层通信需求

从技术层面来看,在物联网感知延伸层采用 IP 技术路线能够更好地实现与网络层的无缝对接,满足应用层业务的承载需求。IP 技术的下述特点能够适应物联网感知层的通信需求。

（1）IP 协议是由 IETF 标准化的开放协议，使用它不需要交纳额外的授权费用。

（2）IP 协议具有轻量级的协议栈。IP 曾经被认为是重量级的，但是最近许多小型的轻量级 IP 协议栈已经成功开发，如 uIP、Arv6、NSv6、uIPv6、IwIP 等，能够满足感知延伸层低功耗、低存储容量、低运算能力智能终端的特殊需求。

（3）IP 协议可扩展性强。例如，IPv6 协议能够支持巨大的地址空间，而且采用分层的地址结构能够支持较大的网络规模。

（4）IP 协议可管理性强。IP 网络具有一套完全成熟并被广泛认可的管理协议和机制。

（5）IP 协议设计的健壮性、灵活性以及协议分层的理念架构，使其能够支持几乎所有的应用类型，包括远程设备控制等低数据传输速率的应用，IP 电话等延迟敏感的应用，以及文件下载等大量数据传输的应用等。

（6）IP 协议与底层数据链路层协议无关。IP 技术采用了分层架构，使其能够工作在任何物理层面上，从有线到 Wi-Fi 再到低功耗无线电等。

（7）IP 网络无所不在，几乎所有的网络都提供有线或者是无线方式的 IP 接入。

2）网络层 IPv6 使用 802.15.4MAC 层承载需要解决的关键问题

要实现"一物一地址，万物皆在线"，将需要大量的 IP 地址资源，就目前可用的 IPv4 地址资源量来看，远远无法满足感知智能终端的联网需求。从目前可用的技术来看，只有 IPv6 能够提供足够的地址资源，满足端到端的通信和管理需求，同时提供地址自动配置功能和移动性管理机制，便于端节点的部署和提供永久在线业务。但是由于 IEEE 802.15.4 网络节点低功耗、低存储容量、低运算能力的特性，以及受限于 MAC 层技术特性，不能直接将 IPv6 标准协议直接架构在 IEEE 802.15.4MAC 层之上，需要在 IPv6 协议层和 MAC 层之间引入适配层来屏蔽两者之间的差异。基于 IEEE 802.15.4MAC 层传送 IPv6 报文，需要解决以下一些关键问题。

（1）IPv6 地址的生成和管理：即 IEEE 802.15.4 设备如何获取 IPv6 链路本地地址、全球单播地址并保证唯一性。由于 IEEE 802.15.4 提供两种地址格式：64 位地址和 16 位地址，需要相应的地址转换机制来实现 IPv6 地址和 IEEE 802.15.4 地址的转换。

（2）最大传输单元 MTU：IPv6 规定最小的 MTU 是 1280 字节，而 IEEE 802.15.4 留给网络层以上的负载最大只有 102 字节，因此必须在 MAC 层和 IPv6 层之间设置中间层，完成二者适配。

（3）轻量化 IPv6 协议：应针对 IEEE 802.15.4 的特性确定保留或者改进哪些 IPv6 协议栈功能，满足嵌入式 IPv6 对功能、体积、功耗和成本等的严格要求。

（4）报头压缩：IPv6 基本报头共 40 字节，固定报头占据了 IPv6 包很大的空间，而且如果存在扩展报头、传输层报头和安全机制等，效率更加低下，导致发送更多数据包，占用更多带宽，增加了功耗，大大影响电池的寿命。

（5）路由机制：IPv6 网络使用的路由协议主要是基于距离矢量的路由协议和基于链路状态的路由协议。这两类协议都需要周期性地交换信息来维护网络正确的路由表或网络拓扑结构图。而在资源受限的泛在网感知延伸层网络中采用传统的 IPv6 路由协议，由于节点从休眠到激活状态的切换会造成拓扑变化比较频繁，导致控制信息将占用大量的无线信道资源，增加了节点的能耗，从而降低网络的生存周期。因此需要对 IPv6 路由机制进行优化改进，使其能够在能量、存储和带宽等资源受限条件下，尽可能地延长网络的生存周期。

（6）组播支持：IEEE 802.15.4 的 MAC 子层只支持单播和广播，不支持组播。而 IPv6 组播是 IPv6 的一个重要特性，在邻居发现和地址自动配置等机制中，都需要链路层支持组播。所以，需要制定从 IPv6 层组播地址到 MAC 地址的映射机制，即在 MAC 层用单播或者广播替代组播。

（7）安全机制：在 IEEE 802.15.4 的应用中，大多数都需要安全保证，一个可靠的安全机制是设备大规模商用的关键之一。目前 IEEE 802.15.4 安全（在链路层提供 AES 安全机制）没有密钥分配、管理等机制，急需上层提供合适的安全机制。

（8）网络管理：由于网络规模大，且一些设备的分布地点又是人员所不能达到的，因此 IEEE 802.15.4 网络应该具有自愈能力，要求网络管理技术能够在很低的开销下管理高度密集分布的设备。

3．6LoWPAN 协议集

在 6LoWPAN 网络中，MAC 层和物理层协议主要是 IEEE 802.15.4 协议，网络层采用 IPv6 协议。然而，由于 IEEE 802.15.4 定义的物理层数据帧长为 127 字节，再除去最大帧头，MAC 层最大帧长为 102 字节。如果考虑链路层安全，采用 AES-CCM-128 加密传输，则只剩下 81 字节可用。这显然远远小于 IPv6 定义 1280 字节包长，所以需要一个分片/重组能力。此外，再除去 40 字节的 IPv6 报头，提供给上层协议的就只剩下 41 字节，再加上上层协议自己的报文头以及分片/重组的开销，用于传输数据的字段就很少，传输效率很低。因此，在网络层和 MAC 层之间增加了一个 6LoWPAN 适配层，主要用于完成 IPv6 协议对 IEEE 802.15.4 网络的适配，提供报头压缩、报文分片/重组等功能，各种功能的报头采用堆栈的方式封装在 IPv6 载荷外层。6LoWPAN 网络协议栈如图 2-7 所示。

4．6LoWPAN 适配层

（1）帧结构。

LoWPAN 封装的格式是 IEEE 802.15.4 MAC 层协议数据单元中的载荷。LoWPAN 的载荷，比如一个 IPv6 报文，紧随在封装报头之后。LoWPAN 封装报头以堆栈的形式出现，堆栈中的每个报头由报头类型和报头域组成。在 LoWPAN 封装报头堆栈中，各种报头按照一定顺序排列，网状（L2）寻址、逐跳选项（包括二层广/组播）、分片以及最后的载荷。图 2-8 列举了一些典型的报头堆栈。

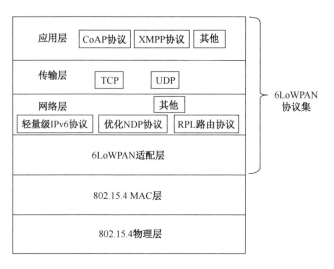

图 2-7　6LoWPAN 网络协议栈

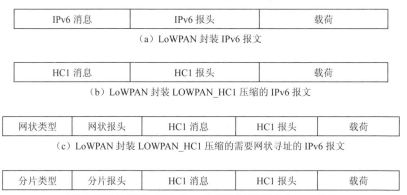

（a）LoWPAN 封装 IPv6 报文

（b）LoWPAN 封装 LOWPAN_HC1 压缩的 IPv6 报文

（c）LoWPAN 封装 LOWPAN_HC1 压缩的需要网状寻址的 IPv6 报文

（d）LoWPAN 封装 LOWPAN_HC1 压缩的需要分片的 IPv6 报文

（e）LoWPAN 封装 LOWPAN_HC1 压缩的需要网状寻址和分片的 IPv6 报文

（f）LoWPAN 封装 LOWPAN_HC1 压缩的需要网状寻址并支持网状广/组播的 IPv6 报文

图 2-8　6LoWPAN 报头堆栈示例

　　当在一个报文中出现多个 LoWPAN 报头时，采用堆栈的顺序是网状寻址报头、广播报头、分片报头。在 LoWPAN 报头的定义中，除了网状寻址和分片，其他都是由消息值、对应的报头域组成的。

　　（2）分片。

　　如果一个 IPv6 报文能够完整放在一个 IEEE 802.15.4 帧内，则不需要进行分片，LoWPAN 封装也就不包含分片报头，如果一个报文超出了一个 IEEE 802.15.4 帧载荷的长度，就需要进行链路分片。除了最后一个片段，其余所有的分片报文长度都是 8 字节的整数倍。

如果在分片重组时收到重叠分片，而且大小、偏移量参数不同，那么已经在重组缓存中的分片将会被丢弃，而由最新收到的这个链路分片进行重组。

（3）地址自动分配。

在 IEEE 802.15.4 中允许使用 16 比特短地址和 64 比特扩展地址。16 比特短地址由 PAN 内的设备自动分配，在连接的生命周期内保持唯一性和有效性。64 比特扩展地址则不受此限制，可在配置、邻居发现和路由时使用。每个 IEEE 802.15.4 设备都有一个 EUI-64 地址。如果 IEEE 802.15.4 接口标识是基于 EUI-64 分配给 IEEE 802.15.4 设备，那么这些接口标识就是由 EUI-64 地址生成的。

对于 16 比特短地址，需要加上 48 比特"伪地址"，生成 64 比特的扩展地址。首先由 16 比特短地址生成为 48-比特地址，如果不知道 PAN 标识，则采用全 0 填充，然后由 48 比特地址生成 64 比特接口标识。由于此地址不是全球唯一地址，所以接口标识中的"U/L"位需要置 0。

16 比特 PAN 标识	0000 0000 0000 0000	16 比特短地址

图 2-9　16 比特短地址生成 64 比特接口标识

（4）地址映射。

IEEE 802.15.4 接口的 IPv6 链路本地地址根据接口标识生成，地址前缀为 FE80::/64。单播 IPv6 地址映射到 IEEE 802.15.4 链路层地址的地址解析过程，遵照 IPv6 邻居发现协议。其中，源/目的链路层地址选项采用以下两种格式，分别如图 2-10 和图 2-11 所示。具体各字段说明如下所述。

8 比特	8 比特	64 比特	48 比特
Type	Length=2	IEEE 802.15.4 EUI-64 地址	全 0 填充

图 2-10　64 比特扩展地址

8 比特	8 比特	16 比特	32 比特
Type	Length=1	16 比特短地址	全 0 填充

图 2-11　16 比特短地址

- Type：等于 1 表示源链路层地址，等于 2 表示目的链路层地址。
- Length：表示选项字段的长度，以 64 比特为一个单位。等于 2 表示使用 EUI-64 地址，等于 1 表示使用 16 比特短地址。
- IEEE 802.15.4 地址：使用 64 比特扩展地址或 16 比特短地址。

目前，IETF RFC 4944 定义的组播地址映射只在网状拓扑的 LoWPAN 网络内使用。一个 IPv6 组播地址由 16 个字节组成，由首至尾将此 16 字节标记为 DST[1]到 DST[16]，与此 IPv6 组播地址对应的 IEEE 802.15.4　16 比特组播地址的映射关系如

图 2-12 所示。其中，DST[15]*对应的是 DST[15]字节的最后 5 比特。

3 比特	5 比特	8 比特
100	DST[15]*	DST[16]

图 2-12　组播地址映射关系

6LoWPAN 网络内的组播支持还处于研究阶段，采用的机制将根据路由机制的不同而各异。

（5）帧传送。

在网状路由情况下，需要全功能设备通过网状路由协议通告路由表，实现非直连节点间的通信。此时，发送节点称为起始端，接收节点称为终点端，起始端设备需要通过其他中间设备进行转发才能将单播帧送达终点端。此时单播帧内需要包含起始和终点端的链路层地址以及逐跳的源地址和目的地址。

节点采用网状传送需要在 LoWPAN 封装中包含一个网状寻址报头，此报头的源地址为起始端链路层地址，目的地址为终点端链路层地址。而在 IEEE 802.15.4 的帧头中，本地的链路层地址作为源地址，下一跳的链路层地址作为目的地址。当一个节点收到的数据帧中包含网状寻址报头时，需要查看其中的终点端地址是否为可达地址。如果为本机地址则接收；如果不是本机地址且"剩余跳数"字段不为 0，则根据自己的链路层路由表选择下一跳地址，改写 IEEE 802.15.4 帧头中的源地址和目的地址，并修改剩余跳数；其余情况则丢弃此帧。

（6）报头压缩。

报头压缩的主要原理是通过压缩编码省略掉报头中冗余的信息。不包含扩展头的 IPv6 报头一共有 40 字节，但是在网络感知层，IPv6 报头中的很多信息可以省略或者压缩，IPv6 报头中的各个信息域的压缩方法如下所述。

- 版本号 Version（4 位）：取值为 6，在运行 IPv6 协议的网络中，此项可以省略。
- 流类型 Traffic Class（8 位）：可以通过压缩编码压缩。
- 流标识 Flow Label（20 位）：可以通过压缩编码压缩。
- 载荷长度 Payload Length（16 位）：可以省略，因为 IP 头长度可以通过 MAC 头中的载荷长度字段计算出来。
- 下一个头 Next Header（8 位）：可以通过压缩编码压缩，假设下一个头是 UDP、ICMP、TCP 或者扩展头的一种。
- 跳极限 Hop Limit（8 位）：唯一不能进行压缩的信息。
- 源地址 Source Address（128 位）：可以进行压缩，省略掉前缀或者 IID。
- 目标地址 Destination Address（128 位）：可以进行压缩，省略掉前缀或者 IID。

为了对 IPv6 报头进行无状态压缩，6LoWPAN 工作组制定了两种压缩算法

LOWPAN_HC1 和 LOWPAN_IPHC，其中 HC1 算法用于使用本地链路地址（Link-Local Address）的网络，节点的 IPv6 地址前缀固定（FE80::/10），IID 可以由 MAC 层的地址计算而来，但是这种算法不能有效压缩全局的可路由地址和广播地址，因此不能用于 LoWPAN 网络与互联网互访的应用。LOWPAN_IPHC 算法的提出主要是为了有效压缩可路由的地址，目前 LOWPAN_IPHC 算法正在 IETF 6LoWPAN 工作组进行最后的修订状态。

LOWPAN_HC1 算法和 LOWPAN_IPHC 算法在 MAC 报头之后定义了 8 位的一个选择报头，此选择报头的取值决定了压缩报头的具体格式和算法，详细信息参见表 2-2。例如，如果前 8 位的取值是 01000001，那么表示接下来是 LOWPAN_HC1 算法对应的压缩报头，如果前 3 位的取值是 011，那么表示接下来的是 LOWPAN_IPHC 算法对应的压缩报头。

表 2-2　压缩算法的报头类型

类型字段 8 比特	报 头 类 型
00 ××××××	NALP，非 LoWPAN 帧
01 000001	IPv6，非压缩 IPv6 报头
01 000010	LOWPAN_HC1，LOWPAN_HC1 压缩的 IPv6
01 010000	LOWPAN_BC0，LOWPAN_BC0 广播
01 1×××××	LOWPAN_IPHC，LOWPAN_IPHC 压缩的 IPv6
01 111111	ESC，接着又附加的消息字段
10 ××××××	MESH，网状报头
11 000×××	FRAG1，分片报头（第一个）
11 100×××	FRAGN，分片报头（后续）
其他	保留

在选择报头后紧跟的是压缩编码，压缩编码由一些指示位组成，指示位的不同取值表明了 IPv6 报头压缩的不同方法。

5. 轻量级 TCP/IP 协议

由于 LoWPAN 网络节点具有低速率、低功耗、低存储容量和低运算能力的特性，所以采用标准的 TCP/IP 协议栈是无法满足节点组网需求的。标准的 TCP/IP 协议栈的实现具有上万行的代码量，开销大，物联网节点无法支持，因此需要对 TCP/IP 协议进行简化。简化后的 TCP/IP 协议也称为轻量级 TCP/IP 协议，其主要目的是减少存储器利用量和代码量，使 IP 适用于小的、资源有限的处理器。IETF 已于 2011 年 1 月成立 LwIP 工作组，致力于建立一个精简的 TCP/IP 协议栈标准。

LwIP 是由瑞典计算机科学院网络嵌入式系统小组的 Adam Dunkels 等开发的一套用于嵌入式系统的开放源代码 TCP/IP 协议栈。LwIP 的含义是 Light Weight（轻型）IP 协议，相对于 uIP（micro-IP，微型 IP 协议）。LwIP 可以移植到操作系统上，也可以在无操作系统的情况下独立运行。LwIP 中 TCP/IP 实现的重点是在保持 TCP 协议主要功能的基础上减少对 RAM 的占用,一般它只需要几十千字节的 RAM 和 40KB 左右的 ROM 就可以运行,这使 LwIP 协议栈适合在低端嵌入式系统中使用。LwIP 的特性如下:支持多网络接口下的 IP 转发,支持 ICMP 协议,包括实验性扩展的 UDP(用户数据报协议),包括阻塞控制、RTT 估算以及快速恢复和快速转发的 TCP(传输控制协议),提供专门的内部回调接口用于提高应用程序性能,并提供了可选择的 Berkeley 接口 API。

目前,TinyOS 和 Contiki 是被广泛使用的面向无线传感器网络的操作系统平台。TinyOS 是一个开源的嵌入式操作系统,由加州大学伯克利分校开发,主要应用于无线传感器网络方面。它是基于一种组件的架构方式,提供一系列可重构的组件,包括网络协议、分布式服务器、传感器驱动及数据识别工具。一个应用程序可以通过连接配置文件将各种组件连接起来,以完成它所需要的功能。TinyOS 操作系统、库和服务程序是用 nesC 编写的,nesC 是一种开发组件式结构程序的语言,其语法风格类似于 C 语言,但是支持 TinyOS 的并发模型,以及组织、命名和连接组件成为健壮的嵌入式网络系统的机制。TinyOS 的程序采用的是模块化设计,所以它的程序核心往往很小(一般来说核心代码和数据大概在 400 字节左右),能够突破传感器存储资源少的限制。TinyOS 的应用程序都是基于事件驱动模式的,采用事件触发去唤醒传感器工作。TinyOS 在构建无线传感器网络时,它会有一个基地控制台,主要是用来控制各个传感器节点,并聚集和处理它们所采集到的信息。

Contiki 是一个开源的、高度可移植的多任务操作系统,适用于无线传感器网络,由瑞典计算机科学学院(Swedish Institute of Computer Science)的 Adam Dunkels 和他的团队开发。Contiki 支持 IPv4/IPv6 通信,提供了 uIPv6 协议栈、IPv4 协议栈(uIP),支持 TCP/UDP,还提供了线程、定时器、文件系统等功能。Contiki 是采用 C 语言开发的非常小型的嵌入式操作系统,针对小内存微控制器设计,典型的 Contiki 配置只需要 2KB 的 RAM 和 40KB 的 ROM。Contiki 具有以下特点。

(1)低功率无线电通信。

Contiki 同时提供完整的 IP 网络和低功率无线电通信机制。对于无线传感器网络内部通信,Contiki 使用低功率无线电网络栈 Rime。Rime 实现了许多传感器网络协议,从可靠数据采集、最大努力网络洪泛到多跳批量数据传输、数据传播。

(2)网络交互。

可以通过多种方式完成与使用 Contiki 的传感器网络的交互,如 Web 浏览器,基于文本的命令行接口,或者存储和显示传感器数据的专用软件等。基于文本的命令行接口是受到 UNIX 命令行 Shell 的启发,并且为传感器网络的交互与感知提供了一些特殊的命令。

(3)能量效率。

为了延长传感器网络的生命周期,控制和减少传感器节点的功耗很重要。Contiki

提供了一种基于软件的能量分析机制，记录每个传感器节点的能量消耗。由于基于软件，这种机制不需要额外的硬件就能完成网络级别的能量分析。Contiki 的能量分析机制既可用于评价传感器网络协议，也可用于估算传感器网络的生命周期。

（4）节点存储。

Contiki 提供的 CFS（Coffee File System）是基于 Flash 的文件系统，可以在节点上存储数据。

（5）编程模型。

Contiki 是采用 C 语言开发的，包含一个事件驱动内核。应用程序可以在运行时被动态加载和卸载。在事件驱动内核之上，Contiki 提供一种名为 Protothread 的轻量级线程模型来实现线性的、类线程的编程风格。Contiki 中的进程正是使用这种 Protothread。此外，Contiki 还支持进程中的多线程、进程间的消息通信。Contiki 提供三种内存管理方式：常规的 malloc、内存块分配和托管内存分配器。

6．6LoWPAN 网络节点地址配置

（1）地址解析。

IPv6 节点通过组播 NS 和 NA 报文将 IPv6 地址解析成链路层地址。NS 报文用来请求目标路由器返回它的链路层地址。源路由器在 NS 报文中包含了它的链路层地址，并将 NS 报文组播到目的地址相关的请求节点组播地址，目标路由器在单播的 NA 报文中返回它的链路层地址。

频繁地使用 NS 和 NA 报文进行地址解析会造成大量的广播流量。为了避免这种情况，ND 协议不再使用 NS 和 NA 报文来进行地址解析，而是通过 6LoWPAN 中的无状态地址自动配置功能，直接将 IPv6 地址映射为 MAC 地址。

LoWPAN 网络中的地址解析过程：IPv6 地址由 64 位网络前缀和 64 位接口标识符组合而成，其中接口标识符由 MAC 地址生成，网络前缀从 RA 报文得到。IEEE 802.15.4 为 MAC 层分配 64 位长地址和 16 位短地址两种地址格式，其中 64 位长地址符合 EUI-64 标准，可以根据以太网 EUI-64 地址生成接口标识符的方法，反转"Universal/Local（U/L）"位，生成 IPv6 接口标识符，对于 16 位短地址，需要生成 48 位伪地址。

再将获得的伪 48 位地址映射为 EUI-64 地址。

将 IPv6 地址映射为 MAC 地址的过程与无状态地址自动配置过程相反：首先从 128 位的 IPv6 地址中获得 64 位的接口标识符，然后根据（U/L）位的反转得到 64 位地址。如果所得的 64 位地址前 16 位均为 0，表示这个地址是由伪地址生成，取其最后 16 位得到 MAC 层的短地址；其余的情况下，所得的 64 位就是 MAC 层地址。

（2）重复地址检测（DAD）。

重复地址检测功能主要是通过邻居发现帮助节点确定它想使用的 IPv6 地址在本地链路上是否已经被占用。同样根据 LoWPAN 网络中的无状态地址自动配置机制，

IPv6 地址是根据 MAC 地址自动配置得出的，而 6LoWPAN 中所有节点的 MAC 地址具有唯一性，因此可以保证得出的 IPv6 地址的唯一性。这样 DAD 功能就不再需要了。

7. 6LoWPAN 邻居发现协议

邻居发现协议是 IPv6 协议的一个基本组成部分，它实现的主要功能包括：路由器发现、前缀发现、参数发现、地址自动配置、地址解析、邻居不可达检测、重复地址检测、重定向等。邻居发现的各种功能是通过邻居发现报文实现的，邻居发现协议由 5 条 ICMPv6 报文组成：一对路由器请求/路由器通告报文（RS/RA）、一对邻居请求/邻居通告报文（NS/NA）以及一条 ICMP 重定向报文。

（1）邻居发现协议的优化。

在 6LoWPAN 网络中，考虑到 LoWPAN 网络自身的特性以及 IPv6 ND 协议的基本要求，标准的 ND 协议不能直接用于 6LoWPAN，需要对现有的 ND 标准协议进行适当的精简和修改，使之成为一个适合 6LoWPAN 的邻居发现协议。IPv6 邻居发现机制主要的优化工作包括：

① 在主机初始化交互过程中考虑休眠主机；

② 取消主机基于组播的地址解析；

③ 取消重定向；

④ 使用单播的 NS 和 NA 消息完成主机地址注册；

⑤ 定义新的邻居发现选项用于 6LoWPAN 头压缩信息给各主机；

⑥ 定义可选的用于携带前缀和 6LoWPAN 头压缩信息的多跳分发机制；

⑦ 定义可选的多跳地址冲突检测。

6LoWPAN 网络定义了 3 个新的 ICMPv6 消息选项：必需的地址注册选项、可选的权威边界路由器选项以及可选的 6LoWPAN 上下文选项。

由此，对 IPv6 邻居发现协议进行了优化和扩展，具体体现在以下几个方面。

① 由主机发起路由器通告信息的更新。这改变了路由器向主机周期的主动发送路由器通告。

② 如果是有 EUI-64 标识生成的 IPv6 地址，则不需要地址冲突检测。

③ 如果使用 DHCPv6 分配地址，则 DAD 为可选。

④ 引入新的地址注册机制，在主机到路由器之间使用新的地址注册选项。从而路由器不再需要使用组播 NS 去寻找主机，也支持了休眠主机。这也使得同样的 IPv6 地址前缀可以跨越网络层路由的 6LoWPAN 网络使用。它提供了主机到路由器接口用于地址冲突检测。

⑤ 新的可选的路由器通告选项用于在 6LoWPAN 头压缩时携带上下文关联信息。

⑥ 新的可选的机制完成网络层路由的 6LoWPAN 网络内地址冲突检测，通过使用地址注册选项。

⑦ 新的可选机制来完成在网络层路由网络中分发前缀和上下文关系信息。此网

络使用新的权威边界路由器选项来控制配置变化产生的洪泛。

⑧ 一些新的协议参数和已有的邻居发现协议参数用于 6LoWPAN 网络。

（2）新的邻居发现选项。

在 6LoWPAN 网络邻居发现协议中新定义了包括地址注册选项、6LoWPAN 上下文选项、权威边界路由器选项以及地址冲突消息等选项。

① 地址注册选项。

路由器需要知道那些直接可达的主机 IP 地址以及对应的链路层地址，这些状态将随着无线链路可达性的变化而更新维护，因此引入了地址注册选项（Address Register Option，ARO）。ARO 包含在主机发送的单播 NS 消息中，可用于进行邻居不可达检测（NUD），而收到 ARO 的路由器也可以用于维护自己的邻居缓存表。同样的选项也会包含在对应的邻居通告（NA）消息中，用于指示注册是否成功。这个选项通常是由主机发起的。

ARO 也在 6LR 与 6LBR 之间的多跳地址冲突检测（DAD）中使用，这种情况下消息的长度会变化，将在 NS 消息中包含一个或多个 ARO 选项。ARO 选项为保证可靠性和节约电量提供了可能，其中包含的生命周期字段为主机注册地址提供了灵活性，使得主机可以在生命周期时间内进行休眠。

地址注册选项格式如图 2-13 所示，具体各字段的说明如下所述。

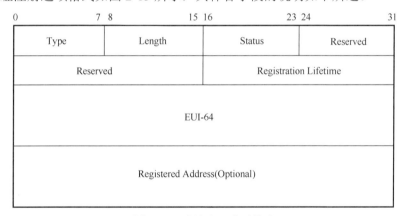

图 2-13　地址注册选项格式

- Type：类型，33。
- Length：长度，8 比特长，以 8 字节为一个单位，不携带注册地址时为 2，携带注册地址时为 4。
- Status：状态，8 比特长，在 NA 回复中标识注册的状态，在初始的 NS 消息中必须置 0。
- Reserved：保留字段，目前未使用，发送端必须全部置 0。
- Registration Lifetime：注册生命周期，16 比特长，以 60 秒为一个单位，在其所表示的时间内，路由器将在邻居缓存表中保留此 NS 消息的发送者。

- EUI-64：EUI-64 标识，用于唯一标识注册地址的接口。
- Registered Address（Optional）：注册地址（可选），128 比特长，不应该包含在主机发送的消息中，只有在路由器代表主机去进行注册时使用，所携带的地址是最初主机发送包含 ARO 选项的 NS 消息报文的 IPv6 源地址。

② 6LoWPAN 上下文选项。

可选的 6LoWPAN 上下文选项（6CO）为 LoWPAN 头压缩携带了前缀信息，这与 IPv6 邻居发现协议中定义的前缀信息选项（PIO）相类似，但此前缀对 LoWPAN 网络来说可以是远端的也可以是本地的，因为头压缩可能为所有的 IPv6 地址应用。上下文可能是一个任意长度的网络前缀或者一个 128 位地址。在一个 RA 消息中最多可以携带 16 个 6CO。

6LoWPAN 上下文选项格式如图 2-14 所示，具体各字段的说明如下所述。

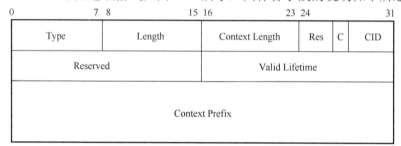

图 2-14   6lowpan 上下文选项格式

- Type：类型，34。
- Length：长度，8 比特长，以 8 字节为一个单位，根据上下文前缀字段的长度可能是 2 也可能是 3。
- Context Length：上下文长度，8 比特长，从上下文前缀字段的第一个比特位算起，有效比特位数量，当长度超过 64 时，长度则设定为 3。
- C：压缩标识位，1 比特，用于标识此上下文是否可用于压缩。
- CID：上下文标识，4 比特，用于在头压缩情况下标识前缀信息顺序。
- Reserved：保留字段，目前未使用，发送端必须全部置 0。
- Valid Lifetime：有效生命周期，16 比特，以 60 秒为一个单位，标识在头压缩和解压缩时，前后关系在多长时间内是有效的，全 0 表示必须立即清空上下文内容。
- Context Prefix：上下文前缀，标识对应 CID 域的 IPv6 前缀或地址，此域的有效长度包含在上下文长度域中，为保证是 8 字节的整数倍，其他比特位全 0 填充。

③ 权威边界路由器选项。

权威边界路由器选项（ABRO）主要在 RA 消息通过路由层面分发前缀和前后关系信息时使用。此时，6LR 从其他 6LR 接收前缀信息选项。这意味着 6LR 不能仅仅让附近的收到 RA，为了能够可靠地从 6LoWPAN 网络中增减前缀，我们需要从权威的 6LBR 处获取信息。6LBR 设定版本号，并像发布前缀和上下文信息一样，6LBR 通过 ABRO 发布版本号。当有多个 6LBR 时，则需要划分版本号空间，因此，此选项需要携带 6LBR 地址。

当路由器通告用来在路由器之间发布信息时，ABRO 选项必须包含在所有的 RA 消息中。

权威边界路由器选项格式如图 2-15 所示，具体各字段说明如下所述。

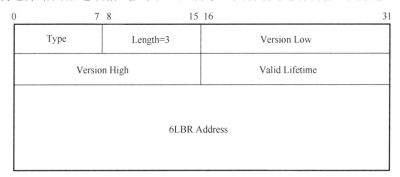

图 2-15　权威边界路由器选项格式

- Type：类型，35。
- Length：长度，8 比特长，以 8 字节为一个单位，通常设置为 3。
- Version Low，Version High：共同构成版本号，32 比特长，版本号对应 RA 消息包含的一组信息，产生前缀的权威 6LBR 在每次前缀和前后关系信息变化时，就增加版本号。
- Valid Lifetime：有效生命周期，16 比特，以 60 秒为一个单位，标识边界路由器信息在多长时间内是有效的（以数据包接收时间开始），全 0 则设定为默认值 10000。
- 6LBR Address：6LBR 地址，生成版本号的 6LBR 的 IPv6 地址。

④ 地址冲突消息。

本标准定义了地址冲突请求（DAR）和地址冲突确认（DAC）两个新的 ICMPv6 消息类型，用于在 6LR 和 6LBR 之间进行多跳地址冲突检测。DAR 和 DAC 消息使用相同的格式，通过不同的 ICMPv6 类型值区分，状态域只有在 DAC 消息中有意义。

地址冲突消息的 IP 域定义如下。

- IPv6 源：发送路由器的一个非本地链路地址。
- IPv6 目的：发送路由器的一个非本地链路地址，在 DAC 消息的目的是通过 DAR 消息的源获取。
- 跳数：用于多跳传送时跳数限制，在接收端必须忽略。

地址冲突消息的 ICMP 域如图 2-16 所示，具体各字段说明如下所述。

- Type：类型，157 表示 DAR，158 表示 DAC。

| 0 | 7 8 | 15 16 | 23 24 | 31 |

Type	Code	CheckSum
Status	Reserved	Registration Lifetime

EUI-64

Registered Address

图 2-16　地址冲突消息格式（ICMP 域）

- Code：代码，在传送时设定为 0，接收端必须忽略。
- CheckSum：校验码，ICMP 校验。
- Status：状态，8 比特的无符号整数，在 DAC 中标示注册状态，在 DAR 中必须设定为 0。
- Reserved：保留，此域保留，初始化时设为全 0，接收端忽略。
- Registration Lifetime：注册生命周期，16 比特无符号整数，标示 6LBR 保留注册地 DAD 条目的时间，以 60 秒为单位，设为 0 时标识删除邻居缓存条目信息。
- EUI-64：64 位域，用 EUI-64 标示符唯一标识注册地址的接口。
- Registered Address：注册地址，128 位域，主机发出的 NS 消息的 IPv6 源地址域内的主机地址。

（3）主机和路由器的优化。

对于主机、6LR 和 6LBR 路由器的行为也进行了必要的优化。

① 主机行为。

禁止动作： 主机不能以组播方式发送邻居请求消息。

接口初始化： 当主机接口初始化时，将根据接口配置的 EUI-64 标示符生成一个本地链路地址，然后主机发送路由器请求消息（RS）。由于在此网络中没有组播的 RS 消息，所以主机不必加入请求节点组播地址，但必须加入所有节点的组播地址。

发送路由器请求： RS 消息根据 RFC4861 生成，并发送到所有的 IPv6 路由器组播地址。一个源链路层地址（Source Link-Layer Address，SLLA）选项必须包含在其中，用于进行单播的 RA 回复。在 RS 消息中不能使用未指定地址。如果链路层支持报文发送到所有路由器的任意播链路层地址，则可以用于传送这些报文到路由器。

由于主机不依靠组播 RA 消息发现路由器，主机需要在没有默认路由器、默认路由器不可达或之前的 RA 消息前缀和前后关系即将过期时，智能重传 RS 消息。推荐在初始化时，以至少 10 秒为间隔发送 3 次 RS 消息，然后减慢重传频率。在初始化后，主机可以二进制指数退让算法设定重传间隔，同时将最大重传间隔设为 60 秒。所有情况的 RS 重传在收到 RA 之后终止。

处理路由器通告：RA 消息的处理伴随着 6LoWPAN 上下文选项的管理以及在触发新地址配置后的地址注册。SLLA 选项必须包含在 RA 消息中。与 RFC4861 不同，RA 路由器的生命周期域的最大值可到 0xFFFF，约为 18 小时。

如果主机错误地接收了"L"标志位置 1 的前缀信息选项，则忽略此前缀信息选项。

注册和邻居不可达检测：主机发送单播邻居请求消息（NS）可用于注册 IPv6 地址，也可以用于邻居不可达检测（NUD），从而验证默认路由器可达性。主机的注册包括 NS 中的 ARO。即使主机没有数据发送，也需要主机通过数据传输维护保存在路由器上的邻居缓存信息项，通过向路由器发送包含 ARO 的 NS 消息，更新注册的生命时长。

从多个默认路由器接收到 RA 消息的主机应该向多个路由器进行注册，以提高网络的鲁棒性。

下一跳确定：目的地下一跳 IP 地址通过以下方式确定。目的地址为链路本地前缀的（FE80::）通常在链路上发送到该目的地。假定链路本地地址是根据接口初始化过程中规定的由 EUI-64 生成，那么就不进行地址解析，而发送到本地链路地址的数据包，需要按照反向操作 RFC4291 的步骤进行解码。

组播地址被认为是在链路上的，可以根据 RFC4944 或者其他基于 IP 的规定进行解析。应注意到 IETF RFC4944 只定义了如何在 LoWPAN 头表示组播目的地，超出本地链路范围之外组播支持还需要一个适当的组播路由算法。

假设所有其他前缀都是 RFC5889 定义的非链接的，任播地址通常被认为是非链接地址。因此，它们将发送到默认路由器列表中的一个路由器。

一个 LoWPAN 节点不需要按照 RFC4861 的规定为每个邻居维护一个最小缓存，因为在等待地址解析时数据包不会排队。

地址解析：地址注册机制和 RA 消息的 SLLA 选项提供了路由器和主机的先验状态用于从本地链路地址解析为 IPv6 地址。本地链路前缀和组播地址一致假定为非链路上的，邻居间基于组播的地址解析并不需要。

邻居的链路层地址保存在邻居缓存信息表，为了完成 LoWPAN 压缩，大多数全局地址将根据链路层地址生成，因此主机可以只保存链路层地址与 IPv6 地址接口 ID 的差异信息来减少内存的使用。

休眠：对于 LoWPAN 网络中使用电池的主机来说，保持一个低的占空比是有好处的。路由器可能需要具备缓存发送到睡眠主机流量的能力，但这样的功能不在本书的范围内。

② 6LR 和 6LBR 路由器行为。

6LR 和 6LBR 需要维护来自于主机 NA 消息、其他节点 ND 包中基于 ARO 选项的邻居缓存信息，以及潜在的 6LoWPAN 路由协议。

路由器不应重复收集注册 NCE，因为它们需要保留 NCE，直到注册生命周期到期。同样，如果在路由器上的 NUD 确定主机不可达（根据 RFC4861 中的逻辑），则 NCE 不应该被删除，而是一直保留到注册生命周期到期。更新的 ARO 标明缓存条目为稳定的，因此，对 6LoWPAN 的路由器来说，邻居缓存并不像一个高速缓存，而是表现为一个连接到路由器的所有主机地址的注册表。

路由器可以实现的默认路由器偏好（PRF）扩展[RFC4191]，并用其向主机表明路由器是一个 6LBR 或 6LR。如果这么应用，则没有去往边界路由器路由的 6LR 必须设置 Prf 为低优先级的 11，其他 6LR 必须设置 Prf 为正常偏好的 00，6LBR 必须设置 Prf 为高优先级的 01。

禁止行为：即使一个在路由拓扑结构的路由器到主机和另一个目标都可达，由于是无线电传播，一般不可能知道主机是否可以直接到达其他的目标。所以不能想当然地认为主机之间的重定向是实际有效的。因此，不应该发送重定向报文。唯一的潜在的例外是，当部署/实施有办法知道主机如何达到预期目标时。因此，建议在默认情况下实施不发送重定向报文，只有在部署要求时可以配置。相反，对于链路层路由拓扑结构，关于重定向的考虑采用 IETF RFC4861 一样的方法。

路由器不应该将 PIO 选项中的 L 位置 1，因为这可能触发主机发送组播 NS 消息。

接口初始化：6LBR 路由器接口初始化行为与 IETF RFC4861 描述的一样。只是在动态配置场景下，在 6LR 设定自身接口为通告接口并转换为路由器之前，6LR 作为非路由器出现，等待接收通告用于配置自身接口地址。

路由器请求处理：IETF RFC4861 中规定了路由器处理 RS 消息。区别在于 RA 消息内 ABRO 选项的内容以及只使用单播 RA 消息。如果 6LR 从 6LBR 接收到 ABRO 选项，它将在它发送的 RA 消息中原样保留这一选项内容。如果 6LR 已从不同的 6LBR 收到 RA 消息，无论是否有相同的前缀和上下文信息，它都需要分开保留这些前缀和上下文信息，所以 6LR 发送的 RA 将保持 ABRO 与前缀和上下文信息的关联。路由器可以通过 ABRO 的 6LBR 地址域知道哪一个 6LBR 生成了前缀和上下文信息。当一台路由器绑定多个 ABRO 的信息时，单个的 RS 消息将产生多个 RA 回复，每个 RA 包含着不同的 ABRO。

当与某个 6LBR 关联的 ABRO 有效生命周期超时时，与该 6LBR 有关的信息必须被清除。建议发送 RA 要比 ABRO 的有效生命周期更频繁，这样即使错过了一个 RA 也不会导致删除所有到 6LBR 的相关信息。

可能尚未从将它地址与路由器注册的主机那里收到 RS 信息，因此路由器不必根据 RS 的 SLLAO 变更已存在 NCE。但路由器可以根据 SLLAO 创建临时性的 NCE，这样临时性的 NCE 应该在临时 NCE 生命周期（TENTATIVE_NCE_LIFETIME）后结束，除非转换为注册 NCE。

一个 6LR 或 6LBR 必须在它发送的 RA 中包括一个 SLLAO，这是必需的，这样主机就知道路由器的链路层地址。不同于 IETF RFC4861 中的规定，RA 路由器生命周期域最大值可以到 0xFFFF（约 18 小时）。

与 IETF RFC4861 中建议组播 RA 不同，本标准改进交互过程，只使用单播 RA 回复 RS。正是由于 RS 通常包含一个路由器发送 RA 所需 SLLAO，才使得这种方式可行。

定期路由器通告：路由器不需要发送定期的 RA 消息，因为主机在生命周期过期前会通过发送 RS 请求更新信息。可是，如果路由器在网络层路由拓扑上用 RA 分配前缀或上下文信息，则需要定期发送 RA 消息。这样的 RA 在 IETF RFC4861 规定的最小路由器通告间隔（MinRtrAdvInterval）和最大路由器通告间隔（MaxRtrAdvInterval）之间发送。

邻居请求处理：路由器按照 IETF RFC4861 处理 NS 消息。除了常规 NS 和选项的确认，ARO 选项可以配置检验。如果长度域不是 2，或者状态域不是 0，则 NS 将被忽略。如果 NS 的源地址是非规范地址，或者未包含 SLLAO，则在处理 NS 时忽略 ARO。

③ 边界路由器行为。

6LBR 负责 RA 的发送和主机 NS 的处理。6LBR 需要在它发送的 RA 中一直包含 ABRO 选项。这要求 6LBR 在稳定存储内保留版本号，当 RA 内的消息变化时增加版本号。影响版本号的信息是，PIO 内的前缀或生命周期、6CO 中的前缀、CID 或生命周期。

此外，6LBR 可能配置有分配给 LoWPAN 的和 RA 包含的一个或多个前缀，在网络层路由情况下，这些前缀可以通过多跳前缀和上下文分配（Multihop Prefix and Context Distribution）技术散布给所有的 6LR。

如果 6LoWPAN 使用报头压缩，则 6LBR 需要管理 CID，并通过包含 6CO 的 RA 进行通告，从而告知直连主机 CID，6LBR 还需要考虑增加、删除或修改上下文信息。在网络层路由情况下，上下文信息将通过多跳前缀和上下文分配技术分配给所有的 6LR。

前缀选定：在 LoWPAN 中的一个或多个前缀可以手动配置，或通过 DHCPv6-PD 获得。对于一个与网络隔离的 LoWPAN，6LBR 可以使用 IETF RFC4193 指定一个 ULA 前缀。ULA 前缀应该保存在稳定存储内，从而在 6LBR 故障后可以使用同样的前缀。如果 LoWPAN 有多个 6LBR，它们应该采用它同样的前缀集进行配置，此前缀集包含在 RA 消息内。

上下文配置和管理：如果 6LoWPAN 使用报头压缩，则 6LBR 必须配置上下文信息和相应的 CID，如果 LoWPAN 有多个 6LBR，它们必须配置相同的上下文信息和 CID。对于确保报文正确地解压缩，保持上下文信息的一致性至关重要。

RA 消息内的上下文信息在 6LBR 生成，必须分发到 LoWPAN 内的所有路由器和主机。RA 包含 1 个与每个上下文对应的 6CO。

对于使用 6CO 的上下文信息分发，应该严格使用生命周期以确保该上下文信息在整个 LoWPAN 内同步。新的上下文信息应该被引入 C=0 的 LoWPAN，以确保所有节点能够按照同样的上下文信息进行报头压缩。只有在信息成果分发后，C=1 的选项才能够发送，从而实际使用压缩的上下文信息。

相反，为避免节点发送使用先前上下文值的报文——这会导致接收时的歧义，在新的上下文值分配给某个上下文之前，旧的值应该停止使用一段时间。也就是说，在准备上下文信息变化时，分发过程应保持至少一段时间（MIN_CONTEXT_CHANGE_DELAY）。仅当上下文已失效成为一个合理假设时，才能停止此 CID 的分发，或者再利用。在后一种情况下，新值的再分发应该按照上面所描述的从 C=0 开始。

8. 6LoWPAN 网络路由

1）路由机制

IPv6 网络使用的路由协议主要是基于距离矢量和基于链路状态的路由协议。这两类协议都需要周期性地交换信息来维护网络正确的路由表或网络拓扑结构图。而在资源受限的泛在网感知层网络中采用传统的 IPv6 路由协议，由于节点从休眠到激活状态的切换会造成拓扑变化比较频繁，导致控制信息将占用大量的无线信道资源，增加了节点的能耗，从而降低网络的生存周期，因此需要结合泛在网的特征对 IPv6 路由协议进行优化。

泛在网路由算法必须考虑泛在网络普遍的特征，包括：

● 大量有限资源（能量、运算能力、存储空间、通信距离）的泛在网节点以预定义或者随机散布的方式存在；

● 相关协议支持泛在网节点间自动协作和交换控制信息（需要考虑协议能耗），支持节点的网络自组织。

针对上述泛在网所具有的特征，路由算法需要解决如下问题：

● 网络中节点如何进行动态的检测，以及时筛选有效的节点；

● 网络中节点如何进行标识，在路由算法中使用该标识进行路径计算；

● 节点间的路由关系如何建立，要求使用一种低功耗的算法，避免将大量的资源用于建立路由链路上；

● 网络节点的拓扑变化后，路由如何重建，这个过程可能会伴随有节点标识的重建；

● 节点间传送的消息格式、路由计算方式。

根据泛在网络的结构和数据传输模型，结合目前可行的路由算法，主要包括以下几种机制。

（1）泛洪机制。

路由算法主要从数据传输的角度考虑，每个泛在网节点既产生数据，也能作为中继节点进行数据转发，初始路由链路是通过使用泛洪机制来建立的。根据路由链路建立和维护过程是由末端节点发起还是由根节点发起，不同层次的节点可以应用三种模式。

- 传统模式：最基本的泛洪法，主干节点以广播的方式将收到的数据包传递给自己的邻居主干和分支节点直至该分组到达叶子节点。
- 事件驱动模式：感知环境的数据分支节点主动广播数据包为特征，该数据包基于路由表选取适当路径到达末端节点。
- 查询驱动模式：以末端节点广播与应用相关的查询请求，通过该群的分支节点泛洪到整个网络，满足该查询请求的分支/主干节点则选取适当路径转发数据。

（2）集群机制。

路由算法基于大量高密度的末端节点，重点考虑了路由算法的可扩展性。其主要特征为将末端节点按照特定规则划分为多个集群，并且选择出头节点，然后通过该集群的头节点汇集集群内感知数据或中继其他集群头节点转发的数据，可细分为以下两种模式。

- 单层模式：指路由算法仅对根节点一次集群划分，通常假设每个集群头节点能直接与末端节点通信。在小型的泛在网络中我们采用的是单层模式，以减少处理的复杂性，这样就可以加速处理的效率和减少维护链路的功耗。
- 分层模式：指路由算法将对根节点进行多次集群划分，即将整个泛在网的层次分为簇和群两个层次，对群的头节点即分支节点进行再次集群划分。有若干的分支节点组成簇，并且选择出簇。这样处理可以适应较大的泛在网络，同时当局部网络发生变化时，不会影响泛在网的其他部分。

（3）地理信息机制。

地理信息机制通常假设末端节点能够知道自身地理位置或者通过基于部分地标节点的地理位置计算自身位置，感知数据或者查询请求发送到指定方向从而减少因为泛洪机制而带来的数据无效传输的问题。

（4）基于服务质量机制。

路由算法的建立是根据网络中的数据流和应用程序 QoS 要求来建立的，从而均衡各个节点的负载和为应用层提供 QoS 确保。

2）RPL 路由协议

RPL 是为 LLN 网络而设计的距离矢量路由协议，通过使用目标函数（Object Function，OF）和度量集合构建具有目的地的有向无环图（Destination Oriented Directed Acyclic Graph，DODAG）。目标函数利用度量和约束条件的集合计算出最优路径。由于网络部署的目的性存在差异，同一个网络可能需要不同的链路质量要求等，导致在相同的网络中有可能有几个目标函数。

（1）拓扑结构。

RPL 中规定，一个 DODAG 是一系列由有向边连接的顶点，之间没有直接的环路。RPL 通过构造从每个叶节点到 DODAG 根的路径集合来创建 DODAG。与树形拓扑相比，DODAG 提供了多余的路径。在使用 RPL 路由协议的网络中，可以包含一个或多个 RPL Instance。在每个 RPL Instance 中会存在多个 DODAG，每个 DODAG 都有一个不同的 Root。一个节点可以加入不同的 RPL Instance，但是在一个 Instance 内只能属于一个 DODAG。如图 2-17 所示，显示了使用 RPL 构造的网络拓扑图。

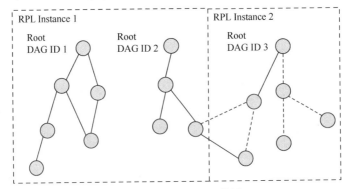

图 2-17　RPL 网络拓扑图

RPL 规定了三种消息：DODAG 信息对象（DIO），DODAG 目的地通告对象（DAO），DODAG 信息请求（DIS）。DIO 消息是由 RPL 节点发送的，来通告 DODAG 和它的特征，因此 DIO 用于 DODAG 发现、构成和维护。DIO 通过增加选项携带了一些命令性的信息。DAO 消息用于在 DODAG 中向上传播目的地消息，以填充祖先节点的路由表，来支持 P2MP 和 P2P 流量。DIS 消息与 IPv6 路由请求消息相似，用于发现附近的 DODAG 和从附近的 RPL 节点请求 DIO 消息。DIS 消息没有附加的消息体。

（2）DODAG 的构建过程。

RPL 路由协议规定了一系列新的 ICMPv6 控制消息以交换图的相关信息和构建拓扑结构，它们分别是请求消息（DODAG Information Solicitation，DIS）、DODAG 信息对象（DODAG Information Object，DIO）、目的地通告（Destination Advertisement Object，DAO）。图的构建过程从根或者边界路由器（LoWPAN Border Router，LBR）开始。根首先使用 DIO 消息来广播有关图的信息，监听根节点的邻居节点收到并处理 DIO 消息，根据目标函数、DAG 特点、广播路径开销等来决定是否加入到这个图当中。一旦节点加入到图当中，它就有一条通向 DODAG 根的路由，根则成为这个节点的父节点。节点接着会计算自己在图中的 Rank 值，并向自己的父节点发送包含路由前缀信息的 DAO 消息，节点也可以使用 DIS 消息来主动向邻居节点来请求图信息，所有邻居节点重复这一过程直至整个网络中构建出一个以 LBR 为根节点的 DODAG。

（3）路由建立。

当一个节点发现多个 DODAG 邻居时（可能是父节点或兄弟节点），它会使用多种规则来决定是否加入该 DODAG。一旦一个节点加入到一个 DODAG 中，它就会拥有到 DODAG 根的路由（可能是默认路由）。在 DODAG 中，数据路由传输分为向上路由和向下路由。向上路由指的是数据从叶子节点传送到根节点，可以支持 MP2P（多点到点）的传输；向下路由指的是数据从根节点传送到叶子节点，可以支持 P2MP（点到多点）和 P2P（点到点）传输。P2P 传输先通过向上路由到一个能到达目的地的祖先节点，然后在进行向下路由传输。对于不需要进行 P2MP 和 P2P 传输的网络来说，向下路由不需要建立。

向上路由建立通过 DIS 和 DIO 消息来完成。每个已经加入到 DAG 的节点会定时地发送多播地址的 DIO 消息，DIO 中包含了 DAG 的基本信息。新节点加入 DAG 时，会收到邻居节点发送的 DIO 消息，节点根据每个 DIO 中的 Rank 值，选择一个邻居节点作为最佳的父节点，然后根据 OF 计算出自己在 DAG 中的 Rank 值。节点加入到 DAG 后，也会定时地发送 DIO 消息。另外，节点也可以通过发送 DIS 消息，让其他节点回应 DIO 消息。

向下路由建立通过 DAO 和 DAO-ACK 消息来完成。DAG 中的节点会定时地向父节点发送 DAO 消息，里面包含了该节点使用的前缀信息。父节点收到 DAO 消息后，会缓存子节点的前缀信息，并回应 DAO-ACK。这样在进行路由时，通过前缀匹配就可以把数据包路由到目的地。

（4）回路避免和回路检测机制。

在传统网络中，由于拓扑结构改变和节点间未及时同步的问题，可能会导致临时性的环路产生。为了减少数据包的丢失、链路拥塞的情况，必须尽快检测出环路。在 LLN 中，环路的影响是有限的，并且这种环路的产生可能是暂时的，所以过渡反应会导致更大程度上的路由碰撞和能量消耗。因此，RPL 的策略是不保证不会出现环路，而是试图避免环路的出现。RPL 定义了两种规则来避免环路，这两种规则都依赖于节点的"Rank"值。

● 最大深度规则，不允许节点选择图中深度更大（Rank 值更大）的节点作为自己的父节点。

● 拒绝节点"贪婪"规则，不允许节点试图移动到图中更深的地方，以增加自己潜在父节点的数量。

RPL 的环路检测策略是在 RPL 的路由头部中设置相关的比特位，通过这些比特位来检测数据的有效性。例如，当一个节点将数据包发向自己的一个子节点时，将比特位置成"Down"，然后将数据包发送到下一跳节点。收到"Down"比特的数据包节点，查询自己的路由表，发现数据包是在"向上"方向传输的，则证明出现了环路，此时数据包需要被丢弃并触发本地修复。

（5）修复机制。

RPL 规定了两种互补的修复机制：全局修复技术和本地修复技术。也有很多其他的路由协议使用本地修复策略来快速发现替代路径，推迟整个拓扑上的全局修复。下面是 RPL 采用的方法：当一条路径被认为是不可用的而必须寻找替代路径时，节点触发一次本地修复以快速寻找一条替代路径，即使替代路径不是最优的。接下来，为网络上的所有节点重建 DODAG，这一过程可能被推迟。另外，RPL 定义了另外一种被称为"下毒"的机制，在执行本地修复同时需要避免回路时很有用。

（6）定时器管理。

RPL 中的定时器与其他运行于受限条件少的环境中的路由协议不同。大多数的路由协议使用周期性的"keepalive"来保持邻居关系、更新路由表。但在 LLN 网络中，资源极度受限，所以显然这种方式是不合适的。RPL 使用一种称为"Trickle Timer"的定时器来完成自适应的定时器机制，它可以控制发送 DIO 消息的速率。RPL 使用的 DIO 定时器依赖于 RFC6206 中提出的 Trickle 算法。Trickle 算法使用一个适应性的机制来控制层面发送速率，以使节点在不同情况下都能监听到足够的包以保持一致性。网络发生改变时，节点会发送更多的协议控制包，然后当网络开始稳定后，控制流的速率会减小。考虑到节点上受限的资源，Trickle 算法不需要在网络中有复杂的代码和状态。

Trickle 算法可以描述为：假设 I_{min} 为最小时间间隔，I_{max} 为最大时间间隔，I 为当前时间间隔，t 为当前时间点，K 为冗余常量，C 为计数器，I_{double} 为 I 能够自乘 2 的最大次数。

- 开始。设置 I 为[I_{mix}, I_{max}]中的一个值，开始第一个时隙。
- 第一个时隙开始，置 $C=0$，t−[$I/2$, I]中的一个随机点。时隙终止在 I 处。
- Trickle 收到一个一致性传输，就让 $C += 1$。
- 在时间 t，Trickle 检查是否有 C，K，且只有在 $C<K$ 时允许发送数据包。
- 当 I 到期，就使 $I×2>I_{max}$，置 $I=I_{max}$。
- 如果 Trickle 接收到不一致性传输时，Trickle 为响定外部 events 重置计时器。

Trickle 算法只有在第 4 步传输，表示在检测到不一致并做出反应之间有一个固定的时间间隔，立即反应有可能引发广播风暴。

9. CoAP 协议

在 6LoWPAN 网络中智能节点通常具有低功耗、低存储容量和低运算能力的特点，因此应用层协议需要满足这些约束条件。2010 年 3 月，IETF 应用领域的 CoRE（Constrained RESTful Environment）工作组正式成立，为资源受限节点制定相关 REST（Representation State Transfer，表述性状态转移）形式的应用层协议。

REST 是指表述性状态转换架构，是互联网资源访问协议的一般设计风格。REST 提出了一些设计概念和准则，包括：

- 网络上的所有事物都被抽象为资源（Resource）；
- 每个资源对应一个唯一的资源标识（Resource Identifier）；
- 通过通用的连接器接口（Generic Connector Interface）对资源进行操作；
- 对资源的各种操作不会改变资源标识；
- 所有的操作都是无状态的（Stateless）。

对于当今最常见的网络应用来说，资源标识就是 URI，通用连接器接口就是 HTTP 协议。REST 之所以能够简化开发，是因为其引入了架构约束，比如 Rails1.2 中对 REST 的实现默认把控制器中的方法限制在 7 个，即 index，show，new，edit，create，update 和 destroy，而 HTTP 则把对 URI 的操作限制在 4 个之内，即 GET，POST，PUT 和 DELETE。

REST 之所以能够提高系统的可伸缩性，是因为它强制所有操作都是无状态的，这样就没有上下文的约束。另外，REST 对性能的另一个提升来自其对客户和服务器的任务分配，即服务器只负责提供资源以及操作资源的服务，而客户要根据资源中的数据和表示法进行处理。

HTTP 协议就是一个典型的符合 REST 准则的协议，但是由于 HTTP 基于 TCP 传输协议，采用点对点的通信模型，不适用于推送通知服务，而且对于受限设备（如 8 位微处理器）HTTP 过于复杂。在资源受限的传感网络中，HTTP 过于复杂，开销过大，因此也需要设计一种符合 REST 准则的协议，这就是 CoRE 工作组正在制定的 CoAP 协议（Constrained Application Protocol）。

CoAP 是一种面向网络的协议，基于 REST 架构，采用了与 HTTP 类似的特征，核心内容为资源抽象、REST 式交互以及可扩展的头选项等。为了克服 HTTP 对于受限环境的劣势，CoAP 既要考虑数据报长度的最优化，又要考虑到提供可靠通信。一方面，CoAP 提供 URI，REST 式的方法如 GET，POST，PUT 和 DELETE，以及可以独立定义的头选项提供可扩展性。另一方面，CoAP 基于轻量级的 UDP 协议，并且允许 IP 组播。为了弥补 UDP 传输的不可靠性，CoAP 定义了带有重传机制的事务处理机制，并且提供资源发现机制和资源描述。

CoAP 协议不是盲目地压缩了 HTTP 协议，考虑到资源受限设备的低处理能力和低功耗限制，CoAP 重新设计了 HTTP 的部分功能以适应设备的约束条件。另外，为了使协议适应物联网和 M2M 应用，CoAP 协议改进了一些机制，同时增加了一些功能。如图 2-18 所示，比较了 HTTP 和 CoAP 的协议栈。CoAP 和 HTTP 在传输层有明显的区别，HTTP 协议的传输层采用了 TCP 协议，而 CoAP 协议的传输层使用 UDP，开销明显降低，并支持组播。

CoAP 协议采用了双层的结构。事务层处理节点间的信息交换，同时，也提出对多播和拥塞控制的支持。请求/响应层（Request/Response Layer）用以传输对资源进行操作的请求和相应信息。CoAP 协议的 REST 架构基于该层的通信，REST 请求附在一个 CON 或者 NON 消息上，而 REST 响应附在匹配的 ACK 消息上。CoAP 的双层处理方式，使得 CoAP 没有采用 TCP 协议，也可以提供可靠的传输机制。利用默认的定时器和指数增长的重传间隔时间实现 CON 消息的重传，直到接收方发出确认消息。另外，CoAP 的双层处理方式支持异步通信，这是物联网和 M2M 应用的关键需求之一。CoAP 协议转换网关如图 2-19 所示。

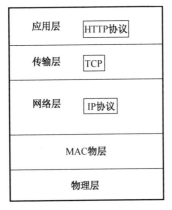
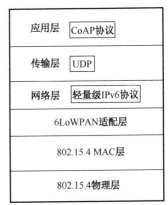

图 2-18　HTTP 协议栈和 CoAP 协议栈比较

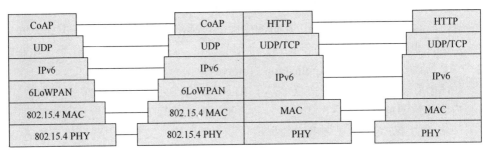

图 2-19　CoAP 协议转换网关

10. XMPP 协议

XMPP（Extensible Messaging and Presence Protocol，可扩展通信和表示协议）是一种基于 XML 的协议，可用于服务类实时通信、表示和需求响应服务中的 XML 数据元流式传输。XMPP 的前身是 Jabber，一个开源形式组织产生的网络即时通信协议。XMPP 目前被 IETF 国际标准组织完成了标准化工作。标准化的核心结果分为两部分：核心 XML 流传输协议和基于 XML 的流传输即时通信扩展应用。在 IETF 中，把即时通信协议划分为四种协议，即时信息和出席协议（Instant Messaging and Presence Protocol，IMPP）、出席和即时信息协议（Presence and Instant Messaging Protocol，PRIM）、针对即时信息和出席扩展的会话发起协议（Session Initiation Protocol for Instant Messaging and Presence Leveraging Extensions，SIMPLE）以及可扩展的消息出席协议（XMPP）。其中 IMPP 已经发展成为基本协议单元，定义所有即时通信协议应该支持的核心功能集，XMPP 和 SIMPLE 两种协议是架构，有助于实现 IMPP 协议所描述的规范，而 PRIM 已经不再使用。

1）XMPP 协议组成

RFC3920 XMPP 核心，定义了 XMPP 协议框架下应用的网络架构，引入了 XML 流和 XML 节，并规定 XMPP 协议在通信过程中使用 XML 标签。使用 XML 标签从根本上说是协议开放性与扩展性的需要。此外，在通信安全方面，把 TLS 安全传输机制与 SASL 认证机制引入到内核，与 XMPP 进行无缝的连接，为协议的安全性、可靠性奠定了基础。该协议还规定了错误的定义及处理、XML 的使用规范、JID（Jabber 标识符）的定义、命名规范等。

（1）RFC3921，用户成功登录到服务器之后，发布更新自己的在线好友管理、发送即时聊天消息等业务。

（2）XEP-0030 服务搜索。一个强大的用来测定 XMPP 网络中的其他实体所支持特性的协议。

（3）XEP-0115 实体性能。XEP-0030 的一个通过即时出席的定制，可以实时改变广告功能。

（4）XEP-0045 多人聊天。一组定义参与和管理多用户聊天室的协议，类似于 Internet 的 Relay Chat，具有很高的安全性。

（5）XEP-0096 文件传输。定义了从一个 XMPP 实体到另一个的文件传输。

（6）XEP-0124 HTTP 绑定。将 XMPP 绑定到 HTTP 而不是 TCP，主要用于不能够持久地维持与服务器 TCP 连接的设备。

（7）XEP-0166 Jingle。规定了多媒体通信协商的整体架构。

（8）XEP-0167 Jingle Audio Content Description Format。定义了从一个 XMPP 实体到另一个的语音传输过程。

（9）XEP-0176 Jingle ICE（Interactive Connectivity Establishment）Transport。ICE 传输机制，解决了如何让防火墙或是 NAT（Network Address Translation）保护下的实体建立连接的问题。

（10）XEP-0177 Jingle Raw UDP Transport。纯 UDP 传输机制，讲述了如何在没有防火墙且在同一网络下建立连接的问题。

（11）XEP-0180 Jingle Video Content Description Format。定义了从一个 XMPP 实体到另一个的视频传输过程。

（12）XEP-0181 Jingle DTMF（Dual Tone Multi-Frequency）。双音多频信令。

（13）XEP-0183 Jingle Telepathy Transport Method。定义了电话传送方法。

2）XMPP 消息格式

XMPP 系统使用 XML 流在不同实体之间相互传输数据。在两个实体的连接期间，XML 流将从一个实体传送到另一个实体。在实体间，有三个顶层的 XML 元素，

Message、Presence 和 IQ，每一个都包含属性和子节点。

（1）消息（Message）元素。

一个即时消息系统最基本的功能就是能够在两个用户之间实时交换消息，<Message/>元素就提供了这个功能。每条消息都有一个或多个属性和子元素，属性"from"和"to"分别表示消息发送者和接收者的地址，属性"Type"表示消息的类型，属性"ID"用来唯一的标识一个输出消息的响应。

（2）状态（Presence）元素。

状态元素用来传递一个用户存在状态的感知信息。用户可以是"在线"、"不在线"或"隐身"等。当用户连接到即时消息服务器后，好友发给他的消息就立即被传递。如果用户没有连接到服务器，好友发给他的消息将被服务器存储起来直到用户连接到服务器。

（3）请求/响应（Info/Query）元素。

"请求/响应"元素用来发送和获取实体之间的信息。IQ 消息是通过"请求/响应"机制在实体间进行交流的。IQ 元素用于不同的目的，它们之间通过不同的命名空间来加以区分。

上面描述了 Jabber/XMPP 协议的三个顶层节点。通过这种格式，Jabber/XMPP 消息不仅可以是简单的文本，而且可以携带复杂的数据和各种格式的文件，也就是说 Jabber/XMPP 不仅可以用在人与人之间的交流，而且可以实现软件与软件或软件与人之间的交流。Jabber/XMPP 这种功能大大扩展了即时通信的应用范围。

3）XMPP 协议网络架构

XMPP 是一个典型的客户/服务器架构，而不是像大多数即时通信软件一样，使用 P2P 客户端到客户端的架构，也就是说在大多数情况下，当两个客户端进行通信时，他们的消息都是通过服务器传递的。XMPP 中定义了三个角色：客户端、服务器和网关。通信能够在这三者的任意两个之间双向发生。服务器同时承担了客户端信息记录，连接管理和信息的路由功能。网关承担着与异构即时通信系统的互联互通，异构系统可以包括 SMS（短信），MSN，ICQ 等。基本的网络形式是单客户端通过 TCP/IP 连接到单服务器，然后在之上传输 XML，工作原理是：

- 节点连接到服务器；
- 服务器利用本地目录系统中的证书对其认证；
- 节点指定目标地址，让服务器告知目标状态；
- 服务器查找、连接并进行相互认证；
- 节点之间进行交互。

（1）XMPP 客户端。大多数客户端通过 TCP 直接连接到服务器，并且使用 XMPP，充分利用由服务器及任何相关服务所提供的功能。客户端与服务器的推荐连接端口为 5222，已由 IANA 注册。

（2）XMPP 服务器。服务器作为 XMPP 通信管理的智能抽象层，其主要职责是：

● 管理连接其他实体的会话，以 XML 流格式在已授权的客户端、服务器以及其他实体间来回传送；

● 通过 XML 流在实体间路由具有合适地址的 XML 节。

服务器通常被设计成模块化，由各个不同的代码包构成，这些代码包分别处理会话管理、用户和服务器之间的通信、服务器之间的通信、域名解析、存储用户的个人信息和朋友名单、保留用户在下线时收到的信息、用户注册、用户的身份和权限认证、根据用户的要求过滤信息和系统记录等。另外，服务器可以通过附加服务来扩展，如完整的安全策略，允许服务器组件的连接或客户端选择，通向其他消息的网关。

（3）XMPP 网关。网关是服务器端的一种特殊服务，它的主要功能是实现 XMPP 与其他非 XMPP 协议之间的转换。目前，XMPP 实现了和 AIM，ICQ，IRC，MSN 和 Yahoo Messager 的协议转换。

2.3.2.2.4　ZigBee 技术体系

1.　协议概述

ZigBee 技术是一种近距离、低复杂度、低功耗、低速率、低成本的双向无线通信技术，主要用于短距离、低功耗且传输速率不高的各种电子设备之间进行数据传输以及典型的有周期性数据、间歇性数据和低反应时间数据传输的应用。ZigBee 物理层和数据链路层协议为 IEEE 802.15.4 协议标准，网络层及应用描述层由 ZigBee 联盟制定。

1）ZigBee 技术的主要特点

与其他通信相比，ZigBee 无线通信协议的复杂度低，满足精简资源的要求，适用于各种低数据传输速率和低能量消耗的应用。ZigBee 技术的主要技术特点如下：

（1）低功耗。由于工作周期短，收发信息功耗较低，在低耗电待机模式下，两节普通 5 号干电池可以使用 6 个月以上时间。

（2）低速率。通信速率只有 10～250Kbit/s，满足低速率传输数据的应用需求。

（3）低成本。ZigBee 协议简单且免专利费，极大地降低了 ZigBee 的成本。

（4）高可靠性。发送数据时采用碰撞避免机制；为了避免竞争和冲突，特别预留了专用时隙（GTS）给需要固定带宽的通信业务；节点间具有自动动态组网的功能，在 ZigBee 网络中数据通过自动路由的方式传输，进而使得数据在网络中的传输得到可靠保证。

（5）传输范围大。ZigBee 节点在不使用功率放大器的情况下有效传输范围为 10～75m，能覆盖普通的家庭和办公场所。

（6）时延短。针对性地优化了对时延敏感的应用，从休眠状态激活的时延和通信时延都非常短。活动设备接入信道和休眠激活时延的典型值都是15ms，设备搜索时延的典型值是30ms。

（7）网络容量大。可组成最多容纳65 536个节点的大型网络。

（8）安全性高。提供了数据完整性检查和鉴权功能，加密算法采用通用的AES-128，确保了数据传输过程中的高度保密。

2）ZigBee标准的制定

（1）2001年8月，ZigBee联盟成立。

（2）2004年，ZigBee V1.0诞生。它是ZigBee的第一个规范，但由于推出仓促，存在一些错误。

（3）2006年，推出ZigBee 2006，这个版本相对比较完善。

（4）2007年年底，ZigBee PRO推出；ZigBee特性集提供单播、树寻址、群组通信、广播、安全等特性；在ZigBee Pro特性集中，寻址方式由随机寻址取代树寻址，并支持多对一源路由备选方案，并且还增加了有限的广播寻址功能及对高级安全性功能需求的支持。

（5）2009年3月，ZigBee RF4CE推出，具备更强的灵活性和远程控制能力。

（6）2009年开始，ZigBee采用了IETF的IPv6 6LoWPAN标准作为新一代智能电网Smart Energy（SEP 2.0）的标准，致力于形成全球统一的易于与互联网集成的网络，实现端到端的网络通信。

（7）2012年，发布ZigBee 2012，增强了网状网络的组网能力，在一个网络中能够支持64 000个设备，同时增加了一个新的特性——绿色能源。

ZigBee是最早大规模应用的无线传感器网络技术，与其他短距离技术相比，ZigBee在物联网领域拥有先发优势，并且已经在智能电网、智慧城市、智能交通、电子健康、环境监测、智能家居等方面在全球得到了广泛应用。目前，在我国的智能电网、智慧城市、智能交通建设中，ZigBee技术也已经被大量采用。

2. 协议栈架构

ZigBee协议栈架构如图2-20所示。物理层和MAC层都是由IEEE 802.15.4定义，物理层支持868/915MHz和2.4GHz三种频段。MAC层之上是网络层，提供网络层数据收发和路由功能。网络层之上是应用支持子层（Application Support Sublayer，APS），提供应用层数据处理和绑定功能。APS之上用"应用对象（Application Object）"来表示多个应用，其中一个特殊的应用是ZigBee设备对象（ZigBee Device Object，ZDO）。所有应用对象都要受到应用框架（Application Framework，AF）的规定限制。ZDO是所有ZigBee设备都实现的一个应用，提供设备管理的各项功能，包括设备发现、服务发现、绑定管理和网络管理等。此外，ZigBee还使用安全服务提供者（Security Service Provider，SSP），为网络层和应用层提供安全服务。

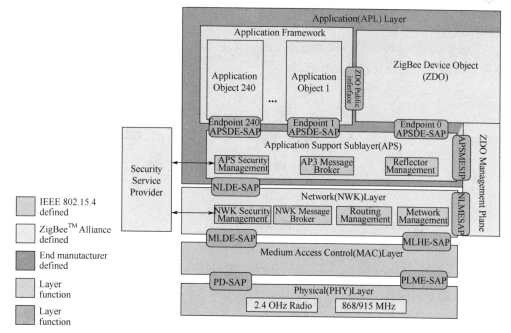

图 2-20 ZigBee 协议栈架构

3. 物理层

ZigBee 物理层采用 IEEE 802.15.4 标准。

4. 网络层

网络层的核心功能包括路由、寻址以及网络的建立与维护。

1）网络拓扑

ZigBee 网络支持多种网络拓扑结构，包括星形拓扑、树形拓扑及网状拓扑，如图 2-21 所示，最常使用的是星形网络拓扑。星形网络由一个协调器和多个末端节点组成，所有的通信都是通过协调器转发。这样的网络结构有三个缺点：一是会增加协调器的负载，对协调器的性能要求很高；二是所有通信都通过协调器转发，会极大地增加系统的延时，使得系统的实时性受到影响；三是单一节点的破坏会造成整个网络的瘫痪，降低了网络的鲁棒性。除了支持星形网络以外，ZigBee 还支持树形（Tree）和网状（Mesh）等对等网络。在树形网络中，协调器负责建立和维护网络，同时需要确定一些网络参数，用来限定网络的拓扑结构。树形网络的扩展需要借助"ZigBee 路由器"，因此网络中的每个节点不一定直接与协调器通信，而是可能经过若干个路由器的连接后才能到达协调器。在网状网络中，同样存在协调器、路由器和末端节点等设备，组建网络时不需要限定网络拓扑结构，节点之间通信可以选择最优路径。

2）网络的建立与维护

ZigBee 网络的构建由协调器设备发起。在建立网络之前需要设置一些参数，如网络工作信道、是否使用信标模式等。

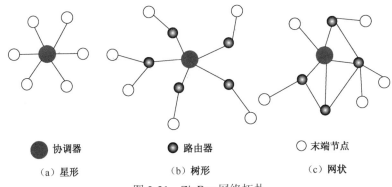

●协调器　　　　　　●路由器　　　　　　○末端节点

（a）星形　　　　　（b）树形　　　　　（c）网状

图 2-21　ZigBee 网络拓扑

（1）建立新网络。

协调器在指定的信道范围内进行监听，获得各个信道的干扰情况。通过比较各个信道的干扰情况，选择干扰最少的信道进行扫描，探测出已经存在的网络，最后选择已存在网络最少的信道建立网络。当确定了工作信道之后，设备可以进一步设置其余网络参数，如 PAN 标识、网络地址、扩展 PAN 标识等。当这些参数都设置完成以后，一个新的 ZigBee 网络就建立完毕了。

（2）加入网络。

在一个网络中具有从属关系的设备允许一个新设备连接时，它就与新连接的设备形成一对父子关系。新设备成为子设备，而第一个设备为父设备。一个设备加入网络有如下几种方式。

- 联合方式加入网络，任何设备只要它具有必要的实际性能和具有有效的网络地址空间，才可能接收一个新设备同其连接的请求命令。通常只有 ZigBee 协调器或路由器具有实际能力，终端设备不具备此能力。联合方式分为两步来实现，分别是子设备加入以及父设备加入。

- 直接方式加入网络，子设备通过预先分配的父设备直接同网络连接。在这种情况下，父设备将为子设备预先分配一个 64 位地址，当流程开始后，父设备的网络层管理实体将首先确定所指定的设备是否已经存在于网络中。网络层管理实体通过搜索它的邻居表，以确定是否有一个相匹配的 64 位扩展地址。如果不存在，网络层管理实体将为这个新设备分配一个 16 位的网络地址。

- 重新加入网络，已经连接到网络的设备，由于通信环境发生变化或者节点移动到别的地方，可能会暂时离开网络一段时间，这种情况下节点将以重新加入网络的方式加入。

● 孤点加入网络，父设备配置好子设备之后，子设备跟父设备通信中断后重新加入网络。子设备通过孤点扫描的方式寻找原先的父设备，因为寻找的父设备只有一个，如果没有找到，那么这个过程失败。

（3）离开网络。

节点离开网络分为主动离开和被动离开。节点主动离开网络时，需要向周围邻居节点发送一个离开指令。节点被动离开网络是由父节点直接发送离开指令给该节点。还有一种情况是节点非正常地离开网络，如子节点移动或者父节点移动，或者断电情况，这时并不会触发离开指令的发送，ZigBee 协议并没有给出明确的规定如何处理。

3）编址

ZigBee 采用分布式的编址方式，即地址分配节点不是唯一的，协调器和路由器都可以进行地址分配。分配方式包括树形编址和随机编址方式。树形编址从 ZigBee 2004 版本中就存在，随机编址是 ZigBee 2007 中新增的一种编址方式。

在树形编址中，部分网络参数需要提前设定，根据该参数，节点的地址由父节点计算得到。每个路由器节点可以给自己的子节点直接分配地址，但因为参数是预先设定的，因此网络的拓扑受到很大的限制，且如果子节点的数目少于预留地址段则会出现地址空间的浪费情况。树形编址路由算法简单，但存在地址的分配方式不够灵活，需要根据网络的拓扑结构合理地选择网络参数。

随机编址方式是由父节点随机分配一个地址给新加入的节点，存在的问题就是随机分配容易产生地址冲突。父节点在分配新的地址前会先在邻居表、路由表、路由记录中查找已知的地址。即使这样也难以避免冲突的现象，如果出现冲突的两个节点所通信的节点没有公共的节点，那么地址冲突不会造成影响。如果有公共的通信节点，随机地址方式引入地址冲突解决机制来解决这个问题，为该节点分配一个不会发生冲突的新地址。

4）路由

ZigBee 网络的路由技术和以太网的路由技术有一定的相似性，但由于 ZigBee 网络节点受模块内存、功耗和处理能力的限制，其路由相对于以太网路由要简单得多，目前用得比较多的 ZigBee 网络路由是简化的 AODV（Ad-hoc On-demand Distant Vector，自组织按需距离向量）路由。

（1）单播路由。

ZigBee 单播路由分为树形路由和网状路由两种类型。树形路由是 ZigBee 网络中最基本的路由方式，它依赖于前面提到的树形编址，数据包沿着树的路径传递。树形路由的过程除了必须的几个网络拓扑参数外，不需要存储其他信息，但由于路径单一，存在效率和可靠性的问题。ZigBee 网状路由采用的是 AODV 路由算法的简化版本——AODVjr，该版本去掉了 Hello 报文、路由应答确认命令和路由错误命令，适应性地简化路由请求和路由应答等命令。

（2）广播。

ZigBee 网络中的广播通信采用单跳广播和通过相邻节点逐次推进的方式来进行，广播从源节点开始，逐渐扩大到整个网络，这样能获得较低的时延和较高的效率。为减少重复广播，ZigBee 还采用广播事务表来记录当前处理的广播数据。在 ZigBee 广播中使用一种"被动应答"的方式来确保通信的可靠性。在这种方式中，节点在广播之后还要监听邻居节点是否发广播信息，如果没有，说明邻居节点没有收到自己发出的广播数据，需要再次发送。在"被动应答"机制中，可以认为相邻节点广播的数据包与应答有相同作用，因此这种方式又称为"隐式应答"。特别需要注意的是，以上的广播方法是针对路由器和协调器设备的，而末端节点的网络层广播需要在 MAC 层单播到父节点，因此末端节点发出广播后，与之相邻的路由器节点不会收到，只会被它的父节点收到，更因为是一跳的单播，父节点也不会转发出去。

（3）组播。

ZigBee 网络组播通信通过网络层帧头中的控制域的组播标识位来标识，如果该标志位置为 1，则表示是组播数据包。组播寻址使用 16 位组播组 ID 完成。一个组播信息发送给一个特定的目标组，该组的 ID 所列的所有设备都能接收到。组播帧既可以由目标组播组成员在网络中传播，也可以由非组播组成员传播。数据包以两种不同方式发送：

- 如果原始信息由组成员创建，就被视为处于"成员模式"，按广播方式中继；
- 如果原始信息由非组成员创建，就被视为"非成员模式"，按单播给一个组成员的方式中继。

非组成员信息到达目标组的任何一个成员后，就会转换为成员模式继续传播。成员模式所用到的广播方法除了设置跟组播相关的跳数参数之外，跟上面提到的广播是类似的。组播当中的广播不是被动应答的方式，而是采取多次广播，广播的次数是网络层规定的最大广播次数。

5. 应用层

ZigBee 应用层包括应用框架、应用支持子层、ZigBee 设备对象，它们共同为应用开发者提供统一的接口。

（1）应用框架。

应用框架为各个用户自定义的应用对象提供了模板式的活动空间，为每个应用对象提供了键值对（Key Value Pair，KVP）和报文（Message，MSG）两种帧类型供数据传输使用。

每个节点除了 64 位的 IEEE 地址、16 位的网络地址外，每个节点还提供了 8 位的应用层入口地址，对应于用户应用对象。端点 0 为 ZDO 接口，端点 1～240 供用户自定义用于对象使用，端点 241～254 保留将来使用，端点 255 为广播地址。每一个应用都对应一个配置文件（Profile）。配置文件包括设备 ID（Device ID）、事务集群 ID（Cluster ID）、属性 ID（Attribute ID）等。AF 可以通过这些信息来决定服务类型。

（2）应用支持子层。

应用支持子层为应用对象提供数据传输、绑定、应用层组播、分片和端到端可靠传输等主要功能。APS 层主要功能：

- APS 层协议数据单元 APDU 的处理；
- APSDE 提供在同一个网络中的应用实体之间的数据传输机制；
- APSME 提供多种服务给应用对象，这些服务包括安全服务和绑定设备，并维护管理对象的数据库，也就是我们常说的 AIB。

（3）ZigBee 设备对象。

ZDO 是一个特殊的应用层的端点（Endpoint）。它是应用层其他端点与应用子层管理实体交互的中间件。它主要提供的功能如下所述。

- 初始化应用支持子层，网络层。
- 发现节点和节点功能。在无信标的网络中，加入的节点只对其父节点可见，而其他节点可以通过 ZDO 的功能来确定网络的整体拓扑结构。
- 安全加密管理：主要包括安全 Key 的建立和发送，已经安全授权。
- 网络的维护功能。
- 绑定管理：绑定的功能由应用支持子层提供，但是绑定功能的管理却是由 ZDO 提供，它确定了绑定表的大小，具有绑定的发起和绑定的解除等功能。
- 节点管理：对于网络协调器和路由器，ZDO 提供网络监测、获取路由和绑定信息、发起脱离网络过程等一系列节点管理功能。

ZDO 实际上是介于应用层端点和应用支持子层中间的端点，其主要功能集中在网络管理和维护上。应用层的端点可以通过 ZDO 提供的功能来获取网络或者是其他节点的信息，包括网络的拓扑结构、其他节点的网络地址和状态，以及其他节点的类型和提供的服务等信息。

6．安全

ZigBee 网络由于设备简单、成本低等特点决定了不能使用很复杂的安全机制，所以通常情况下协议层之间和同一个设备上不同的应用之间不进行逻辑上的安全分离。因此，各个应用或各协议层可以共享相同的密钥材料，这样只需要考虑设备到设备的安全，从而节省很多密钥的存储量。

在设计 ZigBee 的安全体系结构时，应该考虑以下几个原则。

- 确定"生成帧的层负责该帧的初始化"原则。
- 如果需要考虑防盗功能，例如防止恶意网络设备的攻击，可以使用网络层安全机制，新加入网络的设备要获取有效的网络密钥才能正常通信。

- 不同协议层的安全密钥可以重复使用。
- 当且仅当源设备和目标设备都有权使用共享密钥时，端到端的安全性才被激活。这样可以防止数据在网络层路由转发时，由于中间路由设备引起的安全问题。
- 给定网络中所有设备的安全级别都是相同的，如果一个应用需要更高级别的安全等级，就需要单独的网络来支持。

ZigBee 中定义的了三种密钥：主密钥、链路密钥和网络密钥。主密钥用于生成其他密钥；链路密钥用于两个设备之间的安全通信；而网络密钥用于多个应用、设备和整个网络的安全通信。此外，ZigBee 有两种安全模式：标准模式和高安全模式，对应于网络不同的安全需求。

ZigBee 为了实现安全性，定义了一个信任中心的角色。在使用安全机制的 ZigBee 网络中有且仅有一个信任中心，且被网络中所有设备识别和信任。信任中心对整个网络的安全进行集中管理，包括分发密钥和对应用进行配置管理等功能。在标准模式当中，设备通过网络密钥跟信任中心安全通信，这个密钥可以是预设的，也可以通过不加密方式发送。在高安全模式中，设备一般预先设置信任中心地址和初始主密钥，如果信任中心的地址没有预先设置，就会把协调器或指定的设备默认为信任中心。信任中心负责维护各个网络设备所对应的主密钥、链路密钥和网络密钥，控制网络密钥的更新策略。

2.3.2.2.5 基于 IEEE 802.15.4 的工业短距离通信技术

1. WirelessHART

WirelessHART（Wireless Highway Addressable Remote Transducer）是 IEC TC65（工业测量和控制技术委员会）为工业自动化应用定义的一种专用无线通信网络协议。2007 年 IEC TC65 发布 WirelessHART R7 标准，其物理层和 MAC 层基于 IEEE 802.15.4—2006。WirelessHART 由 HART 通信基金会推动发展，成员主要有艾默生、西门子、ABB 等公司，目前已有约 3000 万台 WirelessHART 设备在使用。

WirelessHART 具有如下技术特点：工作频率为 2400～2483.5 MHz，传输速率为 250Kbps，调制方式有 O-QPSK 和 DSSS，发射功率可调，采用 TDMA 的 MAC 协议保证可靠性，采用信道黑名单机制提升安全性，支持图路由、源路由两种路由协议。在安全方面，WirelessHART 采用 128 位 AES-CCM 安全机制，采用公共密钥、网络密钥、加入密钥、会话密钥等多种密钥保证数据安全。与 ZigBee 相比，WirelessHART 提升了系统的响应速度和可靠性，能够更好地支持工业级应用。

2. ISA100.11a

2009 年，美国仪器仪表协会（ISA，现更名为国际自动化协会）发布了用于工业自动化的短距离无线通信标准（ISA100.11a）。2011 年，ISA100.11a 被 IEC 接纳为

IEC 公共可用标准（PAS），标准号为 IEC 62734。ISA100.11a 旨在成为工业自动化低功耗、短时延、安全、可靠、鲁棒的无线通信网络，可用于监控、预警、开环/闭环控制等工业应用，支持固定、手持和低速移动的终端设备。

ISA100.11a 物理层采用了 IEEE 802.15.4—2006 定义的 2.45 GHz 物理层；数据链路层以 IEEE 802.15.4—2006 的 MAC 协议为基础，支持星形、树形、网状、星形与网状网混合等拓扑结构，支持时间同步、TDMA、跳信道、超帧调度、Mesh 路由等功能；网络层采用 6LoWPAN 标准；传输层采用 UDP 协议，支持 IPv6；应用层采用基于对象的模型，提供本地和隧道协议；ISA100.11a 有比较完备的共存机制，能够与 IEEE 802.15、IEEE 802.11、IEEE 802.16 设备共存；在 IEEE 802.15.4—2006 安全机制基础上，提供简单、灵活、可选的安全方法。ISA100.11a 网络设备主要包括终端设备、网关、路由器、系统管理器、安全管理器、系统时间源和预配置设备，ISA100.11a 能够保证不同厂家设备之间的互操作性。

3. WIA-PA

WIA-PA（工业过程自动化无线网络）是我国工业短距离无线技术的国家标准（GB/T26790.1—2011）。2011 年 10 月 14 日，经国际电工委员会工业过程测量、控制与自动化技术委员会（IEC/TC65）的投票通过，我国提交的 WIA-PA 国际标准提案正式成为 IEC 国际标准（IEC 62601：工业通信网络现场通信网络规范）。WIA-PA 技术可广泛应用于工业自动化、能源管理、安全检测、环境检测、楼宇自动化、照明控制等领域。我国自主研发的 WIA-PA 系列产品已经开始商用。

WIA-PA 网络由下至上分为物理层、数据链路层、网络层和应用层。WIA-PA 物理层采用 IEEE 802.15.4—2006 定义的 2.45GHz 物理层，支持 16 个信道，基本传输速率为 250 Kbps。WIA-PA 数据链路层以 IEEE 802.15.4—2006 的 MAC 层协议为基础，支持混合 CSMA/TDMA、自适应频率切换（AFS）、自适应跳频（AFH）、时隙跳频（TH）等技术，有效降低干扰，提升通信的可靠性。WIA-PA 网络层采用静态路由，支持图路由和源路由两种路由协议，支持端到端性能监测，支持网内报文的聚合和解聚，降低报文开销。WIA-PA 应用层包括用户应用进程和应用子层两部分，应用子层为用户应用进程提供端到端透明数据通信服务，用户应用进程可实现工业现场的分布式应用功能。WlA-PA 网络支持星形和网状结合的两层网络拓扑结构，下层采用由簇首和簇成员构成的星形结构，上层采用由网关和各簇首构成的网状结构，能够有效降低传输时延，并保持组网的灵活性。WIA-PA 能够直接使用 IEEE 802.15.4 底层芯片，并能够兼容 WirelessHART 标准。

2.3.2.3 蓝牙

2.3.2.3.1 蓝牙概述

蓝牙（Bluetooth）是由蓝牙技术联盟推广的一种中等速率无线个域网技术。该技术最初由爱立信公司于 1994 年提出，最初的目的是为手机提供一种通用的无线数据接口。1998 年，爱立信、IBM、Intel、Nokia 和东芝等多家公司联合成立了蓝牙技术联盟（SIG），致力于推动全球蓝牙技术标准和产业的统一发展。

蓝牙具有使用方便、抗干扰能力强、传输安全、应用普及等诸多优点，应用领域非常广泛，从个人消费产品到智能家庭，从电子健康到运动保健，蓝牙被嵌入到手机、计算机、汽车、医疗器械等多种设备中，用来传输语音、图像、音频、视频等类型的信息。据 ABI 公司预计，到 2015 年蓝牙设备的出货量将超过 30 亿部。

蓝牙使用 2.4GHz/5GHz 频段进行传输，采用跳频、TDMA、交替射频等关键技术，最高传输速率可达 24Mbps。经过 10 余年的不断发展，蓝牙技术已形成传统蓝牙、高速蓝牙和低功耗蓝牙三种主要工作模式。其中，2010 年发布的低功耗蓝牙在很大程度上降低了蓝牙设备的功耗，并提升了覆盖范围，非常适合开展物联网应用。

2.3.2.3.2 蓝牙标准体系

1. 蓝牙标准演进情况

1998 年，蓝牙技术联盟推出了第一个蓝牙标准——蓝牙 0.7 版本。该版本只简单定义了蓝牙的基带协议（BB）和链路管理协议（LMP），并且由于当时只是测试版本，因此并未受到应用和推广。

然后，蓝牙技术联盟陆续推出了 0.8/0.9/1.0 版本，分别定义了蓝牙的射频协议（RF）、逻辑链路控制和适配协议（L2CAP）、服务发现协议（SDP）以及其他一些可选协议。

2001 年，通过对之前标准版本的修改和整合，蓝牙技术联盟推出了蓝牙 1.1 版本。该版本将射频协议、基带协议、链路管理协议、逻辑链路控制和适配协议以及服务发现协议作为标准的核心协议，并引入串口仿真协议（RECOMM）、链路控制协议（LC）、电话控制协议（TCS）和主机控制器（HCI）、对象交换协议（OBEX），以及无线应用协议（WAP）等一些选用协议，形成了相对完整的蓝牙技术规范，同时 IEEE 将此版本发布成为 IEEE 802.15.1 技术标准。

2003 年，蓝牙 1.2 版本发布，该版本增加自适应跳频技术（AFH），采用跳频的方式，通过避免使用跳跃串行中的拥挤频率，有效解决频率干扰问题。

2004 年，蓝牙 2.0 + EDR 版本发布，该版本引入增强型数据速率（EDR）功能，使用π/4-DQPSK 和 8DPSK 两种调制方式，提供 2.1Mbps 和 3Mbps 两种可选传输速率。

2007 年，蓝牙 2.1 + EDR 版本发布，该版本引入简单安全配对（SSP）、减速呼吸（Sniff Subrating）和扩展查询响应（EIR）等功能。简单安全配对用于用户和流量压力较大时，有效提升蓝牙设备的配对功能，并增强其安全性；减速呼吸用于延长适配器与设备间的联系时间，从而达到节约电量的目的；扩展查询响应在查询过程中为需要连接的设备提供信息过滤功能。

2009年，蓝牙核心规范3.0+HS版本发布，该版本增加交替射频技术（AMP），使蓝牙设备能够交替使用不同的无线频率，选择更高的传输速率。与此同时，该版本还加入IEEE 802.11适配层（IEEE 802.11 PAL），使AMP支持IEEE 802.11协议。

2010年，蓝牙核心规范4.0版本发布，对蓝牙的帧结构和调制方式等方面进行了改进，使蓝牙具有低功耗特性。同时，该版本将传统蓝牙、低功耗蓝牙和高速蓝牙三种模式集为一体，能够实现组合使用或单独使用。

2013年年底，蓝牙规范4.1版本发布，该版本在蓝牙4.0的基础上进行了性能的提升。支持蓝牙4.1版本的设备不仅支持低功耗特性，并且能够同时作为发送方和接收方与多个设备进行连接，还可以通过IPv6协议连接到网络，该特性能够为开展物联网领域的相关应用提供更好的支撑。

自蓝牙技术联盟成立以来，已推出了多个蓝牙技术标准版本，所有蓝牙标准的版本都具有良好的后向兼容性，即新版本能够兼容之前的老版本。

蓝牙标准版本列表参见表2-3。

表2-3 蓝牙标准版本列表

版 本	发 布 时 间	增 强 特 性
V0.7	1998.10.19	BB、LMP
V0.8	1999.01.21	RF、L2CAP层、RFCOMM、HCI
V0.9	1999.04.30	OBEX互操作性
V1.0	1999.12.01	SDP、BD_ADDR
V1.1	2001.02.22	具有完整核心规范的IEEE802.15.1
V1.2	2003.11.05	AFH
V2.0+EDR	2004.08.01	EDR
V2.1+EDR	2007.07.26	SSP、Sniff Subrating、EIR
V3.0+HS	2009.04.21	AMP、IEEE 802.11PAL
V4.0	2010.06.30	LE
V4.1	2013.12.04	同时发送和接收数据、支持IPv6协议

2. 蓝牙标准协议架构

如图2-22所示，蓝牙协议从下至上依次分为物理层、逻辑层和L2CAP层，L2CAP层之上是蓝牙设备实现高层应用的选用协议。

物理层由物理信道和物理链路两部分构成。物理信道层是蓝牙系统中的最底层，用来建立、寻呼和查询信道，通过定义物理信道的种类，从而发现和连接设备，同时还包括自适应跳频技术的运用。除此之外，物理信道层还含有一些广播信道，用来在两个设备间建立连接或在未连接

高层	
L2CAP信道	L2CAP层
逻辑链路	逻辑层
逻辑传输	
物理链路	物理层
物理信道	

图2-22 蓝牙协议架构

的设备间发送广播信息。

物理链路层用来为设备建立物理层基带链接，与每个物理信道对应，有功率控制、链路管理、加密等特性。其中主要包括两种链路类型：支持电路域的定向同步连接链路（SCO）和支持分组域的异步无连接链路（ACL）。SCO链路是一种对称的点对点同步传输，主要携带语音信息，不支持数据包重传；ACL链路是一种主设备到所有从设备的点对多点传输，主要携带数据信息，支持数据包的重传。

逻辑层由逻辑传输和逻辑链路两部分构成。逻辑传输层用来实现设备间的电路域和分组域的数据传输，在蓝牙1.2版本引入扩展定向同步连接链路（eSCO）之后，为了更精确地诠释其作用，将SCO（eSCO）和ACL认为是逻辑传输类型。

逻辑链路层用来对逻辑传输数据加以后缀，区分传输数据的类型，从而在设备间建立链路级连接。各种逻辑链路可以支持不同的应用数据传输要求，每个逻辑链路对应一个逻辑传输。

L2CAP层用于适配蓝牙上层协议，通过协议复用和包分割重组对上层协议提供连接的数据服务和无连接的数据服务，它允许高层协议和应用传输接收长达64KB的上层数据包，并允许每个信道进行流量控制及重传，从而为上层协议提供不同类型的数据业务。

2.3.2.3.3 传统蓝牙

1. 传统蓝牙概述

传统蓝牙涵盖蓝牙1.1/1.2/2.0＋EDR/2.1＋EDR版本，自蓝牙1.1版本推出之后，蓝牙耳机成为传统蓝牙技术最主要的应用，并由此带动了蓝牙产业的大规模发展。全球主要有两大蓝牙芯片供应商，即美国Broadcom公司和英国CSR公司，其中Broadcom的产品在市场上的比重占到80%以上，而英国CSR公司已在2012年将其蓝牙研发部门出售给了三星公司。

传统蓝牙工作在2.4GHz ISM频段，具有基本速率（BR）和增强数据速率（EDR）两种传输模式，采用GFSK和PSK两种调制方式，传输速率最高可达3Mbps。传统蓝牙采用跳频技术来抵抗频率干扰，在2400～2483.5MHz的频段范围内将基本跳频序列分为79个带宽为1MHz的信道，连接状态下正常通信时的跳频速率为1600跳/秒，在查询和寻呼时跳频速率会加倍。

2. 传统蓝牙工作原理

在传统蓝牙的传输模式中，BR模式是基本模式，其数据包由接入码、包头、净荷三部分组成，采用GFSK调制，数据速率达721.2Kbps。EDR模式作为可选性增强数据速率传输，其数据包由接入码、包头、保护间隔、同步序列、载荷和尾序列六部分组成，其中同步序列、载荷和尾序列采用π/4-DQPSK调制时，传输速率为2.1Mbps；采用8DPSK调制时，传输速率为3Mbps。

标准蓝牙的工作流程主要包括设备的三个主状态和七个子状态。主状态包括准备（Standby）、连接（Connection）和待机（Park）。在蓝牙设备中，准备状态是缺省的低功率状态，只运行本地时钟，且不与任何其他设备发生交互；连接状态是指主设备和从设备之间已经建立连接，能够相互发送数据包进行通信；待机状态是指设备之间保持同步，但不参与信道传输。

在蓝牙连接建立的过程中，主设备和从设备会分别处于不同的子状态，这些子状态包括查询（Inquiry）、查询扫描（Inquiry Scan）、查询响应（Inquiry Response）、寻呼（Page）、寻呼扫描（Page Scan）、从设备响应（Slave Response）和主设备响应（Master Response）。

设备从准备状态到连接状态的过程就是建立连接过程。通常来讲，两个设备的连接过程如图 2-23 所示。

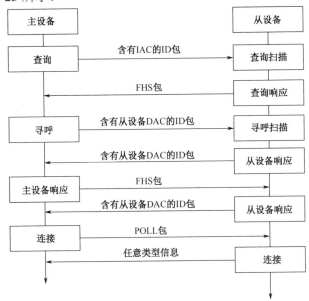

图 2-23　传统蓝牙连接过程

首先由主设备发起查询，使用含有查询接入码（IAC）的 ID 包来查询工作范围内的蓝牙设备，若该范围内有蓝牙设备正在监听此查询信息，便会发送其设备地址和时钟信息作为响应，此时，从设备可以开始监听主设备。主设备通过在不同的跳频序列发送 FHS 包，来激活从设备建立寻呼。从设备被主设备发送来的含有设备接入码（DAC）的 ID 包寻呼后，同样以 DAC 作为响应。主设备在接收到从设备的响应后，再次发送 FHS 分组包，最后在从设备再次发送 DAC 作为响应之后，进入连接状态。

3．传统蓝牙安全机制

传统蓝牙分别在物理层和逻辑链路层为用户提供安全保护和加密机制。物理层在连接过程中通过查询和响应的方式进行鉴权，以此来防止信息的盗用和误用。在蓝牙设备连接建立后，逻辑链路层提供信息的加密机制。传统蓝牙采用序列密码加密算法的方式，对用户数据和信息进行加密，其密钥由底层的控制器产生。

逻辑链路层主要提供以下四种参数来保证蓝牙通信的安全。

- 伪随机码（RAND）：用来产生加密和认证密钥。
- 设备地址（BD_ADDR）：每个设备都有一个全球唯一的 48 位地址。
- 认证私钥（Authentication Key）：每次加密都会重新产生。
- 加密私钥（Encryption Key）：链路密钥，由具体应用决定是否更换。

2.3.2.3.4　高速蓝牙

高速蓝牙即蓝牙 3.0 + HS 版本，主要用于传输具有高速特性的数据，如数据同步和实时影像传输等。高速蓝牙工作在 2.4GHz 和 5GHz 两个频段，传输速率可达24Mbps。

高速蓝牙自身并不具备高速传输能力，之所以具有高速传输的特性，是由于高速蓝牙采用了 IEEE 802.11 协议适配（PAL）功能和交替射频（AMP）技术，能够在工作时调用设备已有的 IEEE 802.11 模块。其中，AMP 能够使蓝牙系统设备支持蓝牙技术以外的无线射频技术，IEEE 802.11 PAL 能够适配 IEEE 802.11 协议功能，使AMP 能够支持 IEEE 802.11 协议，从而将蓝牙的传输速率提升至 IEEE 802.11 的水平。

在高速蓝牙协议中，AMP 和 BR/EDR 的工作方式有所不同。BR/EDR 主要用于发现设备、建立和保持连接。在 BR/EDR 连接建立之后，如果 AMP 管理器检测到通信双方都支持 AMP，则调用 IEEE 802.11 功能模块实现高速传输。

2.3.2.3.5　低功耗蓝牙

1. 低功耗蓝牙概述

传统蓝牙和高速蓝牙通常统称为标准蓝牙。为了支持更低功耗的应用，蓝牙 4.0标准新定义了低功耗蓝牙模式。低功耗蓝牙工作在 2.4GHz 频段，与标准蓝牙不同，低功耗蓝牙将 2400～2483.5MHz 的频率范围分为 40 个带宽为 2MHz 的信道，低功耗模式下传输速率为 0.2Mbps，并支持 1Mbps 数据传输率下的超短数据包传输，传输距离可达 30m。

低功耗蓝牙具有更低功耗、更大覆盖、组网灵活等优势，特别适用于智能家居、电子健康、运动保健等物联网应用。据蓝牙技术联盟测试，低功耗蓝牙与高速蓝牙相比，能够降低近 90%的功耗，低功耗蓝牙功耗之低可使一枚纽扣电池工作一年以上，非常适合用于以纽扣电池供电的各种小型无线传感器设备和消费电子产品。再加上蓝牙技术已经具有很高的市场渗透率和良好的产业基础，不难看出，低功耗蓝牙在物联网感知层具有很强的竞争力。

2. 低功耗蓝牙工作原理

低功耗蓝牙采用增强的节能技术实现更低的能量消耗。首先，低功耗蓝牙改进了睡眠机制，使蓝牙设备能够长时间处于深度睡眠状态，睡眠期间的功耗极低，从而有效降低了功耗。其次，低功耗蓝牙使用 GFSK 调制方式，降低峰值功率，限制数据包的长度，并放松了对射频参数的要求，使得收发器的复杂度降低，也进一步降低了功耗。此外，在低功耗蓝牙的信道中只有 3 个信道用作广播信道，与标准蓝牙的 16～32 个广播信道相比，低功耗蓝牙将设备间的建立连接时间缩短至 3ms 内，比标准蓝牙链路建立时间低一个数量级，大大减少了链路建立时的功耗。

与标准蓝牙不同，低功耗蓝牙只包括 5 种工作状态：准备、启动、扫描、连接和广播，其工作流程如图 2-24 所示。

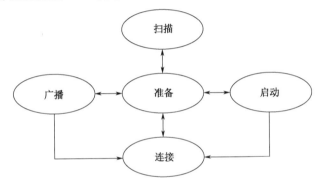

图 2-24　低功耗蓝牙工作流程

（1）准备（Standby）：不收发任何数据包。

（2）启动（Initiating）：收听并回复广播信道数据包，同其他设备建立连接。

（3）扫描（Scanning）：收听来自广播状态的广播信道数据包。

（4）连接（Connection）：设备间建立连接，从启动状态而来为主设备，从广播状态而来则为从设备。

（5）广播（Advertising）：发送广播信道数据包，并收听回复这些数据包所产生的响应。

低功耗蓝牙具有单模和双模两种不同的工作模式。单模模式是指蓝牙只在具有 4.0 版本特性的设备之间进行传输，能够支持极低的电量消耗，使用一枚纽扣电池的工作时间最多可达 1 年以上。但是，单模模式无法与其他版本的标准蓝牙设备进行连接。双模模式是指在同时具备标准蓝牙和低功耗蓝牙两种协议的蓝牙设备，不仅能够与低功耗蓝牙设备进行连接，也能够与标准蓝牙设备建立连接。低功耗蓝牙工作模式如图 2-25 所示。

2011 年，蓝牙技术联盟针对蓝牙 4.0 版本，发布了两种新的蓝牙产品系列 Bluetooth Smart 和 Bluetooth Smart Ready。其中，Bluetooth Smart 是指只支持低功耗模式连接的单模蓝牙设备，Bluetooth Smart Ready 是指支持标准模式和低功耗模式连接的双模蓝牙设备。

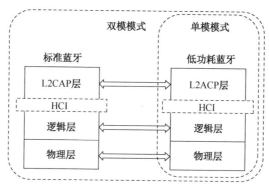

图 2-25　低功耗蓝牙工作模式

3. 低功耗蓝牙安全机制

低功耗蓝牙采用 128 位 AES-CCM 数据加密算法，算法简单，且存储量很小。这种编码方式对统计攻击、线性攻击和查分攻击都有很强的防御作用。与标准蓝牙不同，低功耗蓝牙的密钥由上层的主机产生，这样就可以通过不改变控制器而升级密钥产生算法。

2.3.2.3.6　蓝牙组网

在蓝牙通信中，负责寻呼并建立连接的设备是主设备（Master），与主设备的时钟和跳频序列保持同步的设备则是从设备（Slave）。蓝牙系统通过设备之间不同数量的连接，形成两种不同的组网方式。由一个主设备和一个从设备形成的点对点的连接方式称为微微网（Piconet），由一个主设备和多个从设备形成的点对多点的连接方式则是含有多个从设备的微微网，由多个微微网连接形成的称之为散射网（Scatternet），如图 2-26 所示。

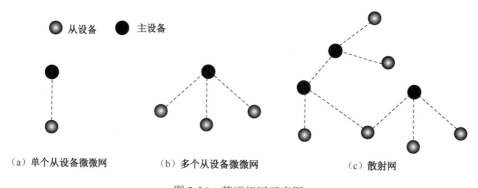

（a）单个从设备微微网　　　　（b）多个从设备微微网　　　　（c）散射网

图 2-26　蓝牙组网示意图

在微微网的连接中，主设备可以同时与至多 7 个处于激活状态的从设备，以及至多 255 个处于休眠状态的从设备建立连接。每个微微网都有特定的跳频序列，网间跳频保持相互独立，互不干扰。跳频序列由主设备决定，参与同一个微微网的所有从设备都与这一跳频序列保持同步。

散射网由多个微微网相互连接形成，基于 TDMA 技术，任意一个蓝牙设备在散射网中既可以作为主设备，也可以作为从设备，还可以同时作为主设备和从设备，因此同一个蓝牙设备能够参与不同的微微网，并能作为中继实现跨微微网的通信。

早期的蓝牙应用是以点对点微微网的组网方式为主，可支持设备较少，组网方式单一，应用范围受限。以蓝牙 4.0/4.1 版本为基础的低功耗蓝牙在组网方式上采用散射网的形式，组网方式灵活，支持设备更多，非常适合物联网的应用。

2.3.2.4 无线局域网

2.3.2.4.1 无线局域网概述

无线局域网（WLAN）是指采用无线通信技术进行数据连接的局域网技术，以承载高速数据业务为主，支持固定、游牧和小范围低速移动接入，室内单跳通信距离几十米，室外单跳通信距离可超过 100 米。无线局域网能够实现非常高的传输速率，目前基于 IEEE 802.11n 标准的 WLAN 系统可以实现高达 600Mbps 的传输速率。无线局域网主要覆盖半径在 100 米以内的室内环境，但随着其应用的日益普及，也被用于校园、港口等室外区域，满足人们随时随地上网的需求，WLAN 在室外空旷地区的传输距离可以超过 100 米。

WLAN 主要使用各类免许可工作频段，建网无须无线电管理部门审批，也无须交纳频率占用费，用户使用成本很低。然而，由于免许可频段是共享频段，也容易有干扰。为了适应免许可频段的特点，无线局域网采用载波侦听/冲突避免（CSMA/CA）的接入机制，具有简单、灵活、环境适应性强、部署方便等优点，不足之处是随着用户量的增加，效率会逐渐下降，也难以保证服务质量。

当前国际主流的 WLAN 技术是 Wi-Fi（Wireless Fidelity）联盟推广的 Wi-Fi 技术，核心技术采用了 IEEE 802.11 系列标准。Wi-Fi 联盟在 IEEE 802.11 标准的基础上，制定相应的认证测试规范，保证不同企业生产的设备之间的互操作性。符合 Wi-Fi 认证测试要求的无线局域网技术通常称为 Wi-Fi，通过 Wi-Fi 联盟组织的认证程序的产品将被授予 Wi-Fi 认证。

在 IEEE 和 Wi-Fi 联盟的推动下，WLAN 技术、产业和应用持续快速发展。在技术上，WLAN 已形成一套集物理层、服务质量（QoS）、业务支撑、安全机制、组网方式、网管、频谱使用、网络融合等多方面技术于一体的较完整的 WLAN 技术体系。在产业上，在 Wi-Fi 产业联盟的推动下，WLAN 产业规模不断壮大，产品种类和数量快速增加。据 Wi-Fi 联盟统计，目前 Wi-Fi 设备累计出货量达到 50 亿部，预计到 2017 年将接近 200 亿部。在应用上，WLAN 已发展成为当前全球应用最广泛的宽带无线接入技术，拥有巨大的用户群据，并成为手机、平板电脑、笔记本电脑等众多电子产品的标准配置，为人们提供便捷的宽带无线数据服务。据 Wi-Fi 联盟统计，目前全球 17% 的人在使用 Wi-Fi，总人数已经超过 11 亿。全球运营商也积极部署 WLAN 公共热点，2012 年全球 WLAN 公共热点已达到 210 万个，预计 2015 年将达 580 万个。

2.3.2.4.2　工作频段

WLAN 主要使用免许可工作频段。除了现有的 2.4GHz 频段和 5GHz 频段外，WLAN 工作频段也不断向 60GHz、1GHz 以下、电视白空间（TVWS）等其他频段拓展。

1．2.4GHz 频段

2.4GHz 频段是全球统一的工业、科学和医疗（ISM）免许可频段，频率范围为 2.4～2.4835GHz，是当前 WLAN 设备的最主要工作频段。2.4GHz 频段可用频率资源较少，仅支持 3 个不交叠的 WLAN 信道，不仅大量的 WLAN 设备之间需要共享该频段，而且还要与蓝牙、ZigBee、无绳电话、微波炉等设备共享。

为了增加 2.4GHz 频段的可用信道数，IEEE 802.11 标准中定义可以使用交叠信道，使得 2.4GHz 频段的信道数达到 13 个。然而，事实证明，这种信道划分方法不仅不会提升 2.4GHz 频段的使用效率，反而会导致更大的干扰。因为，WLAN 设备难以识别在交叠信道上其他 WLAN 设备同时发送的信号，相互之间难以进行正确的干扰退避，从而导致更严重的干扰。

随着 WLAN、蓝牙、ZigBee 等各类 2.4GHz 无线技术的快速发展，2.4GHz 频段干扰问题日益严重。特别是，智能手机、平板电脑等便携 WLAN 设备越来越多，2.4GHz 频段的干扰无处不在，2012 年 11 月深圳地铁停运事件就是一个典型案例。总而言之，当前 2.4GHz 频段的使用日趋饱和，采用其他频段已迫在眉睫。

2．5GHz 频段

5GHz 免许可工作频段，该频段拥有丰富的可用频率资源，是当前 IEEE 802.11/Wi-Fi 重点推广的频段。如表 2-4 所示，欧洲、美国和日本分别有 455MHz、580MHz 和 616MHz 可用频率资源。目前，我国在 5GHz 频段已开放了 325MHz 频谱，当前我国正在考虑开放更多 5GHz 频段的可能性。

表 2-4　世界主要国家/地区的 5GHz 频段 WLAN 可用频谱

	中国	美国	欧洲	日本
4.9～5.0GHz	×	×	×	√
5.03～5.091GHz	×	×	×	√
5.15～5.25GHz	√	√	√	√
5.25～5.35GHz	√	√	√	√

续表

	中国	美国	欧洲	日本
5.47~5.725GHz	×	√	√	√
5.725~5.85GHz	√	√	×	×
合计	325 MHz	580 MHz	455 MHz	616 MHz

3. 60GHz 频段

60GHz 频段是 IEEE 802.11 标准新拓展的工作频段。如图 2-27 所示，我国目前开放的 60GHz 频段为 59～64GHz，欧洲为 57～66GHz、北美和韩国为 57～64GHz、日本为 59～66GHz。根据 IEEE 802.11ad 的信道划分，60GHz 频段的单个信道带宽达到 2.16GHz，我国只支持 2 个信道，难以支持在同一区域内较多设备同时工作。针对这一情况，IEEE 启动了针对中国频段的新标准项目 IEEE 802.11aj 以解决这一问题。

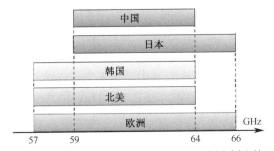

图 2-27　世界主要国家和地区的 60GHz 频段划分情况

4. 其他频段

IEEE 和 Wi-Fi 联盟也在积极探索其他 WLAN 可用频段。例如，全球主要国家在 1GHz 以下频段均有一定数量的免许可频段，该频段具有非常好的传播特性，适合开展物联网应用。为此，IEEE 启动了 IEEE 802.11ah 标准制定，拓展 WLAN 技术在该频段的应用。当前，IEEE 还正在制定适用于电视白空间（TVWS）频段的新标准 IEEE 802.11af。TVWS 是模拟电视向数字电视过渡后空白出来的频率，具有良好的传播特性，但使用该频段需要避免对当地广电业务产生干扰。IEEE 802.11af 将采用基于地理位置的频谱信息数据库管理，以避免对广播电视业务产生干扰。此外，IEEE 于 2008 年发布了 IEEE 802.11y 标准，以支持美国 3.65～3.7GHz 频段。

2.3.2.4.3　标准体系

1. IEEE 802.11 标准体系

IEEE 802.11 是美国电子电气工程师学会（IEEE）制定的无线局域网系列标准，

是当前无线局域网领域的国际主流标准，其主要部分已陆续被 ISO/IEC 采纳为国际标准。

如图 2-28 所示，IEEE 802.11 定义无线局域网的物理层和媒体接入控制层（MAC）技术标准，MAC 层之上是 IEEE 802 定义的逻辑链路层（LLC），LLC 层以上可采用通用的高层网络协议。

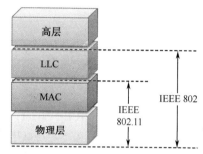

图 2-28　IEEE 802.11 协议架构

1997 年，IEEE 发布了 IEEE 802.11 标准第一版标准，其中定义了直接序列扩频、跳频及红外线传输三种工作方式，能够实现 1～2Mbps 的传输速率，但该版本并未大规模商用。在第一版标准之后，IEEE 又相继发布了 IEEE 802.11b、IEEE 802.11a、IEEE 802.11g 和 IEEE 802.11n 等增强标准，将 IEEE 802.11 系统的传输速率快速提升至 IEEE 802.11n 的 600Mbps。为了更好地满足快速发展的市场需求，并保证 WLAN 技术的竞争力，IEEE 在 802.11n 之后又发布了超高速 WLAN 标准 IEEE 802.11ac 和 IEEE 802.11ad，最高传输速率可达几个 Gbps。为了满足大规模数据流量的需求，同时解决 WLAN 在大规模密集组网环境下干扰问题严重、频谱效率低下、QoS 无保障等问题，IEEE 于 2013 年启动了下一代 WLAN 标准 IEEE 802.11ax 的研究工作，旨在进一步改善 WLAN 频谱效率，提升 WLAN 区域吞吐量和密集组网环境下的实际性能问题。

除了上述主要标准之外，IEEE 还已发布（或正在制定）其他 20 多项 IEEE 802.11 补充和增强标准，涉及服务质量、新频谱、新应用、安全机制、网络管理、覆盖扩展、网络融合等内容，已形成了一套比较完整的无线局域网标准系列。其中，为了满足物联网应用需求，IEEE 于 2010 年发布了 IEEE 802.11p 标准，支持智能交通领域的无线通信应用（车联网）。当前 IEEE 还正在制定面向智能抄表、传感器等物联网应用的 IEEE 802.11ah 标准。

IEEE 每隔 4～5 年将会把已经完成的 IEEE 802.11 标准整合在一起，并进行修改完善，从而形成一个 IEEE 802.11 标准的完整版本。到目前为止，除了第一版标准 IEEE 802.11—1997 之外，IEEE 已发布了 IEEE 802.11—1999、IEEE 802.11—2003、IEEE 802.11—2007 和 IEEE 802.11—2012 四个 IEEE 802.11 标准完整版本，参见表 2-5。

表 2-5　IEEE 802.11 标准体系

标 准 名 称	主 要 内 容	发 布 时 间
IEEE 802.11—1997	IEEE 802.11 第一版标准，支持直接序列扩频、跳频及红外线传输，传输速率 1～2Mbps	1997
IEEE 802.11a	支持 5GHz 工作频段，最高传输速率 54Mbps	1999
IEEE 802.11b	支持 2.4GHz 工作频段，最高传输速率 11Mbps	1999
IEEE 802.11c	IEEE 802.11 MAC 层桥接，目前是 IEEE 802.1D—2004 的一部分	1998

续表

标 准 名 称	主 要 内 容	发 布 时 间
IEEE 802.11d	国家间漫游机制	2001
IEEE 802.11e	服务质量增强	2005
IEEE 802.11f	AP 间互联	已撤销
IEEE 802.11g	支持 2.4GHz 工作频段,最高传输速率 54Mbps	2003
IEEE 802.11h	支持欧洲 5GHz 频段	2003
IEEE 802.11i	安全增强	2004
IEEE 802.11j	支持日本 5GHz 频段	2004
IEEE 802.11k	无线资源管理	2008
IEEE 802.11p	车载应用	2010
IEEE 802.11n	支持 2.4GHz 和 5GHz 工作频段,最高传输速率 600Mbps	2009
IEEE 802.11r	快速 BSS 切换	2008
IEEE 802.11s	Mesh 网络	2011
IEEE 802.11t	无线性能预测	已撤销
IEEE 802.11u	与外网的互联互通	2011
IEEE 802.11v	无线网络管理	2011
IEEE 802.11w	管理帧保护	2009
IEEE 802.11y	支持美国 3.65~3.7GHz 频段	2008
IEEE 802.11z	数据直连	2010
IEEE 802.11aa	视频传输	2012
IEEE 802.11ac	支持 5GHz 工作频段,MAC 层吞吐量高于 1Gbps	2014
IEEE 802.11ad	支持 60GHz 工作频段,MAC 层吞吐量高于 1Gbps	2012
IEEE 802.11ae	服务质量管理	2012
IEEE 802.11ai	快速链路建立	未发布
IEEE 802.11af	支持电视白空间频段	2014
IEEE 802.11ah	支持小于 1GHz 频段,主要面向物联网	未发布
IEEE 802.11aj	支持中国毫米波频段	未发布
IEEE 802.11ak	桥接网络的中转链路增强	未发布
IEEE 802.11aq	关联前服务发现	未发布
IEEE 802.11ax	支持 2.4GHz/5GHz 工作频段,单站平均吞吐量提升 4 倍,主要面向密集组网和高吞吐场景	未发布

2. Wi-Fi 技术规范

Wi-Fi 联盟在 IEEE 802.11 标准的基础上,制定相应的 Wi-Fi 测试规范,保证不同企业生产的设备之间的互操作性。除了测试规范之外,Wi-Fi 联盟还组织成员单位分析 WLAN 技术需求,并制定一些 WLAN 应用技术规范,这些工作对 IEEE 802.11 的标准制定起到重要的推动作用。目前,Wi-Fi 联盟制定的规范主要有 IEEE

802.11a/b/g/n/ac/ad 等核心标准测试规范、Wi-Fi 热点增强（如 Hotspot 2.0）、Wi-Fi 多媒体、Wi-Fi 语音、节能技术、安全机制、服务质量增强、三维空间测试、Wi-Fi 设备直连、隧道直接链路建立、网络管理、智能电网、医疗等。

3. ISO/IEC 8802-11 系列国际标准

从 1999 年开始，IEEE 802.11 系列标准中的主要部分被陆续接纳为 ISO/IEC 国际标准。在 ISO/IEC 的标准体系中，IEEE 802.11 系列标准归口在 ISO/IEC JTC 1/SC 6 系统间电信与信息交换分技术委员，ISO/IEC 标准编号为 ISO/IEC 8802-11 系列标准。2012 年 11 月，最新的 IEEE 802.11 标准完整版本 IEEE 802.11—2012 被 ISO/IEC 接纳为国际标准。

4. GB 15629.11 系列国家标准

2003 年，我国发布了 GB 15629.11/1102—2003 无线局域网国家标准。此后，经过几次补充和修订，目前已经形成了一套无线局域网国家标准体系（即 GB 15629.11 系列）。GB 15629.11 系列标准的底层传输技术采用了 ISO/IEC 8802-11 系列标准（即 IEEE 802.11 系列标准）。在安全机制上，采用了我国自主创新的 WLAN 安全技术——WAPI（无线局域网鉴别和保密基础结构），采用基于数字证书的双向鉴别和国家批准的高性能加密算法，有效保证了 WLAN 的安全性。

2.3.2.4.4 核心标准

WLAN 的核心标准包括 IEEE 802.11a/b/g/n 等增强物理层标准、吞吐量超过 1Gbps 的超高速 WLAN 标准 802.11ac/ad，以及下一代 WLAN 标准 IEEE 802.11ax。

1. IEEE 802.11a/b/g/n

IEEE 802.11a/b/g/n 是 IEEE 802.11 的增强物理层标准，是当前 IEEE 802.11 系列标准的核心，也是全球 WLAN 市场的主流技术标准。

（1）IEEE 802.11a 和 IEEE 802.11b。

1999 年，IEEE 同时发布了 IEEE 802.11a 和 IEEE 802.11b 两项物理层标准。其中，IEEE 802.11b 工作在 2.4GHz 的工业、科学和医疗（ISM）频段，采用直接序列扩频（DSSS）技术作为主要传输技术，传输速率可达 11 Mbps。IEEE 802.11a 采用 OFDM 作为主要传输技术，最高传输速率达到 54Mbps。IEEE 802.11a 工作在 5GHz 频段，该频段可用频率资源非常丰富，一定程度上可以缓解频率资源紧张的问题，但 5GHz 频段无线信号传播特性较差，使得 IEEE 802.11a 覆盖范围明显小于 IEEE 802.11b。

（2）IEEE 802.11g。

为了提高 2.4GHz 频段的频谱使用效率，IEEE 于 2003 年发布了 2.4GHz 频段物理层增强标准 IEEE 802.11g。该标准采用 OFDM 和 DSSS 技术两种传输技术，能够支持高达 54Mbps 传输速率，并能够与 IEEE 802.11b 标准后向兼容。IEEE 802.11g 较好地解决了 IEEE 802.11b 的传输速率问题，同时又保证了较大的覆盖范围，并且在技术上与 IEEE 802.11b 保持兼容，迅速取代了 IEEE 802.11b。

（3）IEEE 802.11n。

20 世纪末至 21 世纪初，多入多出（MIMO）技术的研究取得重大突破，逐步从理论走向实际。2002 年，IEEE 启动了基于 MIMO 技术的物理层增强技术标准 IEEE 802.11n 的研制工作。经过长达 7 年的反复讨论，IEEE 于 2009 正式发布了 IEEE 802.11n 标准。该标准采用了 MIMO-OFDM 作为主要传输技术，最大支持 4 发 4 收的天线配置，支持 20MHz 和 40MHz 信道带宽，支持低密度奇偶校验（LDPC）码，最高传输速率可达 600Mbps，并且 IEEE 802.11n 支持 2.4GHz 和 5GHz 双频段，频谱适应性更强。IEEE 802.11n 推出后迅速得到消费者青睐，已成为当前市场的主流。

IEEE 802.11 主要标准演进路线如图 2-29 所示。

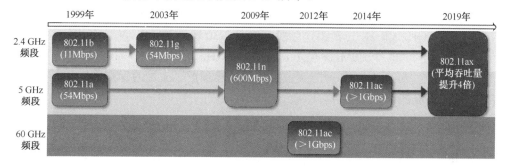

图 2-29　IEEE 802.11 主要标准演进路线

IEEE 802.11a/b/g/n 基本情况对比参见表 2-6。

表 2-6　IEEE 802.11a/b/g/n 基本情况对比

标 准 版 本	IEEE 802.11a	IEEE 802.11b	IEEE 802.11g	IEEE 802.11n
发 布 时 间	1999	1999	2003	2009
工 作 频 段	5GHz	2.4GHz	2.4GHz	2.4/5GHz
传 输 速 率	54 Mbps	11 Mbps	54 Mbps	600 Mbps
传 输 技 术	OFDM	DSSS	OFDM、DSSS	MIMO-OFDM
信 道 带 宽	20 MHz	22 MHz	20 MHz	20/40 MHz
MIMO	单流	单流	单流	4 流

2. 超高速无线局域网技术标准

面对高带宽无线数据业务的挑战，IEEE802.11 工作组于 2007 年成立 Very High Throughput（VHT）研究组，研究超高速无线局域网技术标准，目标的 MAC 吞吐量至少要达到 1Gbps。2008 年年底，根据工作频段的不同，VHT 研究组被分成两个任务组：IEEE 802.11ac 和 IEEE 802.11ad，分别开展标准制定工作。

（1）IEEE 802.11ac。

IEEE 802.11ac 标准项目于 2008 年下半年启动，2014 年年初完成。IEEE 802.11ac 立项时的基本要求是工作频段为 5GHz 频段，与工作在相同频段的 IEEE 802.11a/n 后向兼容，MAC 层吞吐量可达到 1Gbps 以上。IEEE 802.11ac 将会在传统的 Wi-Fi 业务基础之上，更有效地支持 HDTV、快速上/下载、数据回传、校园和礼堂覆盖、工业自动化等应用。

IEEE 802.11ac 采用 MIMO-OFDM 作为主要传输技术，将支持最大 8 个空间流的 MIMO 天线配置，并支持空间复用、STBC、下行 MU-MIMO 和发射波束赋形；将采用增强调制编码方案，最高支持 256QAM；将在原有 20MHz 和 40MHz 信道基础上，支持 80MHz 和 160MHz 信道带宽；将采用兼容 IEEE 802.11a/n 的混合格式前导码，与工作在 5GHz 频段的 IEEE 802.11a/n 后向兼容。IEEE 802.11ac 理论最高传输速率可达 6.93Gbps，大大高于立项要求。

IEEE 802.11ac 使用 5.15～5.25GHz、5.25～5.35GHz 和 5.47～5.725GHz 和 5.725～5.850GHz 频段作为其工作频段。如图 2-30 所示，IEEE 802.11ac 在这些频段范围内共划分了 24 个 20MHz 信道、11 个 40MHz 信道、5 个 80MHz 信道和 2 个 160MHz 信道。这一信道划分方案在每一段频段预留了充足的保护带宽，并保证与 IEEE 802.11a/n 的信道兼容性。

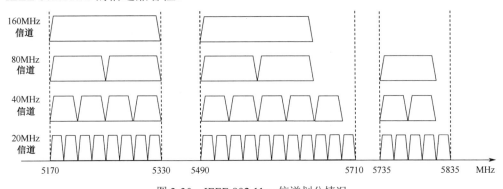

图 2-30　IEEE 802.11ac 信道划分情况

2014 年年初，IEEE 802.11ac 标准已经正式发布，全球 WLAN 相关企业纷纷推出了 IEEE 802.11ac 商用芯片和设备。为了加快 IEEE 802.11ac 产业化步伐，Wi-Fi 联盟也基于 IEEE 802.11ac 标准草案制定了 IEEE 802.11ac 产品测试规范，并于 2013 年启动了 IEEE 802.11ac 商用设备的测试认证，千兆 WLAN 产品的商用已经拉开序幕。

（2）IEEE 802.11ad。

IEEE 于 2009 年年初启动 IEEE 802.11ad 标准化工作，开始制定 60GHz 频段的新一代 WLAN 标准，主要面向极高速短距离应用，2012 年 12 月正式发布。

IEEE 802.11ad 采用单载波、OFDM 和波束赋形等作为主要传输技术，支持高达

2.16GHz 的信道带宽，采用旋转调制、差分调制、扩展 QPSK 等增强调制技术和高性能 LDPC 码，引入新的组网方式——个人基本服务集（PBSS），采用增强的安全协议和功率管理技术，支持在 2.4GHz、5GHz 和 60GHz 频带之间的快速会话转移，以及与其他 60GHz 系统的共存。IEEE 802.11ad 理论传输速率可达 6.76 Gbps，可靠通信距离可达 10m 以上。

IEEE 802.11ad 将主要应用于消费电子设备、移动终端和个人计算机等领域，主要应用于无线视频显示、互联网接入、游戏、极速数据下载等。在 IEEE 802.11ad 正式发布之前，已有少数公司在市场上推出了 IEEE 802.11ad 商用芯片和设备。当前，主流芯片公司正在研发能够将 2.4/5/60GHz 三个频段整合在一起的新型 WLAN 芯片和设备，为用户提供更全面的 WLAN 数据解决方案：距离近时可使用 60GHz 的 IEEE 802.11ad，距离远时可使用传统的 2.4GHz/5GHz 频段 WLAN。

WiGig 联盟是 IEEE 802.11ad 技术的前期主要推动者。IEEE 802.11ad 标准实际上就是 WiGig 联盟定义的 60GHz 技术规范，提交至 IEEE 802.11 标准会议讨论完善后形成的。由于 WiGig 联盟成员基本上也都是 Wi-Fi 联盟的成员，考虑到 Wi-Fi 已有非常好的产业基础，IEEE 802.11ad 将借助 Wi-Fi 联盟的力量加快产业化进程。由于 IEEE 802.11ad 产品研发尚不成熟，Wi-Fi 联盟计划将 IEEE 802.11ad 产品认证的启动时间推迟到 2015 年。

3. 下一代无线局域网

随着互联网和移动互联网的快速发展，WLAN 已经成为数据流量的主要承载方式之一。然而，大规模快速增长的 WLAN 网络和终端设备使得 WLAN 的干扰问题越发凸显，并导致 WLAN 的网络覆盖、服务质量和用户体验每况愈下。针对这一问题，IEEE 802.11 工作组于 2013 年 5 月成立了 High Efficiency WLAN（HEW）研究组，研究下一代无线局域网技术标准，该标准将在进一步提升频谱效率的基础上，重点提升 WLAN 覆盖范围内的区域吞吐量和各种室内外网络部署环境下的真实性能。

2014 年 3 月，IEEE 在 HEW 研究组的基础上成立了 IEEE 802.11ax 标准任务组，正式启动了下一代无线局域网标准的制定工作，该标准预计将于 2019 年完成。IEEE 802.11ax 将主要工作在 2.4GHz 和 5GHz 频段上，其单站点平均吞吐量将比现有标准提升 4 倍。IEEE 802.11ax 的应用场景在 IEEE 802.11ac 的基础上做了进一步扩展，除了 IEEE 802.11ac 原有的家庭、企业等室内环境以外，还考虑了此类环境中高密度的使用情况，同时聚焦于室外接入点和终端设备高度密集的复杂环境，以及对吞吐量要求较高的应用场景。IEEE 802.11ax 的场景服务对象也由个人应用扩展至公众接入，以及对蜂窝网的分流，同时还涉及远程医疗/手术、体育赛事和大型活动视频制作，以及车载娱乐视频高速传输等对吞吐量要求较高的业务应用领域。

下一代无线局域网 IEEE 802.11ax 将重点解决 WLAN 在大规模密集组网环境下干扰问题严重、频谱效率低下、QoS 无保障等关键问题，从而全方位提升 WLAN 网络的实际性能和用户体验，更好地满足大规模、密集、多用户、高负载的组网情况下的实际需求。目前，IEEE 802.11ax 尚处于标准制定初期，尚未开始讨论具体的技术方案，但已有许多公司提交了一些关键技术的提案，主要针对信道接入、数据传输、干扰抑制，以及 QoS 保障等方面进行增强，可能的关键技术包括 OFDMA、Massive MIMO、上行 MU-MIMO 和全双工等。

2.3.2.4.5 物联网增强技术

1. IEEE 802.11ah

智能电网、电子健康、智能农业、环境监测等物联网应用要求 WLAN 能够支持更多的用户、更低的能耗、更大的覆盖范围，使 WLAN 技术面临新的挑战。实际上，世界主要国家在 1GHz 以下都有一定数量的免许可频段，这些频段有良好的传播特性，特别适合开展物联网应用。为此，IEEE 于 2010 年下半年启动了 IEEE 802.11ah 标准项目，旨在利用 1GHz 以下免许可频段支持物联网及 Wi-Fi 覆盖扩展应用。该标准预计将于 2015 年完成。

根据当前的标准工作进展，IEEE 802.11ah 将采用 MIMO-OFDM 作为主要传输技术，在不低于 100Kbps 传输速率时达到 1km 覆盖范围，最大传输速率可达 20Mbps，最多可支持 6000 个用户，支持终端长时间电池供电工作，保持 IEEE 802.11 用户体验，并能够与 IEEE 802.15.4 和 IEEE 802.15.4g 共存。

IEEE 802.11ah 主要应用场景包括传感器和智能抄表、传感器和智能抄表回传链路，以及 Wi-Fi 覆盖扩展（含蜂窝网分流），分别如图 2-31 至图 2-33 所示。对于全球大多数国家，IEEE 802.11ah 主要面向物联网应用，但考虑到美国的可用频谱资源较多（共 26MHz），且在发射功率、信道带宽等方面的要求比较宽松，可以开展蜂窝网分流应用，因此在 IEEE 802.11ah 的应用中也加入了蜂窝网分流的应用场景。

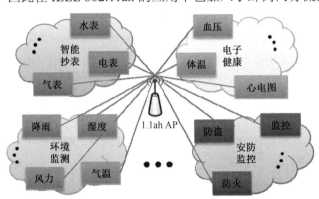

图 2-31　IEEE 802.11ah 应用场景：传感器和智能抄表

2. IEEE 802.11p

IEEE 于 2010 年 7 月发布了 IEEE 802.11p，该标准是 IEEE 基于 IEEE 802.11 标

准扩展的车载无线通信技术标准，主要针对智能交通系统（ITS）中的无线通信应用。

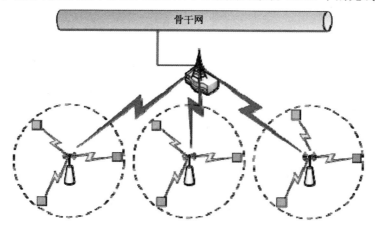

图 2-32　IEEE 802.11ah 应用场景：传感器和智能抄表回传链路

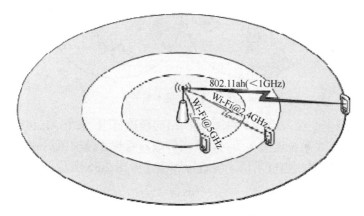

图 2-33　IEEE 802.11ah 应用场景：Wi-Fi 覆盖扩展

IEEE 802.11p 标准是基于 IEEE 802.11 标准体系扩展形成的车载无线接入标准，其物理层与 IEEE 802.11a 大致相同，主要针对 IEEE 802.11 的 MAC 层协议进行了修改，以适应 ITS 应用需求。IEEE 802.11p 具有如下主要技术特征：低延时（小于 50ms）、远距离（可达 1km）、高移动（最高支持 200 km/h）和高吞吐（最高 27Mbps@10MHz）。IEEE 802.11p 定义了两种车载通信方式：车辆之间的通信（V2V）和车辆与基础设施之间的通信（V2I）。IEEE 802.11p 标准定义的工作频段为 5850～5925MHz（北美）和 5855～5925MHz（欧洲）。

IEEE 802.11p 与 IEEE 1609 系列标准（高层协议）共同构成 IEEE WAVE（车载环境无线接入）系列标准，该系列标准是美国交通部的 DSRC（专用短距离通信）项目的基础技术。借助 WLAN 技术和产业的良好基础，IEEE 802.11p 已经逐步发展成为智能交通的底层核心技术之一。

2.3.2.4.6　主要支撑技术

1. 组网技术

无线局域网有多种组网方式，主要包括基本服务集（BSS）、扩展服务集（ESS）和无线网状网（MESH）。为了支持终端之间的直接连接，Wi-Fi 联盟和 IEEE 分别制定了 Wi-Fi Direct 和 IEEE 802.11z 两项标准。

BSS 分为基础结构 BSS 和独立 BSS。基础结构 BSS 是最常见组网方式，即多个终端接入到同一个接入点的组网方式；独立 BSS 是指多个终端之间直接建立连接，组成无中心的自组织网络，如图 2-34 所示。

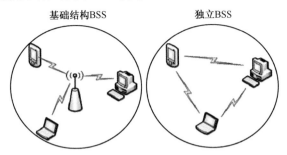

图 2-34　无线局域网基本服务集示意图

ESS 使用若干个接入点（AP）来扩展网络的覆盖范围。每个 AP 和终端构成 BSS，AP 之间通过分布式系统连接在一起，共同构成具有更大覆盖范围的 ESS。分布式系统一般使用有线网络，也可采用无线进行连接，如图 2-35 所示。

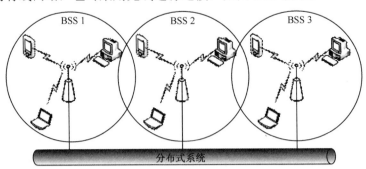

图 2-35　无线局域网扩展服务集示意图

为了实现更灵活、更大规模的组网，IEEE 制定了无线网状物（MESH）标准 IEEE 802.11s。IEEE 802.11s 根据 MESH 网的特点，对 IEEE 802.11 的接入机制、QoS 保证和安全特性进行了增强，并提供了 MESH 拓扑发现和形成、路径选择、拥塞控制等新功能，实现了 WLAN 的多跳互联。MESH 在 ESS 基础上使数据能够经过无线接口的多次转发到达目的地，从而实现更灵活的大规模组网，如图 2-36 所示。

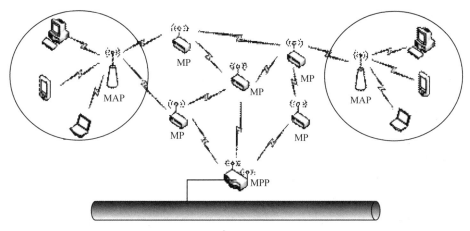

图 2-36　无线局域网 MESH 组网示意图

Wi-Fi Direct 和 IEEE 802.11z 能够支持两种不同类型的终端直连方式。Wi-Fi Direct 利用软 AP 技术在多个终端中实现"AP-终端"组网方式，其中 1 台终端作为 AP 为其他终端提供网络服务，从而实现终端之间的直接连接。Wi-Fi Direct 不需要修改硬件，并与已有 Wi-Fi 设备兼容，目前已在新上市的智能手机和平板电脑中大量采用。IEEE 802.11z 主要目的是通过终端直连技术改善 WLAN 用户体验。当终端通过 AP 进行通信时，终端之间可以通过协商，自动将 AP 旁路、建立直接连接，从而提高吞吐量，降低时延，避免干扰和节省功率。终端直连的工作频率可与 AP 的工作频率不同。

2．安全机制

IEEE 802.11 最早采用的 WEP 加密协议存在较大安全隐患。为此，IEEE 制定了安全增强标准 IEEE 802.11i，Wi-Fi 联盟基于 IEEE 802.11i 先后定义了 WPA 和 WPA2 两个版本的安全协议，WLAN 安全性逐步增强。此后，IEEE 又制定了 IEEE 802.11w，加强对管理帧的安全保护。我国也提出了自主创新的 WAPI 技术，有效提升了 WLAN 的安全性。

（1）WEP。

WEP 是 Wired Equivalent Privacy（有线等效保密协议）的简称，是IEEE 802.11 标准的一部分，用于防止非法窃听或侵入无线网络，实现与有线局域网类似的安全保障。WEP 只能进行 AP 对 STA 的单向共享密钥鉴别，而且使用简单的 64 位 RC4 静态加密算法，很容易被黑客攻破，不能保证使用者的信息安全。目前，WEP 已被基于 IEEE 802.11i 标准的 WPA 和 WPA2 所取代，但由于大多数 WLAN 设备仍支持 WEP，实际中仍有许多用户还在使用 WEP 协议。

（2）IEEE 802.11i。

IEEE 802.11i 主要定义了 TKIP 和 CCMP 增强加密机制，并采用了 IEEE IEEE

802.1x 和 EAP（扩展认证协议）的认证机制。TKIP 是 WEP 的直接升级，将固定密钥改为动态密钥，并采用 128 位 RC4 加密算法。CCMP 采用了更先进的 AES 加密算法和 CCM 操作模式，大大提高了安全性。在 IEEE 802.11i 发布之前，Wi-Fi 联盟基于 IEEE 802.1x 和 TKIP 提出了一套过渡性的安全协议 WPA，该协议只需对原有 WEP 设备进行软件升级，但安全性提升有限。后来，Wi-Fi 联盟又基于完整的 IEEE 802.11i 标准推出了 WPA2 安全协议，使 Wi-Fi 安全性有了较大提升，但 WPA2 对硬件有较高要求。

（3）IEEE 802.11w。

早期的 IEEE 802.11 系统未对管理帧进行有效保护，存在一定的安全隐患。2009 年，IEEE 发布了 IEEE 802.11w，该标准提供了有效的 MAC 层机制，加强对 IEEE 802.11 管理帧的保护，从而进一步增强了 IEEE 802.11 系统的安全性。

（4）WAPI。

针对无线局域网的安全问题，我国提出了自主创新的无线局域网鉴别和保密基础结构（即 WAPI）技术，WAPI 采用了基于三元安全结构的双向鉴别，能够实现国密局批准的高性能加密算法，有效提升了无线局域网的安全性。WAPI 技术被 GB 15629.11 系列国家标准采纳为安全技术标准。

2010 年，WAPI 的核心部分——WAPI 基础框架方法"三元对等鉴别技术"提案获得 ISO/IEC 批准，成为 ISO/IEC 国际标准（标准号：ISO/IEC9798-3：1998/Amd.1：2010），对应的分技术委员会为 JTC 1/SC 27（信息安全技术），该标准也被称为"虎符 TePA"。

3. QoS 保证机制

为了改善无线局域网的服务质量，IEEE 制定了 IEEE 802.11e、IEEE 802.11r、IEEE 802.11ae，用于改进 QoS 保证机制、支持语音等实时业务切换、实现管理帧优先级控制。此外，IEEE 还正在制定 IEEE 802.11ai，以提高 WLAN 初始链路建立的速度。

（1）IEEE 802.11e。

2005 年，IEEE 发布了 QoS 增强标准 IEEE 802.11e，该标准定义了 IEEE 802.11 的服务质量增强特性，并且定义了新的混合协调功能（HCF）接入机制，HCF 提供了增强分布式协调接入（EDCA）和混合控制信道接入（HCCA），分别扩展了 DCF 和 PCF 的功能，使得 IEEE 802.11 系统能够更好地 QoS 保证和优先级控制。

（2）IEEE 802.11r。

传统的 WLAN 终端从一个 AP 迁移到另一个 AP 通常需要 100ms 左右的时间重新建立关联，而且还需要花几秒的时间重新建立身份验证，无法支持语音等实时业务的切换。2008 年，IEEE 发布快速基本服务集切换标准 IEEE 802.11r，该标准能够保证 WLAN 终端在两个接入点之间的切换时间少于 50ms，提高了无线局域网对语音等实时业务的支持能力。

（3）IEEE 802.11ae。

2012 年 4 月，IEEE 正式发布了 WLAN 管理帧优先级控制 IEEE 802.11ae。IEEE 802.11ae 通过对 IEEE 802.11 管理帧进行分类和优先级控制，进一步完善 WLAN 的 QoS 保障机制，改善无线局域网整体性能。

（4）IEEE 802.11ai。

IEEE 802.11ai 标准项目于 2010 年年底启动，预计 2016 年完成标准制定。IEEE 802.11ai 主要目的是在不降低安全性的前提下减少 IEEE 802.11 系统初始链路建立时间，并支持大量用户同时接入扩展服务集（ESS）。根据当前的进展，IEEE 802.11ai 将主要针对 WLAN 链路建立基本框架、安全机制、IP 地址分配和快速网络发现等方面进行改进和增强。计划将 WLAN 的安全链路建立时间减小至 100ms 以内，支持每秒 100 个终端接入 ESS，负载达到 50%情况下可建立连接，保持现有 WLAN 的安全性，保持后向兼容性。IEEE 802.11ai 将支持快速切换（3G 与 WLAN、WLAN 与 WLAN 之间）、互联网接入、电子支付、旅行信息传递、无障碍系统、应急通信、快速检查和管理等主要应用。

4．网络管理

为了改善 WLAN 的整体工作效率，IEEE 制定了 IEEE 802.11k 和 IEEE 802.11v，以改善 WLAN 的无线资源管理和无线网络管理。

（1）IEEE 802.11k。

早期的 IEEE 802.11 标准无法让 WLAN 系统访问终端的无线资源，这一缺陷限制了 WLAN 的无线资源管理能力。为此，IEEE 于 2008 年发布了 IEEE 802.11k 标准，该标准提供丰富无线资源管理功能（如漫游决策、RF 信道信息、信道负载、隐藏节点、客户端统计、信标、直方图和传输功率控制等），改进了对 AP 和终端的操作以及环境数据的检测，提高了 WLAN 系统对无线资源的管理和利用。

（2）IEEE 802.11v。

IEEE 802.11v 标准在 IEEE 802.11k 定义的测量方法基础上，采用类似于蜂窝网的管理机制，为 IEEE 802.11 物理层和 MAC 层的提供无线网络管理增强，更好地管理工作在中心式或分布式无线网络中的 IEEE 802.11 设备，改善 WLAN 的无线网络管理，提高吞吐量、可靠性和服务质量，并降低 WLAN 设备的耗电量。IEEE 802.11v 能够让 WLAN 更好地满足运营商的需求。

5．网络融合

为了增强 IEEE 802.11 系统与蜂窝网等外部网络之间的互联互通，IEEE 启动了 IEEE 802.11u 标准的制定工作，使用户能够方便地通过 WLAN 接入到外部网络，获得所需要的数据服务，也便于将 WLAN 与运营商网络整合，提供融合业务。IEEE 802.11u 标准已于 2011 年发布，其中定义了注册授权、网络选择、应急业务支持、应急情况提醒、用户流量分割等与外部网络融合的新功能。

在 IEEE 802.11u 的基础上，Wi-Fi 联盟制定了 Hotspot 2.0 技术规范，致力于实现从 WLAN AP 到终端的无感知接入流程，支持 WLAN 网络自动发现和选择、基于 SIM/USIM 的无感知认证、WPA2 企业级安全机制等功能。Hotspot 2.0 不仅能够避免烦琐的认证过程，显著改善 WLAN 用户体验，也为移动运营商整合 WLAN 业务、构建运营级网络奠定了良好的基础。

此外，由运营商主导的无线宽带联盟（WBA）在 Hotspot 2.0 基础上进一步制定了下一代热点（NGH）技术规范。NGH 将运营商 WLAN 热点整合至蜂窝网架构中，利用蜂窝网管理和计费体系打造了一套运营级 WLAN 技术平台，并能够实现 WLAN 与蜂窝网之间的无缝流量切换和跨运营商之间的 Wi-Fi 漫游。

2.3.2.5　其他短距离无线通信技术

2.3.2.5.1　WirelessHD/IEEE 802.15.3c

2005 年 3 月，IEEE 成立了 IEEE802.15.3c 任务组，负责开发工作在 60GHz 免许可频段的高速无线个域网（WPAN）的物理层和 MAC 层标准，其标准于 2009 年 9 月发布。该标准采用单载波调制、OFDM、TDMA、波束赋形、RS 编码、LDPC 编码、链路自适应、节能等关键技术，最高吞吐量可超过 3 Gbps。IEEE 802.15.3c 支持大范围变化的传输速率，支持自组织连接、流媒体、服务质量、可靠性、安全性、互操作性等重要功能，可应用于高速互联网接入、视频点播、HDTV、家庭影院、实时流媒体，可用于无线 HDMI 传输。

IEEE 802.15.3c 产业化主要依托 WirelessHD 联盟来推动。2006 年 12 月，LG、松下、NEC、三星电子、索尼、东芝等公司推动成立了 WirelessHD 联盟，旨在开发并推广可替代 HDMI 的无线数字高清传输技术，这种技术被称为"WirelessHD"。2009 年年初，WirelessHD 联盟推出了基于 IEEE 802.15.3c 标准的 WirelessHD 1.0 技术规范，能够支持传输速率高达 3Gbps 的无压缩 1080p 全高清视频传输，并且具有 5～15ms 的低传输延迟，能够保证高清画面传输的流畅播放。

然而，IEEE 802.15.3c 与新一代 WLAN 标准 IEEE 802.11ad 在定位上非常重合。尽管 IEEE 802.15.3c 发布较早，但由于 IEEE 802.11ad 延续了 WLAN 的强大产业基础，得到了业界大多数公司的支持，许多原来支持 IEEE 802.15.3c 的公司也转而支持 IEEE 802.11ad，使得 IEEE 802.15.3c 产业化面临严峻挑战，并且自 IEEE 802.15.3c 标准发布至今，IEEE 也没有制定后续的演进标准。

为了提升技术竞争力，WirelessHD 联盟于 2010 年 5 月发布了 WirelessHD 1.1 技术规范，该规范在 IEEE 没有对应的标准。WirelessHD 1.1 支持低速物理层（LRP）、中速物理层（MRP）、高速物理层（HRP）和 SM-HRP（空间复用高速物理层，可选方式）四种物理层。其中，LRP 吞吐量 2.5～40 Mbps，主要用于控制和设备发现；MRP 吞吐量 0.5～2 Gbps，主要用于低功耗、低复杂度、移动设备的通用双向数据传输；HRP 吞吐量 1～7 Gbps，主要用于高质量全高清视频传输；SM-HRP 采用 MIMO 技术，同时支持 4 路 HRP 空间流，理论吞吐量高达 28.5 Gbps。WirelessHD 1.1 能够支持 3D 视频和 Quad Full HD 超高清视频传输，支持高达 240Hz 的视频刷新率和 48 位真彩色图像。

需要注意的是，WirelessHD 1.1 规范定义超高吞吐量目前还没有实现。当前，采用 Silicon 公司的 WirelessHD 1.0 芯片的 Epson 投影机吞吐量最高可达 4Gbps，与 IEEE 802.11ad 产品的最高吞吐量相当。

2.3.2.5.2　WiMedia 超宽带技术

WiMedia 联盟成立于 2002 年，开发并推广基于多带正交频分复用（MB-OFDM）技术的超宽带（UWB）技术（即 WiMedia 技术），主要用于无线高清媒体流、高速文件传输，以及各种设备的无线连接。

WiMedia 联盟已经发布了多项 WiMedia 技术标准。最新的 WiMedia 1.5 版本最高传输速率可达 1024Mbps，并能够在 10m 范围内支持轻度压缩的高清视频传输。WiMedia 标准采用 MB-OFDM 作为核心物理层技术。在 MB-OFDM 技术方案中，整个 UWB 工作频段被分成 14 个频带组，每个频段 528MHz，每个频段均采用 OFDM 调制；每 3 个频带构成一个频带组，WiMedia 设备至少支持其中 1 个频段组；支持 QPSK、双载波调制（DCM）和改进的双载波调制（MCM），并支持卷积码、LDPC 和 RS 编码。此外，WiMedia 联盟还构建了通用的 WiMedia 协议平台，能够适配蓝牙、无线 USB、IP 等多种高层协议。

实际上，IEEE 曾于 2002 年启动了 IEEE 802.15.3a 超宽带 WPAN 的标准制定，MB-OFDM 技术方案曾提交至 IEEE 802.15.3a 标准会议讨论，并与直接序列超宽带（DS-UWB）技术成为 IEEE 802.15.3a 的两大候选技术。但是，由于主流公司在技术方案选择上无法达成共识，使得 IEEE 802.15.3a 标准工作陷入僵局，并最终导致 IEEE 802.15.3a 标准未能完成。此后，MB-OFDM 技术方案依托 WiMedia 联盟继续发展，而支持 DS-UWB 的产业组织 UWB 论坛则因为主要公司的退出而解散。

然而，WiMedia 产业化发展也并不顺利，主流公司纷纷放弃该技术，使 WiMedia 产业无法形成规模。此外，随着 IEEE 802.11n、IEEE 802.11ac 和 IEEE 802.11ad 等高速、超高速无线技术的不断涌现，WiMedia 在技术上也逐渐失去竞争力。

2.3.2.5.3　IEEE 802.15.6 无线体域网

无线体域网（Wireless Body Area Network，WBAN）是近几年新型的一种短距离无线通信技术。无线体域网以人体为中心，将置于体内、体表及身体周围一定范围内的通信设备通过无线方式组织起来，不仅能够支持电子健康应用，也可以开展游戏、音/视频、社交等多种非医疗应用。

为了推动 WBAN 的发展，IEEE 802.15 工作组于 2007 年启动了 IEEE 802.15.6

无线体域网标准的制定工作，并于 2012 年 3 月正式发布 IEEE 802.15.6 标准。IEEE 802.15.6 支持窄带（NB）、超宽带（UWB）和人体通信（HBC）三种不同的物理层技术，传输速率可超过 10Mbps，通信距离约为 3m。

- 窄带物理层：主要用于医用场景，通信一方在人体体表或体内，采用 DPSK、GMSK 调制和 BCH 编码，传输速率 75.9～971.4Kbps。

- 超宽带物理层：可用于医用和非医用场景，吞吐量高。采用脉冲超宽带（IR-UWB）和调频超宽带（FM-UWB）两种调制技术，并支持 BCH 编码。其中，IR-UWB 传输速率 0.243～12.636Mbps，FM-UWB 传输速率 202.5Kbps。

- 人体通信：利用人体的导电特性进行通信，具有低功耗，体积小等优点，传输速率数据速率为 164Kbps～1.3125Mbps。

此外，IEEE 802.15.6 支持单跳星形网络和两跳星形网络两种网络拓扑结构，采用 CSMA/CA 接入机制，支持优先级控制、功率管理，并通过干扰与共存管理解决不同 WBAN 网络之间的干扰问题。

2.3.2.6 主要技术发展情况总结

低速无线个域网、蓝牙和无线局域网目前主流的短距离无线通信技术，它们在技术、产业和应用上具有如下特点。

- 低速无线个域网最早进入物联网领域，在物联网领域有先发优势。低速无线个域网特别适合低速率、低功耗等应用（如无线传感器网络），当前已在物联网应用领域得到比较广泛的应用。然而，相对于 WLAN 和蓝牙，ZigBee 目前的市场规模较小，也尚未在智能手机、平板电脑、PC 等产品中得到推广。此外，ZigBee 产业链中缺少有影响力的大公司，产业力量相对较弱。

- 蓝牙设备出货量大、应用普及，是众多功能手机、智能手机、平板电脑、车载电子等产品的标配，开展物联网应用有良好市场和产业基础。当前的主流蓝牙技术只适用于中等功耗、中等速率的小范围应用。低功耗蓝牙能够实现更低功耗和更大覆盖，是未来发展趋势，但低功耗蓝牙刚刚商用，市场有待培育。

- 无线局域网产业成熟，应用普及，具有强大的产业链，涵盖众多有影响力的大公司。相对于其他技术，无线局域网在吞吐量和覆盖上有明显优势，但功耗高、支持用户少限制了其在物联网领域的进一步发展。IEEE 已经启动了面向物联网应用的 IEEE 802.11ah 标准制定，但距离技术成熟和实际商用还有一段时间。

综上所述，低速无线个域网、蓝牙和无线局域网各有优势，也都面临一些问题。考虑到物联网有众多的应用场景和多样化的技术需求，低速无线个域网、蓝牙和无线局域网都有一片属于自己的生存发展空间。

2.3.3　广域网通信技术

2.3.3.1　广域网通信技术概述

广域网通信技术主要包括移动蜂窝通信网、光纤网、IP 承载网等。针对物联网的海量物体接入、涉及各行各业应用领域比较广泛等特点，物联网对移动通信网络既有通用需求也有特定需求，在有限的无线资源以及传统移动网络针对 H2H 通信设计的条件下，为了有效支持物联网业务需求，对现有移动通信网络的能力需要进行增强。本节重点介绍移动蜂窝通信网针对物联网的增强技术。

2.3.3.2　物联网对移动通信网络的需求

物联网业务应用领域比较广泛，不同领域的应用可能具有相同的业务需求，也可能具有独特的业务需求。由于物联网的业务种类较多，为了便于理解和记忆，本节将业务需求进行简单分类，适用于所有业务的需求称为通用业务需求，适用于部分业务的需求称为特定业务需求。

第三代合作伙伴计划（3rd Generation Partner Project，3GPP）是研究支持物联网业务对移动网络增强的主要标准组织，在该标准组织中将物联网业务相关的通信称为机器类型通信（Machine Type Communication，MTC）。为了方便读者对照阅读，本书将使用 MTC 的简称作为移动网络中的物联网通信。

1. 通用业务需求

物联网业务的实现离不开地址、标识。移动网络提供物联网业务时首先要考虑计费的问题；其次业务安全也属于业务的通用需求；同时物联网业务涉及网络如何触发终端设备的问题，这些业务需求都可以归结到通用业务需求类别。

（1）通信地址需求：移动网络应该能够提供一种机制，保证使用公共地址的物联网服务器可以向使用私有地址的物联网设备发送一条移动消息，地址的特性是为了保证物联网应用中网络到终端设备的可达性。

（2）通信标识需求：物联网业务应该能够唯一标识一个物联网终端实体，同时也应该能够唯一标识一个物联网用户。

（3）计费需求：计费相关的需求包括这对每个物联网终端，或者针对一组物联网终端，移动核心网络能够实现计费相关的功能。具体内容包括：

- 基于物联网终端组的可计费事件产生批量计费记录（Charge Data Record，CDR），这一计费记录可以与基于签约信息的 CDR 产生过程并行，也可以代替基于签约信息的 CDR 产生。
- 停止基于签约信息来产生 CDR。

- 对物联网终端设备发起的信令进行计费。
- 对物联网终端特性的激活或者去激活进行计费。
- 对在签约信息或者物联网终端特性限定的范围外使用网络资源进行计费，如时间窗、位置信息等。
- 对特定的监视或者告警特性进行计费。

其中，对终端设备发起的信令计费是考虑到小数据等一些应用可能会采用信令来传递用户面数据。对物联网终端的激活和去激活进行计费，是考虑到网络触发终端的应用。对基于时间窗、位置信息的计费需求在传统的业务中也有使用。对特定的监视或者告警信息进行计费针对一些物联网的监控应用而产生。随着物联网业务的发展，计费的功能可能会进一步拓展。

（4）安全需求：移动网络的优化应该能够提供至少与非物联网业务通信相同的安全级别，移动网络远程管理物联网终端应该能够通过现有机制实现（如 OMA DM）。

（5）终端设备触发需求：移动网络应该能够根据业务服务器的指示触发物联网终端设备发起向业务服务器的通信。物联网终端设备应该能够从网络接收触发器指示，并在收到触发器指示时建立与业务服务器的通信。

（6）避免网络拥塞需求：针对物联网业务，移动网络还需要考虑物联网业务引起的网络拥塞问题，应该支持减少当大量联网终端设备同时发起的信令和数据的峰值流量；网络应该能够在过载的情况下提供一个限制下行数据和信令的机制；过载的情况下，网络应该能够提供一个限制接入特定 APN 的机制；网络应该能够为大量物联网终端设备有效地维持连接。

（7）终端低功耗的业务需求：考虑到物联网终端的供电条件的限制，如一些终端只能使用电池，在移动网络增强的设计中应该考虑到终端低功耗的业务需求。

（8）其他需求：

- 应该能够根据签约信息识别某个特定物联网用户的物联网业务特性。
- 网络应该为物联网用户提供激活或者去激活物联网业务特性的机制。
- 网络运营商应该能够控制在某一个签约中增加或者删除物联网业务特性。
- 网络运营商应该能够限制物联网业务特性的激活。
- 网络运营商应该能够限制特定物联网终端设备中使用特定的 USIM（如基于是否与物联网业务特性匹配，是否与联网设备的其他类型匹配等）。

2. 特定业务需求

移动网络中支持的物联网业务的特定需求基于不同的业务而产生。在移动网络承载的物联网业务中，主要的特定业务需求包括低移动性、时间容忍、只支持分组交换、小数据传输、终端设备监视、组特性等。

（1）低移动性业务需求适用于不移动的物联网终端设备，或者不频繁移动的物联网终端设备，或者只在限定区域内移动的物联网终端设备。

（2）时间容忍业务需求适用于能够延迟传送数据的物联网终端设备。对物联网业务的时间容忍需求，移动网络应该能够限制物联网终端设备接入网络，应该能够限制向物联网终端设备传送的数据，并能够动态调整物联网终端设备传送的数据量（包括上行数据量和下行数据量）。例如，当一个特定的区域中移动网络的负载大于预先定义的负载门限时，移动网络应该能够基于 MTC 的签约信息预先定义负载门限。

（3）只支持分组交换的物联网业务需求适用于只要求分组交换业务的物联网终端设备。对只支持分组交换的物联网终端需求，移动网络能够提供只有 PS 域的签约信息，无论是否分配 MSISDN，在没有 MSISDN 的情况下也应该支持远程 MTC 设备的配置。

（4）小数据传输的业务需求适用于发送或者接收小量的数据应用。对小数据传输的业务需求，移动网络支持小量数据传送应该在信令开销、网络资源、重配置的延时等方面对网络带来最小的影响；物联网终端设备要发送小量数据时，应该能够高效地接入网络、发送数据、接收发送数据后的反馈并从网络中断开。移动网络对小量数据的定义应该能够基于签约信息或者运营商的测量进行配置。

（5）物联网业务监视需求适用于部署在高危险区的物联网终端设备，如可能有蓄意破坏或者被偷窃的区域。这种系统增强不是要保护物联网终端设备免于被破坏或者被盗，而是提供一种功能来检测破坏或者偷窃事件。

（6）基于组的物联网业务需求适用于物联网终端设备的组，移动网络应该能够优化处理物联网终端设备的组。一个物联网终端设备只能与一个组关联，组特性适用于组内的所有设备。基于组的物联网业务需求包括基于组的策略和基于组的地址。物联网业务的组策略特性适用于属于同一个物联网业务签约用户的一组物联网终端设备，对该签约用户网络运营商可能希望提供一个综合的 QoS 策略。对于属于一个物联网业务签约用户的一组物联网终端设备应该能够提供一个最大的收发数据的比特速率。组地址的物联网业务需求特性适用于属于同一个物联网业务签约用户的物联网业务组，当多个物联网终端设备都需要接收同样的消息时，网络运营商可以优化消息量。对于属于同一个物联网业务签约用户的一个大的物联网终端设备组，应该能够发送一个广播消息。

2.3.3.3　增强的移动通信网络架构

为了支持物联网，移动通信网络需要进行增强，增强的第一步是明确需求，第二步就是需要有一个全局的概念，即在网络架构方面的增强，如图 2-37 所示。

移动通信网络为支持物联网，新增了多种接口和功能，原有网络中的部分实体也需要进行增强来支持 MTC 功能。

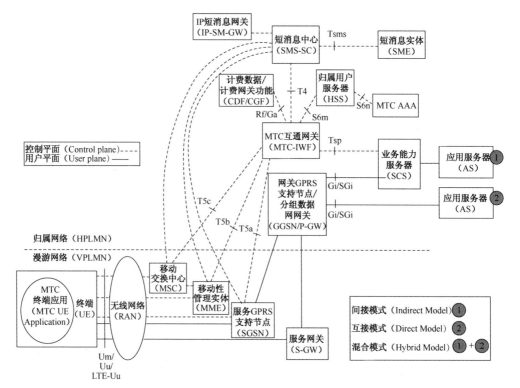

图 2-37　增强的移动通信网络架构图

1．接口功能

移动通信网络为支持物联网，新增了多种接口，包括 Tsms，Tsp，T4，T5a，T5b，S6m 和 S6n 接口，接口的定义如下所述。

（1）Tsms：移动网络外部的实体通过短消息方式与用于 MTC 的 UE 通信时的接口。

（2）Tsp：SCS 与 MTC-IWF 进行控制面信令交互的接口。

（3）T4：MTC-IWF 与 SMS-SC 之间用于设备触发的接口。

（4）T5a：MTC-IWF 与服务 SGSN 之间的接口。

（5）T5b：MTC-IWF 与服务 MME 之间的接口。

（6）T5c：MTC-IWF 与服务 MSC 之间的接口。

（7）S6m：MTC-IWF 查询 HSS/HLR 的接口。

（8）S6n：MTC-AAA 查询 HSS/HLR 的接口。

2．设备功能

为了实现 MTC 功能，网络中新增了 MTC-IWF 的功能，用来隐藏拓扑并进行信令的转发。原有网络中的部分实体也需要进行增强来支持 MTC 功能。涉及的网络实体包括 HSS/HLR，GGSN/PGW，SGSN/MME/MSC，SMS-SC。此外，可能需要部署 MTC AAA 来实现标识转换的功能。

（1）MTC-IWF。

MTC-IWF 具有隐藏移动网络拓扑的功能，同时在使用 Tsp 接口触发移动网络特定功能实体时，MTC-IWF 又具有信令中继或者信令转换的功能。MTC-IWF 是一个逻辑功能，实际部署时可以单独设置网络实体，也可以将该功能集成在其他网络实体中。一个移动网络中可以部署多个 MTC-IWF。MTC-IWF 的具体功能如下：

- 支持 Tsp，S6m 以及 Rf/Ga 接口；
- 支持 T4，T5a，T5b 和 T5c 接口；
- 在 SCS 服务器与 3GPP 网络建立通信前对其进行授权；
- 对来自 SCS 的控制面请求进行授权；
- 设备触发功能。

（2）HSS/HLR。

HSS/HLR 中存储 MTC 用户的签约信息并支持对这些信息查询功能。此外，对于支持设备触发功能的 HSS/HLR 还需要具备以下功能：

- 支持 S6m 接口；
- 能够存储并向 MTC-IWF（可选支持向 MTC AAA）提供 E.164 MSISDN 或者外部标识到 IMSI 的映射或者查询功能；
- 能够存储并提供由 MTC-IWF 使用的设备触发相关的签约信息；
- 支持 E.164 MSISDN 或者外部标识到 IMSI 的映射功能；
- 外部标识到 MSISDN 的映射功能（可选），用于传统 SMS 架构不支持没有非 MSISDN 短消息的情况；
- 存储"路由信息"，包括可用情况下的服务节点信息（如服务 SGSN/MME/MSC ID）；
- 决定是否允许 SCS 对特定 UE 进行设备触发；
- 支持 S6n 接口；
- 向 MTC-AAA 提供 IMSI 和外部标识的映射关系。

（3）GGSN/PGW。

对于支持 MTC 直接模型或者混合模型的 GGSN/PGW 可能需要支持以下功能，即对基于 APN 配置和 GGSN/PGW 中存储的外部标识或者 MSISDN 不可用的情况，GGSN/PGW 可以有两种处理方式，一种是基于 IMSI 向 MTC AAA 服务器请求外部标识，另一种是通过 MTC AAA 代理向外部 PDN 网络中的 AAA 服务器发送 RADIUS/Diameter 请求。

（4）SGSN/MME/MSC。

对于支持 MTC 直接或者混合模型的 SGSN 和 MME 的特定功能如下：

- SGSN 支持 T5a 接口；

- MME 支持 T5b 接口；
- MSC 支持 T5c 接口；
- 接收来自 MTC-IWF 的设备触发功能；
- 在 NAS 消息中封装用于 MTC 设备触发的信息给 UE；
- 接收触发 UE 的设备触发响应消息；
- 向 MTC-IWF 报告设备触发递送是否成功的状态；
- 可能向 MTC-IWF 提供 SGSN/MME 拥塞或者过载信息。

（5）SMS-SC。

支持 MTC 直接或者混合模型的 SGSN 和 MME 的特定功能如下：

- 支持 T4 接口；
- 支持基于 IMSI（代替 E.164 MSISDN）的 PS-only MT 短消息；
- 在需要的情况下向 SMS-GMSC 提供从 MTC-IWF 收到的路由信息。

（6）MTC AAA。

为了在网络出口支持 IMSI 到外部标识的翻译，归属移动网络中需要使用 MTC AAA 功能。部署 MTC AAA 可以用来返回基于 IMSI 的外部标识，也可以用来作为 GGSN/PGW 与外部 PDN 网络之间的 RADIUS/Diameter 代理。

- 作为 AAA 服务器部署时，MTC AAA 应支持如下功能：
  - 支持 S6n 接口实现与 MTC AAA 与 HLR/HSS 的通信；
  - 返回与 IMSI 对应的外部标识；
  - 可能用向 HSS 请求外部标识，也可能缓存 IMSI 与外部标识的映射关系来减少查询次数。
- 作为 AAA 代理部署时，MTC AAA 应支持如下功能：
  - 支持 S6n 接口实现与 MTC AAA 与 HLR/HSS 的通信；
  - 在发往外部 AAA 服务器的消息中用外部标识替换 IMSI；
  - 将来自外部 AAA 服务器消息中的外部标识用 IMSI 替换；
  - 能够用标准的 RADIUS/Diameter 流程识别目标外部 AAA 服务器；
  - 可用 IMSI 向 HSS 请求外部标识，也可能缓存 IMSI 与外部标识的映射关系来减少查询次数。

（7）SCS 服务器。

对于间接通信模式和混合通信模式，网络中需要部署 SCS 服务器来实现应用服务器和移动承载网络之间的桥梁作用。具体功能包括：

- 支持 API 接口实现与应用服务器之间的通信；
- 支持 Tsp 接口实现与 MTC-IWF 之间的通信；
- 向 DNS 服务器解析 MTC-IWF 的地址，实现与 MTC-IWF 的通信；
- 解析应用服务器的请求，转换后发给 MTC-IWF；
- 接收来自 MTC-IWF 的处理结果，并通知应用服务器。

2.3.3.4 增强的移动通信网络技术

拥塞过载是移动通信网络提供物联网应用时遇到的突出问题，还包括物联网具有网络触发终端设备、小数据传输、终端低功耗等特点。本节重点针对移动通信网络提供物联网应用时面临的问题和特点介绍移动通信网络的增强技术。

2.3.3.4.1 移动通信网络拥塞过载控制技术

物联网通信的特征之一是海量终端接入网络，如果受到外部条件的触发，如断电后电力恢复供应，群组终端设备同时进行事件响应，大量无线终端设备同时向移动网络发起信令交互过程，那么移动网各节点和链路将面临沉重的信令负荷并发生拥塞。一个行业用户下的所有 MTC 终端在很短的时间内同时发起业务，网络侧在很短的时间内接收到大量的数据包或者数据流量，也会带来网络侧拥塞。

基于实际物联网应用中发现的情况，可以将主要的网络拥塞过载分为两种场景，一种是拥塞，另一种是过载。

所谓拥塞的场景，是指由于单个的应用出现问题而带来的信令拥塞。例如，当一个 M2M 服务器故障的情况下，所有的 M2M 终端会在短时间内发起重新建立连接的过程，由于 M2M 终端数量过大，那么就会出现单个应用引发的网络拥塞问题。这个问题到核心网络可能会更加严重，因为单个 M2M 的应用通常由某个或者某几个核心网的实体进行服务，那么短时间内到达的信令和数据将会导致这些节点和节点间链路的过载。

所谓过载的场景，是指由异常事件或者特定事件触发的大量负荷导致的网络过载。例如，断电之后恢复电力供应，所有的终端设备会在很短的时间内发起到网络的连接，将会使网络的负载瞬间达到顶峰，造成过载。在灾害情况下，如地震时，网络能力降低；又如网络设备受损，但网络负载加大，这同样会造成网络过载。与拥塞场景的区别是，网络过载是由多种应用共同作用带来的过载。这种场景下不需要去识别单个的应用。因为是异常情况带来的过载，所以为了保障网络的畅通影响到一部分用户的业务是可以接受的。

如图 2-38 所示为移动通信网络拥塞示意图。从图中可以看出，网络拥塞过载有可能发生在网络节点的位置，也有可能发生在链路部分。大量终端同时发起附着或者连接请求一方面会给无线网络带来拥塞，另一方面在核心网络的信令控制实体 MME/SGSN 等处也会引起拥塞。当大量的终端在较短的时间内集中接入网络，获取资源并通过网络为其建立的控制面传输数据时，SGSN、S/PGW、PGW、GGSN 等传输用户数据的节点的负载量也会突然上升并造成过载。此外，在核心网对终端身份进行认证鉴权的过程中，由于大量的鉴权及终端上下文获取操作同时发生，AAA/HSS 处将产生大量信令而发生拥塞。在核心网节点拥塞或过载情况下，节点间链路因为承载着过重的信令和数据业务负载，也会处于过载状态。

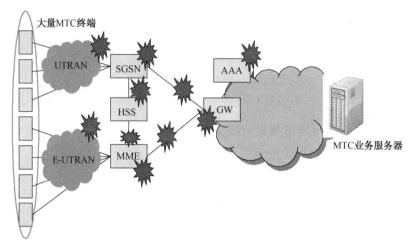

图 2-38　移动通信网拥塞示意图

对于拥塞控制有多种解决方案，本节重点介绍三种方案。

1. SGSN/MME 接入拒绝方案

SGSN/MME 是移动核心网络的管理控制实体，当核心网络发生拥塞时，可以由 SGSN/MME 拒绝请求防止信令拥塞。根据所依据的对象不同，可以将拒绝请求的方法分为以下两种。

（1）基于特定的 APN 拒绝连接请求。

当 MTC 应用使用一个特定的 APN 发起业务时，如果大量终端在短时间内同时向这一 APN 发起请求，那么就会带来拥塞网络。网络通过分析到特定 APN 的业务流量发现是某种应用带来的拥塞，则通过拒绝这个 APN 的连接请求来解决网络的拥塞问题。

（2）基于 M2M 组拒绝附着请求和连接请求。

当核心网络拥塞时，SGSN/MME 可拒绝某特定 MTC 组发起的连接请求。MTC 组标识可作为签约属性在附着流程中从 HSS 下载到 SGSN/MME。当 SGSN/MME 接收到某 M2M 设备发起的连接请求时，可根据签约属性中的 M2M 组标识，判断该 MTC 设备是否属于引起拥塞的 M2M 组。当只有 GGSN/PGW 发生拥塞时，需要通知 SGSN/MME 哪一个 M2M 组引发了拥塞。

SGSN/MME 有两种识别 MTC 设备所属 M2M 组的方法：一种方法是从 HSS 下载的签约属性中获得 M2M 终端所属的 M2M 组标识；另一种方法是 M2M 终端发起的连接请求或者附着请求中携带 MTC 组标识。

当监测出需要对特定的终端拒绝其连接请求时，为避免 M2M 设备在连接或附着请求被拒绝之后立即重新发起请求，SGSN/MME 通常不会简单的拒绝这个请求。SGSN/MME 在拒绝消息中可能会携带拒绝指示，指示本次拒绝的原因，如

SGSN/MME 信令拥塞、GGSN/PGW 过载、APN 接入限制、请求的 PDN 连接 QoS 无法实现等。

在返回拒绝指示的同时，SGSN/MME 可能会同时返回一个"退避时间"。如果是 GGSN/PGW 引发的拒绝，SGSN/MME 也可以在拒绝消息中附加退避时间。

终端在收到这个"退避时间"之后，会启动一个定时器，定时器到时了，再发起请求。针对不同的请求，有两种不同的"退避时间"，一种是移动性管理退避时间，还有一种是会话管理退避时间。如果拒绝附着请求等移动性管理相关的信令，则返回移动性管理退避时间，如果是拒绝连接请求或者业务请求等会话相关的信令，则返回会话管理退避时间。

2. 无线网络接入拒绝方案

无线网络控制接入的触发条件有多种，一种情况是无线网络自身的拥塞告警机制，另一种是核心网络发生拥塞时，通过发送控制消息给无线接入网节点，还有一种是通过操作维护平台进行触发。

核心网触发的机制是在核心网负载达到门限值时，发送接入控制消息（如 OVERLOAD START）给无线接入网，在发送的接入控制消息中携带需要被禁止接入的 MTC 设备的类型（如低优先级标识或 PLMN 类型）或被禁止接入的 MTC 设备组。

当无线接入网与多个核心网实体相连接时，只有当连接的所有核心网实体都发生拥塞或过载时，无线网络才启动接入控制机制。如果只有部分核心网实体发生拥塞或过载时，无线接入网仅拒绝请求接入发生拥塞或过载的核心网实体的 MTC 设备的连接请求。

无线网络控制在过载的情况下可以直接拒绝信令消息，为了避免终端进一步发起信令消息，无线网络通过广播接入控制参数来避免 MTC 设备进一步接入网络。

广播的接入控制参数可分为以下几种类型。

（1）对低优先级的 MTC 设备的接入控制，无线接入网广播"禁止低优先级设备接入"的接入控制消息。

（2）对属于特定 APN 或 MTC 设备组的 MTC 设备的接入控制，无线接入网广播"禁止特定 APN 或 MTC 设备组的 MTC 设备接入"的接入控制消息。

（3）对特定 PLMN 类型的 MTC 终端的接入控制，无线接入网广播"禁止特定 PLMN 类型的 MTC 终端接入"的接入控制消息。

接入控制的类型可以在无线接入网进行设置，也可以通过从核心网控制消息中得到的负载门限值来设置。在现有的蜂窝通信系统中，ACB 机制通过对终端进行分级来限制普通终端接入网络的概率。但是这种机制应用到 MTC 终端接入时存在一定的问题。首先如果为 MTC 终端分配现有的接入等级，那么，当 MTC 终端的接入导致网络负载陡增时，通过禁用某些接入等级以减少 MTC 终端的接入，会使得与 MTC 终端具有相同接入等级的 H2H 终端的接入也会被禁止。为了避免 MTC 应用对 H2H

通信带来这种影响，在不扩充 AC 等级数目的情况下，可以额外配置一套针对新业务类型（或者终端类型）的参数，结合现有的 AC 等级进行控制。这种新的机制称为扩展的接入限制（Extended Accessing Barring，EAB）。

EAB 中会包含接入控制的类型，无线网络在广播现有 ACB 参数的同时会广播新的 EAB 参数。如果终端配置了 EAB，那么终端会监听系统广播的 EAB 信息。

如果终端配置的 ACB 取值在 11～15 之间，那么这类终端属于特殊类型的终端，EAB 机制对这类终端无效。如果终端配置的 ACB 取值在 0～9 之间，那么终端将本地存储的 EAB 与从系统收到的 EAB 中的 BAR 字段比较，如果相同，本次不发起接入，根据接入控制参数中的等待时间计算一个本地的时间，延迟这个时间后再发起接入。如果不同，则 EAB 无效。终端继续执行 ACB 的接入机制，即系统广播本次 BAR 的等级（0～9 中的某一个）。如果终端的 ACB 恰好是广播要禁止接入的等级，则本次不接入；如果终端的等级不是广播禁止的等级，则产生一个随机数，通过计算来判断本次是否接入。

当网络附着恢复正常时，无线接入网会根据内部的机制以及来自核心网的过载停止消息、来自操作维护平台的信息来决定是否与何时停止广播相关的接入控制消息。

3．终端设置低优先级标识方案

在现有的通信系统中，网络会优先处理具有高优先级的用户，由于 M2M 终端数量较大，且多数的 M2M 终端的优先级都比人与人通信的优先级低，为了防止 M2M 终端带来的网络拥塞，可以通过设置低优先级来标识终端，从而使得网络在拥塞情况下可以先拒绝这一部分终端的服务。

终端接入时存在一个基于竞争的随机接入过程，用于获取随机接入信道。采用优先级标识用于在 RAN（E-UTRAN，UTRAN，GERAN）侧管理接入尝试，无须解码 NAS 消息以获取 MTC 设备的 ID。

终端从空闲状态接入网络需要经过四个阶段：

① 读取广播的系统消息；

② 获取随机接入信道的机会；

③ RRC 的连接建立（针对 E-UTRAN/UTRAN 网络），信道请求（GERAN）；

④ 业务请求，EPC 附着过程或者 GPRS 附着/PDP 上下文激活。

在步骤①阶段，ACB 机制可以限制接入网络的终端数量；在步骤②阶段，随机接入机制会给终端接入网络提供一定的概率；在步骤③阶段，RAN 通过优先级指示来管理接入试探；在步骤④阶段，核心网通过优先级指示来管理接入试探。从以上的步骤可以看出，根据终端携带的"低优先级指示"，网络可以参考自身负荷的情况下，决定是否允许终端接入，从而达到控制拥塞的效果。需要注意的是，低优先级指示是与应用相关的，即同一个终端在发起一种业务时会携带低优先级指示，但在发起另一种业务时可能不会携带低优先级指示。在没有发生 RACH 过载，但发生 RAN 过载的情况下，RAN 可以通过拒绝低优先级终端的请求来防止信令进一步发送到核心网。此外，RAN 也可以对低优先级终端返回一个比普通终端更长的退避时间来限制低优先级终端的接入。

在核心网，SGSN/MME 可以通过首先减少低优先级终端的业务量来降低网络的负荷。SGSN/MME 可能会向 RAN 发送 OVERLOAD START 消息，通知 RAN 拒绝低优先级 M2M 设备的业务量。在 RAN 没有发生过载或核心网没有通知 RAN 过载的情况下，终端接入请求将发送给 SGSN/MME。SGSN/MME 可根据内部的拥塞控制机制处理低优先级设备的接入请求。另外，优先级标识也需要发送给 GGSN/SGW/PGW，GGSN/SGW/PGW 可根据内部拥塞控制机制，处理低优先级 MTC 设备的会话相关请求。

低优先级指示可以与 APN 或者组标识一起使用。例如，当网络决定去附着或者去激活一个组的承载时，可以优先去附着或者去激活低优先级设备的承载，然后再进去组内其他设备的操作。

针对拥塞控制的场景，SGSN/MME 拒绝和无线网络拒绝都是通过特定的 M2M 组或者特定的 APN 来管理网络的负载。在最初发生拥塞的情况下，网络会拒绝带来拥塞的 M2M 组发起或者到引起拥塞的 APN 的请求，假设此时网络还有足够的信令资源来接受并拒绝后续的 RRC 和 NAS 接入请求。为了防止后续的 M2M 设备继续发起请求，网络可以通过广播接入拒绝消息来有效防止 M2M 设备的接入。RRC 和 NAS 拒绝的回退时间以及 M2M 接入拒绝广播的随机化可以有效地防止 M2M 设备在拥塞的情况下同时发起接入。

针对过载控制的场景，SGSN/MME 拒绝接入、低优先级方案以及无线网络拒绝接入可以有效地针对所有终端管理网络负载。在过载初期，通过拒绝终端发起的 RRC 或者 NAS 接入请求可以降低网络负载。为了进一步防止更多的接入请求，无线网络可以广播接入拒绝消息，消息中可以设置拒绝所有的 M2M 接入，拒绝低优先级的 M2M 终端或者拒绝特定 PLMN 类型的终端。如此可以进一步降低网络的负载。RRC 和 NAC 的拒绝回退时间以及 M2M 终端接入的随机化可以有效地避免 M2M 终端在过载的情况同时发起接入请求。

4．三种拥塞控制方案的比较

从上面的分析可以看出，三种方案是相互配合的一个关系，每种方案各有优缺点。

（1）SGSN/MME 接入拒绝方案能在拥塞时根据不同的策略拒绝终端的请求，能够实时地控制过载，但这种方案的不足之处在于需要使用信令来拒绝接入，解决拥塞的效率较低。同时 SGSN/MME 需要增加相关的功能来完成实施。

（2）无线网络接入拒绝方案有两种实现方式，其中接入拒绝的方式能够实时控制过载，但需要使用信令来拒绝接入，解决拥塞的效率较低。广播控制接入的方式能够较快地解决拥塞，因为收到广播的终端将不再发起接入。但广播控制接入的方式对无线网络和终端都提出了新的功能要求。

（3）终端设置低优先级标识方案通过优先级的设置能够有效拒绝低优先级业务从而保证高优先级业务。这种方案在终端具有多优先级特性时，其实施方式比较复杂，因为优先级是与应用相关的。这种方案要求终端预先配置优先级，同时需要网络侧配合来实施。

2.3.3.4.2 移动通信网络设备触发技术

一些物联网应用，如抄表类业务、监控类业务或者自动售卖类业务，有一个共同的特性，就是服务提供商需要主动与 MTC 终端进行联系，要求终端上传一些数据或者要求终端更新一些数据。例如，智能抄表业务中的分时计价功能，就是根据用户用电的高峰和低谷，根据不同的时间段采用不同的价格。对于这种业务特性，电网公司可能需要通过网络寻找到电表终端，根据时间段来更新终端的价格信息。此外，对于监控类的业务，用户可能在特定的情况下需要了解被监控终端的信息，此时也需要通过网络找到终端。自动售卖业务在日本和韩国应用比较广泛，日本 KDDI 公司曾经提出售卖服务商需要通过网络主动寻找终端从而更新售卖机器上的价格等信息。由此可以看出，网络触发 M2M 终端的需求来自于实际的业务和运营需要，移动网络需要提供机制来满足这一业务需求。

当物联网终端不可及或 IP 地址不可用时，SCS 服务器需要通过移动网络发送激活消息给终端，对终端进行激活，使终端执行 MTC 相关的应用操作。终端可以发起与 SCS 的间接通信模式，或发起与应用服务器（AS）的混合通信模式。对于 SCS/AS 来说，若需要与终端进行通信，而 UE 不可及或 UE 的 IP 地址不可用，此时需要对终端进行激活操作。

SCS 发给终端的激活消息净荷中包含了应用相关的信息，终端可根据净荷中的信息将激活消息从底层传递给上层合适的应用。上层应用可以根据净荷中包含的信息决定是否发起与 SCS/AS 的通信。当终端收到网络发送的 MT 消息时，终端需要能区分 MT 消息是否是终端激活消息还是其他类型的终端消息。

终端是否能进行激活操作取决用户在 HSS 的签约信息。终端的签约信息中提供了终端是否允许特定的 SCS 激活。另外，当激活消息通过 SMS 消息发给终端时，若终端签约了 SMS 业务，网络侧 MME、SGSN 及 MSC 需要能提供 SMS 消息传递服务，并将该含激活消息的 SMS 发给终端。

此外，网络针对终端激活信令有计费的需求，网络侧需要对计费数据信息进行收集并发给计费服务器，MTC-IWF 可以为激活服务产生计费 CDR。当激活消息通过 SMS 消息承载由网络发给终端后，网络侧相关网元，如 MME，SGSN，MSC，SMS-SC 可以对 SMS 服务产生计费信息 CDR，进行必要的计费。

一个完整的终端激活流程如图 2-39 所示，SCS 通过 Tsp 接口向 3GPP 网络请求激活的具体流程，移动网络内部的实现可以通过已有的短消息接口触发，即基于 T4 接口进行触发，也可以通过新增的接口即 T5 接口完成触发。

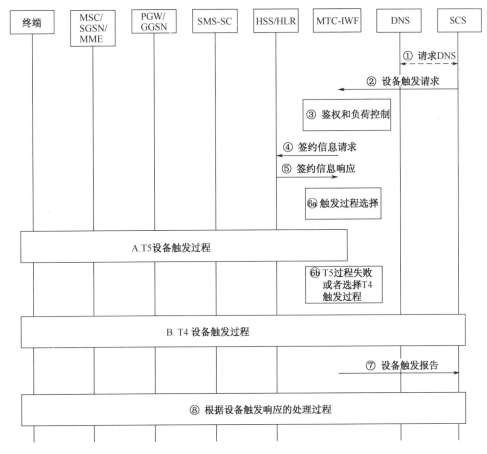

图 2-39 终端激活流程

① SCS 服务器根据需要决定激活终端。SCS 若没有网络侧 MTC-IWF 具体的联系信息，就采用外部 ID 或本地配置的 MTC-IWF 的 ID 向 DNS 进行查询。DNS 向 SCS 返回 MTC-IWF 的 IP 地址及端口信息。

② SCS 通过 Tsp 接口向 MTC-IWF 发送终端激活请求消息，消息中包含终端的外部 ID、SCS ID、触发参考号、有效时间、优先级、净荷等参数。另外，在净荷中包含了 MTC 应用的信息，终端可以采用该信息发给具体的应用进行激活操作处理。

③ 当 MTC-IWF 收到激活请求后，MTC-IWF 首先检查 SCS 是否被授权发送激活请求，若检查该 SCS 不能发起激活请求，MTC-IWF 向 SCS 通知激活消息发送失败。

④、⑤ MTC-IWF 向 HSS/HLR 请求签约数据，并携带外部 ID，SCS ID 等参数，HSS 对 SCS 进行鉴权，确定 SCS 是否可以发送激活消息。若 SCS 可以发送激活消息，HSS 就向 MTC-IWF 返回与外部 ID 映射的内部网络标识 IMSI，及网络的路由

信息，如终端核心网服务节点的 ID 及 IP 地址。

⑥ MTC-IWF 根据 HSS/HLR 返回的信息及本地策略选择发送激活消息的网络路径，根据选择的结果，网络可以优先尝试 T5 传递路径或 T4 传递路径，采用 T5 流程或 T4 流程发送激活消息。若优先选择的路径尝试不成功，MTC-IWF 可继续尝试其他可行的传递路径。

⑦ 激活消息发送后，MTC-IWF 需要向 SCS 返回终端激活报告，通知 SCS 是否已激活成功。另外，MTC-IWF 生成必要的计费信息，其中包含外部 ID 及 SCS ID。

⑧ 终端收到激活请求后，根据激活消息中的信息进行必要的操作，如建立与 SCS 或 AS 服务器的通信。

2.3.3.4.3　物联网小数据传输优化技术

多数物联网的应用具有小数据传输的特性。例如，农业大棚监控中，上报温度、湿度等信息都属于小数据；环境监控以及工业油田油井监控上报的数据都属于几百个字节的数据。与移动网络中的信令开销相比，几百个字节的用户面数据属于小的数据。

小数据的具体数量定义会根据应用或系统而有所不同，通常 1000 字节以内的数据都属于小数据。因此对小数据传输类型的终端来说，如果对小数据传输终端的交互完全按照现有的方式来处理，则网络侧需要为小数据量传输终端分配大量的承载资源，严重影响到其他类型终端的正常业务。如何提高数据传输效率，减少信令开销，是 MTC 小数据传输机制的目标。

针对小数据传输的解决方案，国际标准组织 3GPP 讨论了多种解决方案，得到多数公司认可的主要是信令层面的优化，即减少小数据传输的信令交互过程。这里介绍一种典型的信令优化解决方案，即通过采用 NAS 信令和已建立的 NAS 安全上下文来传输 IP 数据包，减少了建立 RRC 安全上下文的信令交互过程。

对 LTE 系统来说，现有的数据传输流程中需要采用业务请求消息来触发用户面数据通道的建立。这个过程的前提是下载 RRC 安全上下文信息到 eNB 并且建立无线承载资源。RRC 安全上下文的建立过程以及无线承载资源的建立过程需要多次信令交互，这个交互过程中传递的信息远大于实际需要传输的数据净荷，将造成无线资源的明显增加，即网络资源的浪费。

为了简化传输小数据的信令，可以将 RRC 安全上下文的传递用 NAS 加密的方法来代替，这种功能的实现依赖于 MME 为 NAS 信令启用加密功能。因此考虑在 NAS 信令中传输小数据，就不需要将 RRC 安全上下文传递给 eNB，这个过程与空闲态的 UE 执行 TAU 流程类似。

这一解决方案主要针对非频繁的小数据传输，端到端的小数据传输路径如图 2-40 所示。

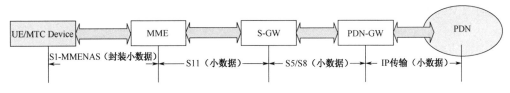

图 2-40 端到端的小数据传输路径

数据净荷封装在 NAS 信令中，通过 S1、S11、S5/S8 接口一直传输到 PDN-GW。由 PDN-GW 解析后将小数据通过 PDN 网络发送到应用服务器。具体过程：当 UE 的应用程序获知仅需要发送一个或少量 IP 数据包时，UE 应用程序通过 NAS 层请求 AS 层建立 RRC 连接。

如果 UE 没有建立 PDN 连接，那么 UE 会执行附着流程来建立 PDN 连接；如果已经有 PDN 连接，那么 UE 会执行 TAU 流程。在附着或 TAU 流程中，UE 和 MME 交互各自对"非频繁小数据传输"的支持能力。

MME 能够获取 UE 的能力（如从 HSS 获取），得知该 UE 主要是"非频繁小数据传输"的终端。MME 可以执行重定向流程来使 UE 注册到支持优化 MTC 小数据传输的特定 MME 上。最终选定的 MME 指示 UE 使用加密的 NAS 信令进行传输。MME 也会根据 UE 的"非频繁小数据传输"特性来进行 SGW 和 PGW 的选择，之后 UE 返回到 RRC 空闲态。

另一种情况是 UE 上行数据发送后触发下行数据的发送，那么下行数据会通过 NAS 的响应消息进行下发。

这种方案的优点在于不需要建立用户面承载，不需要下载 RRC 安全上下文，在无线网络不需要预留资源。与传统的信令交互过程相比，这种方案能够在核心网和无线接口减少 1/2 的信令开销。不足之处是 MME 需要增加功能来支持信令的传输；当 UE 处于空闲状态下，有下行数据需要传输时，MME 要具备对下行数据进行排队的能力，这个过程可能会持续 30 秒。由于这个过程中 RRC 安全上下文没有下载到 E-UTRAN，考虑到安全性，这种情况下 UE 不能切换到别的小区。一些监控类的终端，一半都具有低移动性的特点，UE 切换的需求很少。所以这种方案主要的不足之处在于 MME 的能力增强要求。

2.3.3.4.4 物联网终端低功耗优化技术

低功耗特性对于使用电池或者外部电源的物联网终端非常重要。随着终端设备数量的增强以及应用场景的增加，终端低功耗的需求越来越突出。

终端低功耗优化的总体目标是当终端长时间处于连接模式时的功耗优化，电池消耗的优化方案不能影响终端在一定时延内接收通信的能力。为了研究解决方案，终端低功耗的场景主要有以下两种。

场景一：低移动性的终端（如家庭健康监视设备，自动贩卖机等），终端长期不移动或不会频繁地移动（如一周移动一次）或仅在一定区域（如 Cell\LA）内移动。

场景二：周期性接入网络的终端，具有接入网络时间受控的特点，即终端一般周期性地接入网络和应用服务器进行通信，而且对实时性要求不高，如一天通信一次就满足应用的要求，这样的终端被认为具有时间受控签约。

针对如上两种场景，本节重点介绍如下两种解决方案。

1. 解决方案一：加长寻呼周期

UE 按照一定的周期醒来侦听可能的寻呼次数是终端的一种主要的电源消耗功能。加长寻呼周期方案的特征是增加寻呼周期的最大值（或者增加最大 DRX 周期），这样可以 UE 醒来侦听寻呼消息的次数，从而节省电池的寿命。

在 UTRAN/E-UTRAN 中加长寻呼周期的方法是在 NAS 信令中提供扩展的 DRX 周期信息。对 UTRAN/E-UTRAN 来讲，获取扩展 DRX 周期值的实现方式有以下两种。

（1）方式一：在网络侧，eNB 广播扩展后的 DRX 周期值，以此来表明网络支持扩展 DRX 的能力；UE 通过明确的标识向网络表明希望使用扩展的 DRX 方案，必要的情况下会携带所期望的 DRX 周期值。

（2）方式二：UE 将所期望的 DRX 周期值上报给网络标识希望使用扩展的 DRX 方案。

两种方式中，第一种方式相对可靠，但可能会涉及多次交互；而第二种方式简单，在可靠性方面会有一些欠缺。

由于 UE 有可能不进行位置更新就穿过多个 RAN 节点，因此，扩展 DRX 的方案的实现取决于 UE 的能力、网络条件，以及 RAN 节点对于扩展 DRX 的支持能力。如果 UE 移动到一个新的 TA 下的新的小区，对方式一来讲，UE 没有从系统消息中收到扩展的 DRX 周期值，那么 UE 知道这个新的小区或者 TA 不支持扩展 DRX；对方式二来将，如果 UE 没有从 TAU 接收消息中收到扩展的 DRX，UE 知道这个 TA 下至少有一个小区不支持扩展 DRX。这种情况下，即使 UE 具有扩展 DRX 的能力，它也只能使用常规的 DRX 周期。

RAN 节点中的扩展 DRX 周期值可以通过 S1/Iu 信令，或者 OA&M 的方式，或者手动配置的方式传送给 MME。UE 可以将所期望使用的扩展 DRX 值通过 NAS 过程传递给网络，如在附着过程中或者位置区更新的过程中。UE 发生移动后，应该通过位置区更新消息将所期望的扩展 DRX 值传递给新的 TA。

对 E-UTRAN 来说，MME 需要在 S1AP 寻呼消息中将 UE 期望使用扩展的 DRX 周期值通知到 eNB。如果 MME 从 UE 收到的扩展的 DRX 值比 MME 中保存的默认的扩展 DRX 值要小，那么 MME 在寻呼消息中要包含从 UE 中收到的扩展 DRX 值。由于寻呼过程是 MME 发起的，MME 知道 eNB 的能力以及 UE 的需求，因此 MME 可以决定向 eNB 发送哪些寻呼参数。对于方式一，MME 向 eNB 发送所支持的更长 DRX 周期、UE 期望采用扩展 DRX 的标识以及来自 UE 的 DRX 周期值；对于方式二，MME 将该所存储在 UE 上下文中的扩展 DRX 发送给 eNB。

UE 确定使用扩展 DRX 周期后，将忽略系统信息中广播的常规 DRX 值。对于方式一，eNB 和 UE 共同约定使用 UE 期待的扩展 DRX 值和系统信息中广播的默认扩展 DRX 值中比较小的那个值。对于方式二，eNB 和 UE 共同约定使用 MME 提供的扩展 DRX 值。

在 GERAN 中，加长寻呼周期的方案是通过扩展参数"BS-PA-MFRMS"，如乘以一个寻呼乘数因子来实现。这个扩展因子应该在 UE 和 CN 之间进行通信，然后再由 CN 发送给 GERAN。采用这种方案，需要重新配置 MSC/SGSN/MME 中的寻呼定时器和寻呼重传定时器来适应扩展了的寻呼周期。

此外，在需要时，网络应该能够通知 UE 用一个或者多个常规 DRX 周期替换扩展的 DRX 值（即 NAS 中规定的扩展 DRX），这个通知应该在 NAS 消息，如附着成功/TAU 接收中发送给 UE。MSC/SGSN/MME 中的寻呼重传定时器应该同时适合扩展的寻呼周期和正常的寻呼周期。

如果不调整高层中的重传定时器，长达几分钟的 DRX 周期可能会影响到 UE 的可达性，这种情况将为网络带来不必要的开销，如寻呼消息、GTP 消息的重传，在定时器范围内没有得到相应后引起的异常处理。考虑到这种情况，网络应该有能力重写 UE 提供的过长的扩展 DRX 周期值。

在空闲模式下使用加长的 DRX 周期方案，在节约能力降低功耗方面具有明显的优势。但是使用达到几分钟的过长的周期，则要求具体的应用能够与之相匹配。

空闲模式下加长 DRX 周期方案更适用于小数据频繁传输的场景，这种情况下，对下行的事务，如信令和数据 UE 要具有可达性。对于静止或者具有低移动性的终端，这种方案在节约功率方面具有更强的优势。

2. 解决方案二：节约设备功率

节约设备功率方案引入节约功率状态的概念，终端长时间处于不活动状态（大约从几分钟到几个小时）时可以采用这种状态，终端在可配置的前提下，只有在连接状态的时间段内可以接收下行数据，终端进入空闲态一段激活时间后可以接收寻呼。在这个时间段之外，终端将进入功率节约状态，设备的应用可能将设备的状态改变为正常的网络操作，如当设备的应用需要传输数据时，这一功能取决于设备的配置。

当终端处在功率节约状态下，终端将保持附着状态并且所有的激活 PDP/PDN 连接都保持在终端和网络侧，终端不再进行任何的小区/RAT/PLMN 选择和 MM 过程。根据网络下发的定时器，终端继续执行周期性注册过程。为了增强对网络触发终端时间的响应灵敏度，以及考虑到终端是否同时在 CS 域注册，终端可以向网络提供一个周期性位置更新的定时器。网络将综合考虑来自终端的指示、从 HSS 下发的签约定时器以及本地网络配置的策略来确定运用于终端的周期性位置更新。如果终端对分配的定时器不满意，同时终端不希望网络减少寻呼，那么终端可以发起一个注册过程来指示终端不希望进行节功率状态。在定时器到时之前，终端应该提早进入激活状态以便进行小区/RAT/PLMN 选择确保能够按时完成必要的周期性注册。

2.4 物联网信息处理技术

2.4.1 概述

如果将物联网感知技术比作人"末梢神经系统"，那么物联网信息处理技术则是人的"大脑"。物联网信息处理技术通过将智能技术渗透到信息处理的过程中，综合运用人工智能、机器学习、数据库和模糊计算等技术，实现对网络层收集到感知延伸层的数据进行通用处理。信息处理技术作为物联网应用层核心技术为各类物联网应用提供支撑服务和能力。以此为基础可以实现物联网在众多领域的各种应用，其中既有面向行业的专业应用，也有以公共平台为基础的公共应用。

物联网作为面向"物"组织搭建的网络，未来形成规模之后将包含大量的感知节点来代表网络中的对象，因此会产生远超过现有网络的信息数据，是最典型的"大数据"网络。让我们举一个例子，将超市引入一个采用 RFID 技术的供应链。RFID 数据的原始形态是这样的形式：EPC、地点、时间。EPC 代表了一个 RFID 顾客阅读的唯一标识；地点是顾客的位置；时间是顾客阅读发生的时刻。这需要 18 字节来储存一个 RFID 记录。一个超市，大约有 700 000 个 RFID 记录。所以如果这个超市每秒都有顾客在浏览，那么每秒大约产生 12.6GB 的 RFID 数据流，每天将达到 544TB 的数据。在这种超量、高速数据的数据冲击下，常规的信息处理技术难以在规定的时间内对有效数据进行抓取、管理和处理。因此，需要发展面向海量数据的智能信息处理技术。

我国十分重视对物联网信息处理技术的培育，并将其作为物联网技术未来重要方向之一。工信部发布的物联网"十二五"发展规划中，将信息处理技术作为四项关键技术创新工程之一。本章主要介绍的最重要的两类物联网信息处理技术：海量数据存储技术和数据挖掘技术。

2.4.2 海量数据存储技术

2.4.2.1 概述

随着物联网应用的普及，整个网络会产生数量巨大的数据。根据 IDC 公布的数据，2005 年由机器与机器通信产生的数据占全世界数据总量的 11%，预计到 2020

年这一数据将增加到 42%。这一比例表明，物联网快速发展的同时也制造了海量数据，如何妥善处理及合理利用这些海量数据是物联网下一步发展的关键。

事实上在物联网概念出现以前，许多行业就已经提出了对海量信息进行存储的要求，由此也产生了各种信息存储技术，这些技术在当前的物联网发展阶段仍然会大量采用，这些存储技术的核心是数据集中式存储，暂且称为传统海量信息存储技术。

但是面对数据量的急剧增长，传统存储技术面临建设成本高、运维复杂、扩展性有限等问题，而成本低廉、提供高可扩展性的基于网络的分布式存储技术，即通常所称的"云存储"技术日益得到关注。

本书将首先对传统海量信息存储技术，特别是 SAN 技术进行介绍，然后将会重点介绍基于云存储的海量数据存储技术。

2.4.2.2 传统海量信息存储技术

海量信息存储早期采用大型服务器存储，基本都是以服务器为中心的处理模式，使用直连存储（Direct Attached Storage），存储设备（包括磁盘阵列、磁带库、光盘库等）作为服务器的外设使用。随着网络技术的发展，服务器之间交换数据或向磁盘库等存储设备备份数据时，开始通过局域网进行，这主要依赖网络附加存储（Network Attached Storage，NAS）技术来实现网络存储。NAS 实际上使用 TCP/IP 协议的以太网文件服务器，它安装优化的文件系统和操作系统（弱化计算功能，增强数据的安全管理）。NAS 将存储设备从服务器的后端移到通信网络上来，具有成本低、易安装、易管理、有效利用原有存储设备等优点，但这将占用大量的网络开销，严重影响网络的整体性能。为了能够共享大容量，高速度存储设备，并且不占用局域网资源的海量信息传输和备份，就需要专用存储区域网络（Storage Area Network）来实现。

目前海量存储系统大多采用 SAN 存储架构的文件共享系统，所有服务器（客户端）都以光纤通道（Fibre Channel，FC）直接访问盘阵上的共享文件系统。数据在存储上是共享的，数据在任何一台服务器（客户端）上都可以直接通过 FC 链路进行访问，无须考虑服务器（客户端）的操作系统平台，存储区域网络（SAN）避免了对传统 LAN 带宽的依赖和影响。SAN 存储架构可以方便地通过扩展盘阵数量以达到扩展存储容量的目的，且不影响数据共享效率。

一个典型的 FC-SAN 存储结构如图 2-41 所示。

FC 主要用于构建具有高传输速度的存储网络。采用高频（1GHz）串行位（Bit）传送，单环速度可达 100～200Mbyte/s（相当于 GigaBit），双环共用可达到 200～400Mbyte/s。每个环可挂接 126 个 SCSI 设备，不加中继时最远距离可达 10km，而且有很大的继续发展空间。由于 Fibre Channel 采用 FC-AL 仲裁环机制，其使用的 To-ken（令牌）的方式进行仲裁，其效率远较传统 Ethernet 的 CSMA/CD 高。另外，SAN 的网络协议为 SCSI-3，在数据流的包/帧结构上，其效率远较 TCP/IP 高。

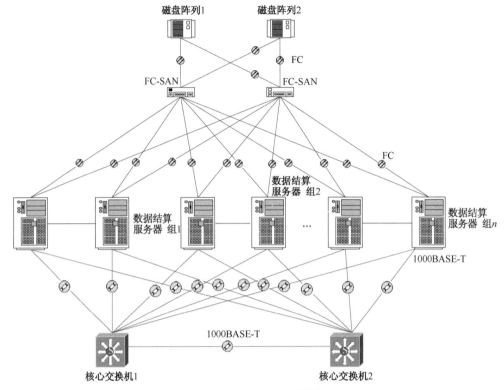

图 2-41 FC-SAN 存储结构

在安全方面：SAN 不仅保留了传统的 RAID, HA, Cluster 等安全措施，而且提供了双环冗余、远程备份等新的安全手段。

在接入方面：基于 Fibre Channel 的交换及接入设备，如 Switch, Hub, Bridge 等，以及基于 SAN 技术的各种管理及应用软件完全成熟并在国内外已有大量实际应用案例。

因此，FC-SAN 的特点可归结为以下几点：

① 基于千兆位的存储带宽，更适合大容量数据高速处理的要求；

② 完善的存储网络管理机制，对所有存储设备，如磁盘阵列、磁带库等进行灵活管理及在线监测；

③ 将存储设备与主机的点对点的简单附属关系升华为全局多主机动态共享的模式；

④ 实现 LANfree，数据的传输、复制、迁移、备份等在 SAN 网内高速进行，不需要占用 WAN/LAN 的网络资源；

⑤ 灵活的平滑扩容能力；

⑥ 兼容以前的各种 SCSI 存储设备。

2.4.2.3 基于云存储的海量信息存储技术

与传统存储技术相比，云存储系统应具有以下通用特征。

① 高可扩展性：云存储系统可支持海量数据处理，资源可以实现按需扩展。

② 低成本：云存储系统应具备高性价比的特点，低成本体现在更低的建设成本和更低的运维成本两方面。

③ 无接入限制：相比传统存储，云存储强调对用户存储的灵活支持，服务域内存储资源可以随处接入，随时访问。

④ 易管理：少量管理员可以处理上千节点和 PB 级存储，更高效地支撑大量上层应用对存储资源的快速部署需求。

云存储涉及的技术主要包括：存储虚拟化技术、分布式存储技术、对等存储技术、存储加密技术、重复数据删除技术、内容分发技术、数据备份技术等。本节将主要对存储虚拟化技术和分布式存储技术进行介绍。

1. 存储虚拟化技术

存储虚拟化技术是云存储的关键和核心技术，是指通过存储虚拟化方法，将系统中各种异构的存储设备映射为一个统一的存储资源池。存储的虚拟网络化是未来存储发展的必然，它可以在三个不同的层面上实现：基于主机的虚拟存储、基于存储设备的虚拟存储、基于网络的虚拟存储。

（1）基于主机的虚拟存储。

基于主机的存储虚拟化，就是在服务器端安装一套虚拟化组件，通过组件发现并管理所有网络内可用的阵列资源，并提供一组标准接口给操作系统完成数据访问。

基于主机的存储虚拟化方案具有能够支持异构存储系统、不影响现有交换网络基本架构的优点，但由于其组件部署在服务器端，也具有占用移动的主机资源、降低应用性能、即存在操作系统和应用兼容问题等缺点。

（2）基于存储设备的虚拟存储。

在存储设备中的虚拟化的典型例子是在智能磁盘子系统中的虚拟化，这些存储系统采用 LUN 掩盖和 RAID，通过各种各样的 I/O 通道向多个服务器提供它们的存储容量。存储设备把物理硬盘集成在一起，形成虚拟盘供服务器使用，诸如 SCSI、光纤通道或 iSCSI 这样的协议进行访问。

基于阵列的存储虚拟化方法能够实现经行业标准协议与外部存储设备连接、阵列间的互访，有效降低部署复杂性，提高系统可靠性，并减低系统构建成本。但由于各厂商间未形成统一的数据管理功能标准，使得异构阵列中每家厂商的阵列的数据管理功能无法充分发挥作用。

（3）基于网络的虚拟存储。

基于挖过来的存储虚拟化是利用了主机服务器和外部存储阵列之间交换数据的

网络，通过在网络中增加一个虚拟化设备，起到屏蔽异构阵列特性和虚拟化管理的的作用。

如果虚拟化的操作在服务和存储设备之间交换数据的通道中执行，也就是说，控制流和数据流使用同一传输通道，那么就会呈现为带内虚拟化，也称对称虚拟化。如果虚拟化引擎在存储数据传输通道之外的一个设备上实现，即控制流和数据流在不同的通路上传输，那么就表现为带外虚拟化，也称非对称虚拟化。

基于网络的存储虚拟化方案也能够支持异构存储系统，并在统一不同存储设备的数据管理功能、简化主机端多路径驱动、在异构阵列间提供统一的复制方案等方面具有优势，但实施过程复杂、维护工作量大，并可能对网络性能造成影响。

2．分布式存储技术

分布式存储技术是指运用网络存储技术、分布式文件系统、网格存储技术等多种技术，实现云存储中的多种存储设备、多种应用、多种服务的协同工作。其中高效率的分布式文件系统是实现分布式存储的核心。

先进的分布式存储系统必须具备以下几个特性：高性能、高可靠性、高可扩展性、透明性以及自治性。

（1）高性能：对于分布式系统中的每一个用户都要尽量减小网络的延迟和因网络拥塞、网络断开、节点退出等问题造成的影响。

（2）高可靠性：是大多数系统设计时重点考虑的问题。分布式环境通常都有高可靠性需求，用户将文件保存到分布式存储系统的基本要求是数据可靠。

（3）高可扩展性：分布式存储系统需要能够适应节点规模和数据规模的扩大。

（4）透明性：需要让用户在访问网络中其他节点中的数据时感到像是访问自己本机的数据一样。

（5）自治性：分布式存储系统需要拥有一定的自我维护和恢复功能。

分布式文件系统虽然已经提出很多年，但由于以开源产品或自用技术为主，没有完全统一的标准。比较具有代表性的为 Google 的 GFS 和开源的 HDFS（Hadoop Distributed File System），HDFS 架构图如图 2-42 所示。

HDFS 可以认为是 GFS 的一个简化版实现，采用单一主控机（Master）+ 多台工作机的模式，由一台主控机存储系统全部元数据，并实现数据的分布、复制、备份决策，工作机存储数据并根据主控机的指令进行数据存储、数据迁移和数据计算等。HDFS 通过数据分块和复制来提供更高的可靠性和更高的性能。同时，针对数据读多于写的特点，读服务被分配到多个副本所在机器，提高了系统的整体性能。HDFS 提供了一个树结构的文件系统，实现了类似与 Linux 下的文件复制、改名、移动、创建、删除操作以及简单的权限管理等。

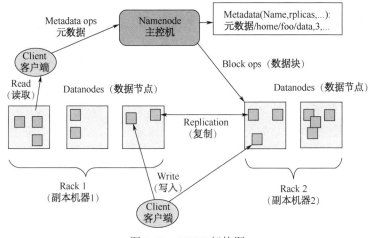

图 2-42　HDFS 架构图

2.4.3　数据挖掘技术

2.4.3.1　概述

随着国民经济和社会信息化的发展，人们在计算机系统中存放的数据量越来越大。这些数据是人们工作、生活和其他行为的记录，是企业和社会发展的记录，也是人与自然界本身的描述。这样在计算机系统中就形成了庞大的"数据资源"。因此，发现这些数据所包含的规律也就是发现人们工作、生活和社会发展中的规律，发现人与自然界的规律，就相当于在数据资源中发现"金矿"。数据挖掘技术作为揭示数据内在规律的工具，是从数据集中识别出有效的、新颖的、潜在有用的以及最终可理解模式的高级处理过程。也就是说，从大量的、不完全的、有噪声的、模糊的、随机的数据中，提取隐含在其中的、人们事先不知道的、但又是潜在有用的信息和知识的过程。

在物联网领域之前，实际上已经有多个领域在应用数据挖掘技术进行一般数据规律的发掘和相关数据预测。而不同领域对数据挖掘的应用，均为该领域发展提供了新的技术推动力。

（1）在经济领域，数据挖掘在商业上已经取得了很好运用，它会分析用户的购物行为，什么商品搭配在一起会卖得更好。著名商业零售连锁企业沃尔玛"尿布与啤酒"的故事是关于数据挖掘最经典和流传最广的故事。另外，还有很多公司通过数据挖掘找到最佳客户，淘宝数据魔方则是淘宝平台上的大数据应用方案。通过数据魔方，商家可以了解淘宝平台上的行业宏观情况、自己品牌的市场状况、消费者行为情况等，并可以据此作出经营决策。IBM 日本公司建立了一个经济指标预测系统，从互联网新闻中搜索影响制造业的 480 项经济数据，计算出采购经理人指数 PMI

预测值。印第安纳大学学者利用 Google 提供的心情分析工具，对 270 万用户在 2008 年 3～12 月所张贴的 970 万条留言，挖掘出用户 happiness（快乐）、kindness（友善）、alertness（警惕）、sureness（确信）、vitality（积极）和 calmness（平静）等六种心情，进而对道琼斯工业指数的变化进行预测，准确率达到 87%。

（2）在公共服务和社会管理方面，数据挖掘也有所应用。美国纽约的警察利用数据挖掘技术，分析交通拥堵与犯罪发生地点的关系，有效改进治安。美国纽约的交通部门从交通违规和事故的统计数据中挖掘流量规律，改进了道路设计。美国麻省理工大学开展了的 Reality Mining（现实挖掘）项目，通过对 10 余万人手机的通话、短信和空间位置等信息进行处理，分析实时动态的流动人口的来源及分布情况，出行和实时交通客流信息及拥塞情况。另外，利用手机用户身份和位置的检测可了解突发性事件的聚集情况，可用于流行病预警和犯罪预测监控。

（3）近年来数据挖掘在医学方面形成了重要的研究分支。目前，数据挖掘广泛应用在疾病的诊断、预测，医学图像的分析，基因分析等领域。谷歌公司与美国疾病控制和预防中心等机构合作，依据网民搜索内容分析全球范围内流感等疫情传播状况，谷歌的判断与疾控中心的判断是一致的。

2.4.3.2 数据挖掘过程

典型的数据挖掘过程包括数据预处理、数据挖掘和知识的评估与表示阶段三个主要步骤，如图 2-43 所示。

1. 数据预处理阶段

数据预处理阶段是指在挖掘处理以前对数据进行的一些处理，以便进行规则化处理，主要包括以下几个方面。

（1）数据清理：主要通过填写缺失的值、光滑噪声数据、识别或删除离群点并解决不一致性来"清理"数据。主要是达到格式标准化、异常数据清除、错误纠正、重复数据的清除等目标。

（2）数据集成：多个数据源中的数据结合起来并统一存储，建立数据仓库的过程实际上就是数据集成。

（3）数据变换：通过平滑聚集，数据概化，规范化等方式将数据转换成适用于数据挖掘的形式。

（4）数据归约：数据挖掘时往往数据量非常大，在少量数据上进行挖掘分析需要很长的时间，数据归约技术可以用来得到数据集的归约表示，它小得多，但仍然接近于保持原数据的完整性，结果与归约前结果相同或几乎相同。

2. 数据挖掘阶段

（1）确定挖掘目标：确定要发现的知识类型。

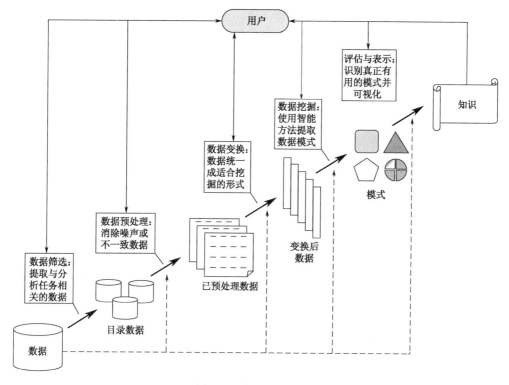

图 2-43　数据挖掘过程

（2）选择算法：根据确定的目标选择合适的数据挖掘算法。

（3）数据挖掘：运用所选算法，提取相关知识并以一定的方式表示。从数据挖掘的方法上，可分为直接挖掘和间接挖掘两类。

● 直接挖掘是利用可用的数据建立一个模型，这个模型对剩余的数据、对一个特定的变量进行描述。

● 间接挖掘是目标中没有选出某一具体的变量，而是用模型进行描述，在所有的变量中建立起某种关系。

3．知识的评估与表示阶段

（1）模式评估：对在数据挖掘步骤中发现的模式（知识）进行评估。

（2）知识表示：使用可视化和知识表示相关技术，呈现所挖掘的知识。

2.4.3.3　数据挖掘基本类型和算法

根据数据挖掘的方式，基本的数据挖掘类型包括以下几种。

（1）关联分析（Association Analysis）。

（2）聚类分析（Clustering Analysis）。

（3）离群点分析（Outlier Analysis）。

（4）分类与预测（Classification and Prediction）。

（5）演化分析（Evolution Analysis）。

本节主要介绍前三类数据挖掘类型的算法。

1. 关联分析

关联分析的目标是从给定的数据中发现频繁出现的模式，即关联规则。建立关联规则的两个重要判据是需要挖掘数据规则的支持度（Support）和置信度（Confidence）。其中，支持度是一个重要的度量，如果支持度很低，代表这个规则其实只是偶然出现，基本没有意义。因此，支持度通常用来删除那些无意义的规则。而置信度则是通过规则进行推理具有可靠性。用 $C（X \to Y）$ 来说，只有置信度越高，Y 出现在包含 X 的事务中的概率才越大，否则这个规则也没有意义。在关联分析过程中，需要首先找到具备足够支持度的项集（称之为频繁项集），在此基础上然后由频繁项集构成关联规则，并计算置信度。

在计算频繁项集上，目前采用的主要算法是 Apriori 算法。Apriori 算法是关联规则挖掘中最基本的也是最常见的算法。它是由 Agrawal 等人于 1993 年提出的一种最有影响的挖掘布尔关联规则频繁项集的算法，主要用来在大型数据库上进行快速挖掘关联规则。Apriori 算法采用逐层迭代搜索方法，使用候选项集来找频繁项集。其基本思想是：首先找出所有频繁 1——项集的集合 L_1，L_1 用于找频繁 2——项集的集合 L_2，而 L_2 用于找 L_3，如此下去，直到不能找到频繁 k——项集。并利用事先设定好的最小支持度阈值进行筛选，将小于最小支持度的候选项集删除，再进行下一次的合并生成该层的频繁项集。经过筛选可减少候选项集数，从而加快关联规则挖掘的速度。

2. 聚类分析

聚类的目的是将数据对象划分为多个类或簇，在同一个簇中的对象之间具有较高的相似度，而不同簇中的对象差别较大。聚类分析的方法包括以下几种。

（1）划分方法：要求事先给定聚类的数目 k。首先创建一个初始划分，然后通过对划分中心点的反复迭代来改进划分，典型算法包括 k-means 算法和 k-medoids 算法等。

（2）层次方法：对给定数据集合进行逐层递归的合并或者分裂，因此可以被分为合并或分裂方法。合并方法首先将每个对象都作为独立的类，然后持续合并相近的类，直到达到终止条件为止。分裂方法首先将所有的数据对象置于一个类中，然后反复迭代并判定当前的类是否可以被继续分裂，直到达到终止条件为止。

（3）基于密度的方法：只要某区域数据密度超过阈值，就将该区域的数据进行聚类。其优势在于噪声数据下的抗干扰能力，并能够发现任意形状的聚类。

（4）基于网格的方法：把对象空间量化为具有规则形状的单元格，从而形成一个网格状结构。在聚类时，将每个单元格当作一条数据进行处理。优点是处理速度很快，因处理时间与数据对象数目无关，而只与量化空间中的单元格数目相关。

（5）基于模型的方法：如果事先已知数据是根据潜在的概率分布生成的，基于模型的方法便可为每个聚类构建相关的数据模型，然后寻找数据对给定模型的最佳匹配。主要分统计学方法和神经网络方法两类。

3. 离群点分析

离群点（Outlier）：数据集合中存在的一些数据对象，它们与其余绝大多数数据的特性或模型不一致。数据来源于异类，如欺诈、入侵、不寻常的实验结果等，也可能是由数据测量和收集误差产生的。离群点分析在数据挖掘中可用于入侵检测、欺诈检测、公共卫生、生态系统等领域。

（1）基于统计分布的离群点检测。

这类检测方法假设样本空间中所有数据符合某个分布或者数据模型，然后根据模型采用不和谐校验（Discordancy Test）识别离群点。不和谐校验过程中需要样本空间数据集的参数知识（如假设的数据分布）、分布的参数知识（如期望和方差）以及期望的离群点数目。

不和谐校验分两个过程：工作假设和备选假设。工作假设指的是如果某样本点的某个统计量相对于数据分布是显著性概率充分小，那么我们则认为该样本点是不和谐的，工作假设被拒绝，此时备用假设被采用，它声明该样本点来自于另一个分布模型。如果某个样本点不符合工作假设，那么我们认为它是离群点。如果它符合备选假设，我们认为它是符合某一备选假设分布的离群点。

由于基于统计分布的离群点检测建立在标准的统计学技术之上，因此当数据和检验的类型十分充分时，检验十分有效。但由于在绝大多数不和谐校验时是针对单个维度的，不适合多维度空间。同时，由于该方法需要预先知道样本空间中数据集的分布特征，而这部分知识很可能是在检测前无法获得的。

（2）基于距离的离群点检测。

基于距离的离群点检测指的是，如果样本空间 D 中至少有 N 个样本点与对象 O 的距离大于 d_{min}，那么称对象 O 是以{至少 N 个样本点}和 d_{min} 为参数的基于距离的离群点。其实可以证明，在大多数情况下，如果对象 O 是根据基于统计的离群点检测方法发现出的离群点，那么肯定存在对应的 N 和 d_{min}，是它也成为基于距离的离群点。例如，假设标准正态分布，如果离均值偏差 3 或更大的对象认为是离群点，根据正态曲线概率密度函数，$P（|x-3|\leqslant d_{min}）<1-N/$ 总点数，即 $P（3-d_{min}\leqslant x\leqslant 3+d_{min}）<1-N/$ 总点数，假设 $d_{min}=0.13$，则该 d_{min} 领域表示[2.87, 3.13]的范围，假设总点数=10 000，$N=12$。

基于距离的离群点监测要求数据分布均匀，当数据分布非均匀时，基于距离的离群点检测将遇到困难。

（3）基于密度的局部离群点检测。

局部离群点是指一个对象相对于它的局部邻域，特别是关于局部密度，它是远离的。如图 2-44 所示为二维数据集。

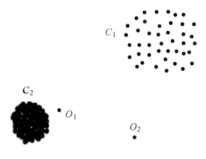

图 2-44 二维数据集

由图 2-44 可知，此图是二维数据集，包含两个簇 C_1、C_2 和两个离群点 O_1、O_2，其中 C_1 稠密，C_2 稀疏。O_2 是全局离群点，O_1 是局部离群点。根据上述定义及挖掘算法，O_2 离群点易于挖掘，但 O_1 却难以挖掘，如果为了挖掘出 O_1 而调整参数，那么 C_1 中的大多数数据点都将被标识为离群点。

① 对象 p 的第 k 距离。

对于正整数 k，对象 p 的第 k 距离可记作 $k\text{-distance}(p)$。在样本空间中，存在对象 o，它与对象 p 之间的距离记作 $d(p, o)$。如果满足以下两个条件，则认为 $k\text{-distance}(p)= d(p, o)$。在样本空间中，至少存在 k 个对象 q，使得 $d(p, q) \leqslant d(p, o)$；在样本空间中，至多存在 $k-1$ 个对象 q，使得 $d(p, q) < d(p, o)$。满足这两个标准的 $k\text{-distance}(p)$ 其实就是计算样本空间中其他对象与对象 p 之间的距离，然后找到第 k 距离，即为 $k\text{-distance}(p)$。显而易见，如果使用 $k\text{-distance}(p)$ 来量化对象 p 的局部空间区域范围，那么对于对象密度较大的区域，$k\text{-distance}(p)$ 值较小，而对象密度较小的区域，$k\text{-distance}(p)$ 值较大。

② 对象 p 的第 k 距离领域。

已知对象 p 的第 k 距离，与对象 p 之间距离小于等于 $k\text{-distance}(p)$ 的对象集合称为对象 p 的第 k 距离领域，记作：$\text{Nkdis}(p)(p)$。该领域其实是以 p 为中心，$k\text{-distance}(p)$ 为半径的区域内所有对象的集合（不包括 p 本身）。由于可能同时存在多个第 k 距离的数据，因此该集合至少包括 k 个对象。可以想象，离群度较大的对象 $\text{Nkdis}(p)(p)$ 范围往往比较大，而离群度小的对象 $\text{Nkdis}(p)(p)$ 范围往往比较小。对于同一个类簇中的对象来说，它们涵盖的区域面积大致相当。

③ 对象 p 相对于对象 o 的可达距离。

$$\text{reach\_dist}_k(p, o) = \max\{k - \text{distance}(o), \|p - o\|\}$$

也就是说，如果对象 p 远离对象 o，则两者之间的可达距离就是它们之间的实际距离，但是如果它们足够近（即 p 在 o 的 k 距离邻域内），则实际距离用 o 的 k 距离代替。

④ 局部可达密度。

对象 p 的局部可达密度定义为基于 p 的 k-近邻的平均可达密度的倒数。

$$\text{lrd}_k(p) = \frac{k}{\displaystyle\sum_{o \in Nb(p)} \text{reach\_dist}_k(p, o)}$$

根据局部可达密度定义，如果对象 p 的周围分布稀疏，即对象 p 远离自己的（k-近邻），则 p 与其（k-近邻）的平均可达距离较大，而其局部可达密度会相应比较小。

⑤ 局部离群点因子（LOF）。

代表了 p 为离群点的程度。

$$\text{LOF}_k(p) = \frac{\displaystyle\sum_{o \in Nb(p)} \dfrac{\text{lrd}_k(o)}{\text{lrd}_k(p)}}{k}$$

如果对象 p 的离群程度较大，则它 k 领域中大多数是离对象 p 较远且处于某一个类簇的数据对象，那么这些数据对象的 lrd 应该是偏大，而对象 p 本身的 lrd 是偏小，最后所得的 LOF 值也是偏大。反之，如果对象 p 的离群程度较小，对象 o 的 lrd 和对象 p 的 lrd 相似，最后所得的 LOF 值应该接近 1。

2.4.3.4 物联网数据挖掘

由于物理世界的物体数量庞大、形式多样、不断运动变化，分布在各种不同地点且易受外界环境影响，因此，物联网通过各种感知设备获取的数据具有海量、异构、高维、冗余、时间序列相关和空间位置分散等特点。在物联网数据挖掘过程中，需要利用专家系统和数学模型，综合异构来源的多种信息，对观察到的数据进行过滤、汇聚和数据挖掘，参考历史数据，考虑事件间的相关性和上下文感知，进行分析推理才能够给出决策。

从物联网海量数据中发现有用的知识是实现物联网信息服务的前提，而对物联网海量数据特征的数据挖掘方法与传统的数据挖掘方法不完全相同。物联网海量数据的挖掘主要技术包括数据流分析、基于路径的分类和聚类分析、频繁模式和序列模式分析以及孤立点分析等。整体而言，物联网数据挖掘的研究主要包括以下四个方面。

（1）物联网感知层获取的海量数据具有大量冗余，在进行数据挖掘之前，必须对粗糙杂乱的海量数据进行预处理。Fan 等人将本体论作为数据描述和语义数据存储的统一方式，提出了一个具有开放框架的数据管理平台，可将物联网海量杂乱数据转换为精益数据，并封装为服务包。Jeffery 等人提出 SMURF 模型，可以对 RFID 数据流进行自适应平滑过滤清洗。Bai 等人研究了过滤 RFID 数据的多种有效方法，包括消除噪声和去除重复数据。

（2）RFID 数据是物联网海量数据的重要组成部分，目前大量研究集中于管理和挖掘 RFID 数据流上。例如，Hector Gonzalez 等人提出一个存储 RFID 数据的新奇模型，能保护对象转变，同时提供重要的压缩和路径依赖总量。RFID 立方体保持了三个表：

- 信息表，能储存产品的路径依赖信息；
- 停留表，保存了数据所在位置信息；
- 地图表，存储用于结构分析的路径信息。

Hector Gonzalez 等人采用流程图去表示商品的运输，并且还可以用它来多维分析商品流。Hector Gonzalez 等人提出一种压缩概率工作流，可以捕捉运动和重要的 RFID 流动异常。Elio Masciari 研究 RFID 数据流的孤立点挖掘。

（3）部分研究侧重于分析和挖掘由各种物联网服务产生的对象数据运动，如 GPS 装置、RFID 传感器网络、网络雷达或卫星等。比如说，Xiaolei Li 等人提出一个新的框架，称为漫游，用于移动物体的异常检测。Jae-Gil Lee 等人对运动目标的轨迹孤立点检测开发了一种分割检测框架。Jae-Gil Lee 等人也提出了名为 TraClass 的新的轨迹分类思想，利用基于地区的和基于轨迹的分层聚集。对于运动目标的轨迹聚集提出了一个划分聚集框架。

（4）部分研究侧重于物联网中传感器数据的知识发现和自适应组网。以传感器为基础的物联网具有有限的资源，容易调配的传感器，免维护，多层跳跃和大量数据等特征。Joydeep Ghosh 提出了一个一般的概率框架，在计算/记忆/电力限制约束下的监督性学习。Betsy George 等人提出时空传感器模型（STSG）去模拟和挖掘传感器数据。STSG 模型能够发现不同类型的模式：位置异常模式，在每个时段集中定位和节点的未来热点。Parisa Rashidi 等人开放了一种对于传感器数据类型挖掘的新奇的自适应挖掘框架，以适应数据的变化。

通过上述对物联网数据挖掘技术现有成果的总结，可以看出对物联网数据挖掘的研究已经取得了许多成果。但是现有的物联网数据挖掘技术研究大部分是从某一方面展开的，如 RFID 数据的处理或传感器网络数据的处理，没有全面考虑物联网数据的多源、异构和分布式等特点。现有的数据处理技术主要用于特定格式的数据，而非对所有数据集合均有效，同时对现有物联网数据挖掘技术的算法复杂度和效率分析较少。对物联网数据挖掘技术的研究缺乏系统性，这是有待进一步研究的问题。

2.5　物联网共性技术

2.5.1　物联网安全

2.5.1.1　物联网安全威胁

随着信息技术的快速发展，三网融合、云计算、物联网等新技术拓展了信息技术应用的深度与广度，为现代服务业、制造业、能源电力等产业带来了前所未有的机遇。与互联网技术在今天已经给人类社会带来的重大改变相类似，物联网技术也将存在颠覆性的影响能力，且这一影响能力远高于目前的互联网技术。

物联网与互联网最大的区别在于物联网对现实世界的控制能力。如果从计算、通信、控制三个维度来诠释现有网络，互联网实现的是计算与通信，传感器网络实现的是通信与控制，而物联网则在计算与控制之间搭起了一座桥梁。当网络被赋予智能，同时具有对真实世界的操控能力，则其所带来的安全挑战将可能成为迄今为止网络空间中最为严重的威胁。物联网的这一鲜明特征，不言而喻，使得物联网的安全问题有别于现有网络，感知层、网络层、应用层分别都存在各自的安全问题。

物联网的应用对基础设施、自然资源、经济活动、社会管理及个人隐私等也带来一定的安全威胁。一方面，大规模网络应用环境下，如何提供有效信息安全和隐私保护能力依然是业界尚未解决的问题。物联网相关技术研究和应用中，对于信息传递、存储安全和用户隐私保护等都还没有成熟有效的解决方案。另一方面，物联网应用场景中广泛存在的具有一定的感知能力、计算能力和执行能力的"智能物体"，将给社会生活的各个方面带来新的安全威胁。其一，当国家重要基础设施和社会关键服务相关功能的实现都依赖于物联网及感知型应用时，物联网本身的各种安全脆弱性就被引入到社会生活各个领域。其二，物联网应用触角对公众生活的全方位渗透与日益突显的个人信息安全需求的矛盾。随着便捷化、智能化、多元化的物联网广泛应用，将可能导致更多的公共和个人信息可能被非法获取。

本节从物联网的感知层、网络层、应用层三层结构分别介绍面临的安全威胁。

1. 感知层安全威胁

物联网感知层全面感知外界信息，包含网络末梢的感知节点和节点组成的感知网络，因此物联网感知层的安全问题主要涉及感知节点和感知网络两个方面。

1）物联网感知节点

物联网的末梢感知节点主要包含二维码、RFID 标签、摄像头、传感器（如红外、超声、温度、湿度、速度等）、图像捕捉装置（如摄像头）、激光扫描仪，等等，面临的安全威胁归纳为以下六个方面。

（1）非授权读取节点信息，由于感知节点被物理俘获或逻辑攻破，攻击者可利用简单的工具分析出感知节点所存储的机密信息。

（2）由于感知节点被物理俘获或逻辑攻破，攻击者可使感知节点不工作。

（3）假冒感知节点，向感知网络注入信息，从而发动多种攻击，如监听感知网络中传输的信息，向感知网络发布假路由信息或传送假数据信息、进行拒绝服务攻击等。

（4）节点的自私性威胁，感知节点之间本应协同工作，但部分节点不愿消耗自己的能量或是有效的网络带宽为其他节点提供转发数据包的服务，影响网络的效率或使网络失效。

（5）木马、病毒、垃圾信息的攻击，这是由于节点操作系统或应用软件的漏洞所引起的安全威胁。

（6）与用户身份有关的信息泄露，包括个人信息、使用习惯、用户位置等，攻击者综合以上信息可进行用户行为分析。

2）物联网感知网络

物联网的感知网络现阶段主要指代无线传感器网络（简称"传感网"），它具有资源受限、拓扑动态变化、网络环境复杂、以数据为中心以及与应用密切相关等特点，与传统的无线网络相比，更容易受到威胁和攻击。感知网络除了可能遭受同现有网络相同的安全威胁外，还可能受到一些特有的威胁，如传输威胁和拒绝服务。

（1）传输威胁。

● 中断：路由协议分组，特别是路由发现和路由更新消息，会被恶意节点中断和阻塞。攻击者可以有选择地过滤控制消息和路由更新消息，并中断路由协议的正常工作。

● 拦截：路由协议传输的信息，如"保持有效"等命令和"是否在线"等查询，会被攻击者中途拦截，并重定向到其他节点，从而扰乱网络的正常通信。

● 篡改：攻击者通过篡改路由协议分组，破坏分组中信息的完整性，并建立错误的路由，造成合法节点被排斥在网络之外。

● 伪造：无线传感网络内部的恶意节点可能伪造虚假的路由信息，并把这些信息插入到正常的协议分组中，对网络造成破坏。

（2）拒绝服务。

拒绝服务主要是破坏网络的可用性，减少、降低执行网络或系统执行某一期望功能能力的任何事件。例如，试图中断、颠覆或毁坏感知网络，在网络中恶意干扰网络中协议传送或者物理损害传感节点，消耗传感节点能量。

2. 网络层安全威胁

物联网依托于基础网络环境（移动通信网、固定电话网），当前通信网络面临的安全问题在物联网中依然存在。由于物联网开放性的网络架构，海量功能繁多的网络设备和终端设备的接入，导致物联网在网络层面面临的技术性安全问题要比现有通信网络更为纷繁复杂。除了一般性的网络安全问题，物联网在网络层主要面临如下安全威胁。

1）隐私泄露

由于一些物联网设备很可能是处在物理不安全的位置，就给了攻击者可趁之机，从物理不安全的设备中获得用户身份等隐私信息，并以此设备对通信网络进行一些攻击。

2）大量物联网设备接入带来的问题

（1）网络拥塞和 Dos 攻击。

由于物联网设备数量巨大，如果通过现有的认证方法对设备进行认证，那么信令流量对网络来说是不可忽略的，尤其是大量设备在很短时间内接入网络，很可能会带来网络拥塞，而网络拥塞会给攻击者带来可趁之机，从而对服务器产生拒绝服务攻击。

（2）密钥管理。

传统的通信网络认证是对终端逐个进行认证，并生成相应的加密和完整性保护密钥。这样带来的问题是当网络中存在比传统网络多得多的物联网设备时，如果也按照逐一认证产生密钥的方式，会给网络带来大量的资源消耗。

3）感知层和网络层安全机制协同可能存在的问题

（1）中间人攻击。

攻击者可以发动中间人攻击，使得物联网设备与通信网络失去联系，或者诱使物联网设备向通信网络发送假冒的请求或响应，从而使得通信网络做出错误的判断而影响网络安全。

（2）伪造网络消息。

攻击者可以利用感知网络的安全性等特点，伪造通信网络的信令指示，从而使得物联网设备断开连接或者做出错误的操作或响应。

3. 应用层安全威胁

物联网应用层的安全危险主要来自于各类新兴物联网业务及应用的相关业务平台和产品，如恶意代码（如病毒、木马等）以及各类软件系统自身的漏洞和可能的设计缺陷就是物联网应用层的典型安全威胁之一。此外，应用层还存储着大量个人或者企业用户的敏感信息，因此用户的隐私保护也是应用层必须要考虑的安全问题，应用层的安全威胁主要包括以下几个方面。

（1）隐私威胁。

大量使用无线通信、电子标签和无人值守设备，使得物联网应用层隐私信息威胁问题非常突出。隐私信息可能被攻击者获取，给用户带来安全隐患，物联网的隐私威胁主要包括隐私泄漏和恶意跟踪。

（2）业务滥用。

物联网中可能存在业务滥用攻击，如非法用户使用未授权的业务或者合法用户使用未定制的业务等。

（3）身份冒充。

物联网中存在无人值守设备，这些设备可能被劫持，然后用于伪装成客户端或者应用服务器发送数据信息、执行操作。例如，针对智能家居的自动门禁远程控制系统，通过伪装成基于网络的后端服务器，可以解除告警、打开门禁进入房间。

（4）应用层信息窃听/篡改。

由于物联网通信需要通过异构、多域网络，这些网络情况多样，安全机制相互独立，因此应用层数据很可能被窃听、注入和篡改。

（5）抵赖和否认。

通信的所有参与者可能否认或抵赖曾经完成的操作和承诺。

（6）信令拥塞。

目前的认证方式是应用终端与应用服务器之间的一对一认证。而在物联网中，终端设备数量巨大，当短期内这些数量巨大的终端使用业务时，会与应用服务器之间产生大规模的认证请求消息。这些消息将会导致应用服务器过载，使得网络中信令通道拥塞，引起拒绝服务攻击。

2.5.1.2 物联网安全需求

针对上节介绍的物联网的不同层面面临不同的安全威胁，相对应有安全需求，本节从感知层、网络层、应用层三个层面介绍物联网的安全需求。

1．感知层安全需求

1）感知节点

末端节点的安全需求主要体现在对节点特性的分析上，不同特性节点的脆弱性与安全威胁、安全防护要求及可能采取的安全措施将各不相同。这些特性包括：节点的存储、通信及处理能力等物理特性；节点所提供服务的差异；节点所服务的环境及使用用户要求的差异等。感知节点的一般性安全需求如下所述。

（1）物理安全防护需求。需要采取措施保护感知节点不会失窃，或被攻击者物理上获得。

（2）针对有卡的设备，需要采取措施防止将 UICC 或者 SIM 卡非法拔出或者替换。

（3）防病毒、防火墙措施需求。需要采取加装防病毒软件、加装防火墙的方式，防止感知节点被木马、计算机病毒和垃圾信息攻击。

（4）访问控制需求。需要采取访问控制的方式，防止感知节点被逻辑攻破，或向其他节点或网络设备泄露用户或节点信息。

（5）认证需求。需要对使用感知节点的用户身份进行认证，以及对访问节点的其他网络设备进行认证。

（6）不可抵赖性需求。感知节点在读写数据时要提供记录，以便识别用户或其他设备访问或使用了网络或业务。

（7）机密性需求。感知节点所存储的数据或所传送的数据要加密。

（8）数据完整性需求。需要采取措施防止感知节点的数据被篡改。

（9）可用性需求。需要采取措施保护感知节点，使之不会被逻辑攻破或被病毒攻击导致不工作，也需要采取措施使多个感知节点不仅仅是消耗网络资源而且能贡献自身资源，从而正常协同工作。

（10）私密性需求。需要保护感知节点所存储的用户隐私，并防止与用户身份有关的信息泄露。

2）感知网络

感知网络的安全需求应该建立在感知网络自身的特点、服务的节点特征及使用用户的要求基础上。一般的感知网络具有低功耗、分布松散、信令简练、协议简单、广播特性、少量交互甚至无交互的特点，因此安全应建立在利用尽可能少的能量及带宽资源、设计出既精简又安全的算法、密钥体系及安全协议，解决相应的安全问题。例如，对终端接入鉴权，防止非法接入或非授权使用；对传输信息的保护，防止信息泄露、篡改、假冒或重放。感知网络的一般性安全需求如下所述。

（1）机密性：避免非法用户读取机密数据，感知网络不应泄漏机密数据到相邻网络。

（2）数据源认证：避免传感器节点被恶意注入虚假信息，确保信息来源于正确的节点。

（3）设备认证：避免非法设备接入网络，确保设备是其所声称的设备。

（4）完整性：通过校验来检测数据是否被修改。数据完整性是确保消息被非法（未经认证的）改变后能够被识别。

（5）可用性：确保感知网络的信息和服务在任何时间都可以提供给合法用户，可通过数据备份等实现。

（6）时效性：保证接收到数据的时效性，确保没有恶意节点重放过时的消息。

2. 网络层安全需求

通信网络的安全问题不是物联网研究范畴下的新课题，早在通信网络标准制定、通信网络建设初期，国际及国内相关标准组织、研究院所及管理机构已经开展了相关安全问题的研究，并制定了一系列标准算法、安全协议及解决方案。通信网络的安全需求主要包括接入鉴权；话音、数据及多媒体业务信息的传输保护；在公共网络设施上构建虚拟专网（VPN）的应用需求，用户个人信息或集团信息的隐蔽；各种网络病毒、网络攻击、DoS 攻击等。针对不同的网络特征及用户需求，采取一般的安全防护或增强的安全防护措施能够基本解决物联网大部分的网络安全问题。除此之外，网络层的安全需求还包括：

- 隐私性。需要保证物联网络通信网络用户身份、节点位置等的隐私性。
- 身份认证。需要物联网的末端节点和网络的相互认证机制。
- 组认证。需要具备组认证能力，物联网的末端节点可以基于组的形式进行认证，群组设备的认证可以通过认证代理或网关或主设备来完成。

3. 应用层安全需求

应用层的安全问题研究范畴是基于物联网实现广域或大范围的人与物、物与物之间信息交换的各行业应用或服务于广大群众的物联网应用的基础上进行的。安全问题及安全需求研究需结合各个应用层次分别开展研究，如针对智能城市、智能交通、智能物流、智能环境监控、智能社区及家居、电子健康等应用，其安全问题及安全需求存在共性及差异。共性的安全需求包括对操作用户的身份认证、访问控制、对行业敏感信息的信源加密及完整性保护、证书及 PKI 应用实现身份鉴别、数字签名及抗抵赖、安全审计等。应用层个性化的安全需求还需针对各类智能应用的特点、使用场景、服务对象及用户特殊要求进行有针对性的分析研究。针对应用层存在的共性安全问题，主要具有以下安全需求。

（1）身份认证：物联网服务器或者用户节点的真实身份的认证，防止身份伪造和节点克隆等攻击。

（2）业务认证：物联网应用服务器对用户节点之间需要进行业务认证，为防止假冒用户使用未授权的业务或者合法用户使用未定制的业务，用户请求使用业务前必须经过严格的业务认证。

（3）组认证：物联网应用通常对应大量的末端节点，这些节点可能构成一个组，物联网应用服务器需要提供对这些节点进行组认证的能力。

（4）隐私保护：保护行为或者通信信息不泄密，这些信息包括通信内容、用户地理位置和用户身份等。

（5）完整性：考虑到物联网中恶意节点可能注入、篡改应用层消息。因此，物联网应用层需要避免未授权的删除、插入和复制操作。由于物联网需要通过多种异构网络进行通信，这些网络间的安全机制相互独立且并不一致，因此需要为应用通信提供端到端的完整性保护。

（6）机密性：在物联网中各种数据和消息只能让授权用户查看。机密性保护可以避免非授权访问和应用层数据内容非授权阅读。由于物联网需要通过多种异构网络进行通信，这些网络间的安全机制相互独立且并不一致，因此需要为应用通信提供端到端的机密性保护。

（7）密钥的安全性：采用动态下载密钥参数与动态更新登录密码的方式来实现。

（8）防抵赖：提供不可抵赖性机制，保证通信各方对自己行为及对行为发生的时间的不可抵赖性。例如，通过进行身份认证和数字签名，数字时间戳等机制避免对行为发生的抵赖。

2.5.1.3　物联网安全技术

物联网是一个多网络融合的系统，物联网安全在感知层、网络层、应用层都有所涉及。应用层和网络层的安全技术的研究较为成熟，特别是移动通信网和互联网的安全研究已经历了较长的时间，并在实际运用当中建立了一套完整成熟的安全技术解决方案。相比之下，以无线传感器网络和 RFID 射频识别技术为代表的感知层，由于节点数量众多、节点能力有限等特点，相关安全技术的研究难度较大，至今未能形成统一完善的安全技术体系。本节将重点介绍感知层的安全技术。

2.5.1.3.1　密钥管理

密钥管理是物联网感知层安全的基础，是实现感知信息隐私保护的手段之一。互联网由于不存在计算资源的限制，非对称和对称密钥系统都可以适用。但是无线传感器网络由于计算资源、能量资源、传输资源的限制，对密钥系统提出了更多的要求。物联网密钥管理系统面临两个主要问题：一是如何构建一个贯穿多个网络的统一密钥管理系统，并与物联网的体系结构相适应；二是如何解决传感网的密钥管理问题，如密钥的分配、更新、组播等问题。

实现统一的密钥管理系统可以采用两种方式：一是以互联网为中心的集中式管理方式。由互联网的密钥分配中心负责整个物联网的密钥管理，一旦传感网接入互联网，通过密钥中心与传感器网络汇聚点进行交互，实现对网络中节点的密钥管理；二是以各自网络为中心的分布式管理方式。在此模式下，互联网和移动通信网比较容易解决，但在传感网环境中对汇聚点的要求比较高。尽管可以在传感网中采用簇头选择方法，形成层次式网络结构，每个节点与相应的簇头通信，簇头间以及簇头与汇聚节点之间进行密钥协商，但是对多跳通信的边缘节点，由于簇头选择算法和簇头本身的能量消耗，使传感网的密钥管理成为解决问题的关键。

无线传感器网络的密钥管理系统的设计在很大程度上受到其自身特征的限制，因此在设计需求上与有线网络和传统的资源不受限制的无线网络有所不同，特别要充分考虑到无线传感器网络传感节点的限制和网络组网与路由的特征，安全需求主要体现在：

- 密钥生成或更新算法的安全性：利用该算法生成的密钥应具备一定的安全强度，不能被网络攻击者轻易破解或者花很小的代价破解，也即加密后保障数据包的机密性。

- 前向私密性：对中途退出传感网或者被俘获的恶意节点，在周期性的密钥更新或者撤销后无法再利用先前所获知的密钥信息生成合法的密钥继续参与网络通信，即无法参加与报文解密或者生成有效的可认证的报文。

- 后向私密性和可扩展性：新加入传感网的合法节点可利用新分发或者周期

性更新的密钥参与网络的正常通信，即进行报文的加解密和认证行为等；而且能够保障网络是可扩展的，即允许大量新节点的加入。

- 抗同谋攻击：在传感网中，若干节点被俘获后，其所掌握的密钥信息可能会造成网络局部范围的泄密，但不应对整个网络的运行造成破坏性或损毁性的后果，即密钥系统要具有抗同谋攻击。
- 源端认证性和新鲜性：源端认证要求发送方身份的可认证性和消息的可认证性，即任何一个网络数据包都能通过认证和追踪寻找到其发送源，且是不可否认的。新鲜性则保证合法的节点在一定的延迟许可内能收到所需要的信息。新鲜性除了和密钥管理方案紧密相关外，与传感器网络的时间同步技术和路由算法也有很大的关联。

根据如上需求，在密钥管理系统的实现方法中，提出了基于对称密钥系统的方法和基于非对称密钥管理系统的方法。在基于对称密钥管理系统方面，从分配方式上也可分为以下三类：基于密钥分配中心方式、预分配方式和基于分组分簇方式。典型的解决方法有基于密钥池预分配方式的 E-G 方法和 q-Composite 方法、单密钥空间随机密钥预分配方法、多密钥空间随机密钥预分配方法、对称多项式随机密钥预分配方法、基于地理信息或部署信息的随机密钥预分配方法、低能耗的密钥管理方法等。在基于非对称密钥管理系统方面，近几年基于身份标识的加密算法（IBE）引起了人们的关注。该算法的主要思想是加密的公钥不需要从公钥证书中获得，而是直接使用标识用户身份的字符串。基于身份标识加密算法具有一些特征和优势，主要体现在：

- 它的公钥可以是任何唯一的字符串，如 E-mail、身份证或者其他标识，不需要 PKI 系统的证书发放，使用起来简单；
- 由于公钥是身份等标识，所以基于身份标识的加密算法解决了密钥分配的问题；
- 基于身份标识的加密算法具有比对称加密算法更高的加密强度。在同等安全级别条件下，比其他公钥加密算法更小的参数，因而具有更快的计算速度和更小的存储空间。

近年来，国内在密钥管理方面也取得了一定的研究成果。复旦大学提出了一种基于时间部署的随机密钥管理方案，该方案在为成对密钥的生成提供了较高的节点连通度的同时，提高了节点资源利用率并且增强了网络抵抗节点受损攻击的能力。哈尔滨工业大学在随机密钥预分配方案的基础上，提出一种利用节点部署知识和已知区域信息的异构无线传感器网络密钥预分配方案，从而减小节点所需存储空间，并增强网络抗攻击能力。

2.5.1.3.2 数据机密性和隐私保护

数据加密技术是物联网感知层在无线传输过程中保证数据机密性的重要手段。数据加密技术的研究领域不仅包含上述的密钥管理系统，还包括数据加密算法。学术界对于加密算法的研究历时已久，形成了许多成熟可靠的加密算法。但是，由于物联网感知层的节点资源受限，大多数加密算法无法应用到传感网或者 RFID 中。

轻量级加密算法是解决感知层数据机密性问题的关键。一般来说，轻量级加密算法处理数据的规模较小，因而加密算法的数据吞吐量要求比普通加密算法要低得多。此外，轻量级加密算法可以采用硬件实现，拥有消耗计算、存储等资源少的特点，同时具有中高水平的安全性，能够应用于传感器节点和 RFID 标签中。目前，比较知名的轻量级加密算法有 DESL、HIGHT 和 XXTEA。

数据处理过程中涉及基于位置的服务与在信息处理过程中的隐私保护问题。基于位置的服务是物联网提供的基本功能，是定位、电子地图、基于位置的数据挖掘和发现、自适应表达等技术的融合。定位技术目前主要有 GPS 卫星定位、手机定位、传感网定位等。基于位置的服务面临严峻的隐私保护问题，这既是安全问题，也是法律问题。

基于位置服务中的隐私内容涉及两个方面，第一个方面是位置隐私，第二个方面是查询隐私。位置隐私中的位置指用户过去或现在的位置。查询隐私指敏感信息的查询与挖掘，如某用户经常查询某区域的餐馆或医院，可以分析该用户的居住位置、收入状况、生活行为、健康状况等敏感信息，造成个人隐私信息的泄漏。查询隐私就是数据处理过程中的隐私保护问题。所以，物联网在提供位置服务时面临一个困难的选择，一方面希望提供尽可能精确的位置服务，另一方面又希望个人隐私得到保护。这就需要在技术上给予保证，目前的隐私保护方法主要有位置伪装、时空匿名、空间加密等。

2.5.1.3.3　安全路由协议

物联网的路由要跨越多类网，有基于 IP 地址的互联网路由协议，有基于标识的移动通信网和传感网的路由算法。因此我们要至少解决两个问题，一是多网融合的路由问题；二是传感网的路由问题。前者可以考虑将身份标识映射成类似的 IP 地址，实现基于地址的统一路由体系；后者是由于传感网的计算资源的局限性和易受到攻击的特点，要设计抗攻击的安全路由算法。

目前，国内外学者提出了多种无线传感器网络路由协议。按路由算法的实现方法划分，传感网路由协议有：

- 洪泛式路由，如 Gossiping 等；
- 以数据为中心的路由，如 Directed Diffusion、SPIN 等；
- 层次式路由，如 LEACH、TEEN 等；
- 基于位置信息的路由，如 GPSR、GEAR 等。

下面重点介绍两个安全路由协议：一个是基于位置信息的路由协议 TRANS；另一个是容侵的安全路由协议 INSENS。

TRANS 是一个建立在地理路由（如 GPSR）之上的安全机制，包含两个模块：

信任路由模块和不安全位置避免模块。其中，信任路由模块安装在汇聚节点和感知节点上；不安全位置避免模块仅安装在汇聚节点上。TRANS 协议可靠性中等，可以对路由信息进行认证，保证路由信息的机密性和新鲜性，有一定的自我恢复能力。

INSENS 包含路由发现和数据转发两个阶段。在路由发现阶段，基站通过多跳转发向所有节点发送一个查询报文，相邻节点收到报文后，记录发送者的身份标识，然后发给那些还没收到报文的相邻节点，以此建立邻居关系。收到查询报文的节点同时向基站发送自己的位置拓扑等反馈信息。最后，基站生成到每个节点有两条独立路由路径的路由转发表。第二阶段的数据包转发就可以根据节点的转发表进行转发。INSENS 协议可靠性低于 TRANS，但是能够对路由信息进行认证，保证路由信息的机密性、完整新和新鲜性。

2.5.1.3.4　认证与访问控制

认证指使用者采用某种方式来证明自己确实是自己宣称的某人，网络中的认证主要包括身份认证和消息认证。身份认证可以使通信双方确信对方的身份并交换会话密钥。保密性和及时性是认证的密钥交换中两个重要的问题。为了防止假冒和会话密钥的泄密，用户标识和会话密钥这样的重要信息必须以密文的形式传送，这就需要事先已有能用于这一目的的主密钥或公钥。因为可能存在消息重放，所以及时性非常重要，在最坏的情况下，攻击者可以利用重放攻击威胁会话密钥或者成功假冒另一方。

消息认证中主要是接收方希望能够保证其接收的消息确实来自真正的发送方。有时收发双方不同时在线，例如在电子邮件系统中，电子邮件消息发送到接收方的电子邮件中，并一直存放在邮箱中直至接收方读取为止。广播认证是一种特殊的消息认证形式，在广播认证中一方广播的消息被多方认证。

传统的认证是区分不同层次的，网络层的认证就负责网络层的身份鉴别，业务层的认证就负责业务层的身份鉴别，两者独立存在。但是在物联网中，业务应用与网络通信紧紧地绑在一起，认证有其特殊性。例如，当物联网的业务由运营商提供时，就可以充分利用网络层认证的结果而不需要进行业务层的认证；或者当业务是敏感业务时，一般业务提供者会不信任网络层的安全级别，而使用更高级别的安全保护，那么这个时候就需要做业务层的认证；而当业务是普通业务时，如气温采集业务等，业务提供者认为网络认证已经足够，那么就不再需要业务层的认证了。

在物联网的认证过程中，传感网的认证机制是重要的研究部分，无线传感器网络中的认证技术主要包括基于轻量级公钥的认证技术、预共享密钥的认证技术、随机密钥预分布的认证技术、利用辅助信息的认证、基于单向散列函数的认证等。

基于轻量级公钥算法的认证技术。鉴于经典的公钥算法需要高计算量，在资源有限的无线传感器网络中不具有可操作性，当前有一些研究正致力于对公钥算法进行优化设计使其能适应于无线传感器网络，但在能耗和资源方面还存在很大的改进空间，如基于 RSA 公钥算法的 TinyPK 认证方案，以及基于身份标识的认证算法等。

基于预共享密钥的认证技术。SNEP 方案中提出两种配置方法：一是节点之间的共享密钥，二是每个节点和基站之间的共享密钥。这类方案使用每对节点之间共享一个主密钥，可以在任何一对节点之间建立安全通信。缺点表现为扩展性和抗捕获能力较差，任意节点被俘获后就会暴露密钥信息，进而导致全网络瘫痪。

基于单向散列函数的认证方法。该类方法主要用在广播认证中，由单向散列函数生成一个密钥链，利用单向散列函数的不可逆性，保证密钥不可预测。通过某种方式依次公布密钥链中的密钥，可以对消息进行认证。目前基于单向散列函数的广播认证方法主要是对 μTESLA 协议的改进。μTESLA 协议以 TESLA 协议为基础，对密钥更新过程、初始认证过程进行了改进，使其能够在无线传感器网络有效实施。

访问控制是对用户合法使用资源的认证和控制，目前信息系统的访问控制主要是基于角色的访问控制机制（RBAC）及其扩展模型。RBAC 机制主要由 Sandhu 于1996 年提出的基本模型 RBAC96 构成，一个用户先由系统分配一个角色，如管理员、普通用户等，登录系统后，根据用户的角色所设置的访问策略实现对资源的访问。显然，同样的角色可以访问同样的资源。RBAC 机制是基于用户的，对物联网而言，末端是感知网络，可能是一个感知节点或一个物体，采用用户角色的形式进行资源的控制显得不够灵活。一是本身基于角色的访问控制在分布式的网络环境中已呈现出不相适应的地方，如对具有时间约束资源的访问控制，访问控制的多层次适应性等方面；二是节点不是用户，是各类传感器或其他设备，且种类繁多，基于角色的访问控制机制中角色类型无法一一对应这些节点，使 RBAC 机制的难于实现；三是物联网表现的是信息的感知互动过程，包含了信息的处理、决策和控制等的访问呈现动态性和多层次性，而 RBAC 机制中一旦用户被指定为某种角色，他的可访问资源就相对固定了。所以，寻求新的访问控制机制是物联网值得研究的问题。

基于属性的访问控制（ABAC）是近几年研究的热点，如果将角色映射成用户的属性，可以构成 ABAC 和 RBAC 的对等关系，而属性的增加相对简单，同时基于属性的加密算法可以使 ABAC 得以实现。ABAC 方法的问题是对较少的属性来说，加密解密的效率较高。但随着属性数量的增加，加密的密文长度增加，使算法的实用性受到限制。目前有两个发展方向：基于密钥策略和基于密文策略，其目标就是改善基于属性的加密算法的性能。

2.5.1.3.5　容侵容错技术

容侵就是指在网络中存在恶意入侵的情况下，网络仍然能够正常地运行。无线传感器网络的安全隐患在于网络部署区域的开放特性以及无线电网络的广播特性，攻击者往往利用这两个特性，通过阻碍网络中节点的正常工作，进而破坏整个传感器网络的运行，降低网络的可用性。无人值守的恶劣环境导致无线传感器网络缺少传统网络中的物理安全，传感器节点很容易被攻击者俘获或毁坏。现阶段无线传感器网络的容侵技术主要集中于网络的拓扑容侵、安全路由容侵以及数据传输过程中的容侵机制。

无线传感器网络可用性的另一个要求是网络的容错性。一般意义上的容错性是指在故障存在的情况下系统不失效、仍然能够正常工作的特性。无线传感器网络的容错性指的是当部分节点或链路失效后，网络能够进行传输数据的恢复或者网络结构自愈，从而尽可能减小节点或链路失效对无线传感器网络功能的影响。由于传感器节点在能量、存储空间、计算能力和通信带宽等诸多方面都受限，而且通常工作在恶劣的环境中，网络中的传感器节点经常会出现失效的状况。因此，容错性成为无线传感器网络中一个重要的设计因素，容错技术也是无线传感器网络研究的一个重要领域，目前相关领域的研究主要在以下几个方面。

- 网络拓扑中的容错。通过对无线传感器网络设计合理的拓扑结构，保证网络出现断裂的情况下，能正常进行通信。
- 网络覆盖中的容错。无线传感器网络的部署阶段，主要研究在部分节点、链路失效的情况下，如何事先部署或事后移动、补充传感器节点，从而保证对监测区域的覆盖和保持网络节点之间的连通。
- 数据检测中的容错机制。主要研究在恶劣的网络环境中，当一些特定事件发生时，处于事件发生区域的节点如何能够正确获取到数据。

2.5.1.3.6 控制安全

物联网的数据是一个双向流动的信息流，一是从感知端采集物理世界的各种信息，经过数据处理，存储在网络的数据库中；二是根据用户的需求，进行数据的挖掘、决策和控制，实现与物理世界中任何互连物体的互动。基于物联网所构建的信息系统或控制系统主要面临的安全问题是如何对海量末端节点进行有效的跟踪控制。例如，通过安全可靠通信确保对末端节点的有效控制；确保信息系统或控制系统采集的末端节点信息及下达的决策控制信息的真实性，防篡改、假冒或重放；在受到攻击时，能够保证控制系统的可用性。在传统的无线传感器网络中由于侧重对感知端的信息获取，对控制安全考虑不多。互联网的应用也是侧重于信息的获取与挖掘，不涉及对现实世界物体的控制。而在物联网中，对物理世界的控制是它的主要功能之一，控制安全需要进一步更深入的研究。控制安全的关键技术主要包括控制失效性检测技术，检测控制命令是否成功执行；传输冗余技术，保障控制命令传输的通达；控制的真实性判定技术，保障控制的实施来源是真实的。

2.5.2　物联网标识和解析

2.5.2.1　物联网标识概述

在物联网中，为了实现人与物、物与物的通信以及各类应用，需要利用标识来对人和物等对象、终端和设备等网络节点以及各类业务应用进行识别，并通过标识解析与寻址等技术进行翻译、映射和转换，以获取相应的地址或关联信息。因此，物联网标识及解析是物联网中的重要基础共性技术之一。

物联网标识用于在一定范围内唯一识别物联网中的物理和逻辑实体、资源、服务，使网络、应用能够基于其对目标对象进行控制和管理，以及进行相关信息的获取、处理、传送与交换。基于识别目标、应用场景、技术特点等不同，物联网标识可以分成对象标识、通信标识和应用标识三类。一套完整的物联网应用流程需要由这三类标识共同配合完成。

结合物联网分层体系架构、标识分类、标识形态和配套分配管理要求，可总结规划物联网标识体系，如图 2-45 所示。

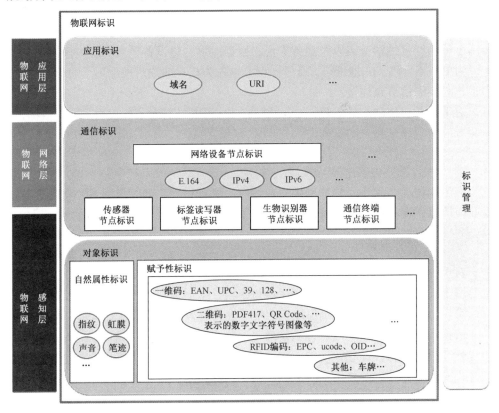

图 2-45　物联网标识体系

1．对象标识

对象标识主要用于识别物联网中被感知的物理或逻辑对象，如人、动物、茶杯、文章等。该类标识的应用场景通常为基于其进行相关对象信息的获取，或者对标识对象进行控制与管理，而不直接用于网络层通信或寻址。

根据标识形式的不同，对象标识可进一步分为两类。一是自然属性标识，即利用对象本身所具有的自然属性作为识别标识，包括生理特征（如指纹、虹膜等）和行为特征（如声音、笔迹等）。该类标识需要利用生物识别技术，通过相应的识别设备对其进行读取。二是赋予性标识，即为了识别方便而人为分配的标识，通常由一系列数字、字符、符号或任何其他形式的数据按照一定编码规则组成。这类标识的形式可以为：以一维条码作为载体的 EAN 码、UPC 码；以二维码作为载体的数字、文字、符号，以及以 RFID 标签作为载体的 EPC、ucode、OID 等。网络可通过多种方式获取赋予性标识，如通过标签阅读器读取存储于标签中的物体标识、通过摄像头捕获车牌等标识信息等。

2．通信标识

通信标识主要用于识别物联网中具备通信能力的网络节点，如手机、读写器、传感器等物联网终端节点以及业务平台、数据库等网络设备节点。这类标识的形式可以为 E.164 号码、IP 地址等。通信标识可以作为相对或绝对地址用于通信或寻址，用于建立到通信节点连接。

对于具备通信能力的对象，如物联网终端，可既具有对象标识也具有通信标识，但两者的应用场景和目的不同。

3．应用标识

应用标识主要用于对物联网中的业务应用进行识别，如医疗服务、金融服务、农业应用等。在标识形式上可以为域名、URI 等。

4．物联网标识管理

对于物联网中的各类标识，其相应的标识管理技术与机制必不可少。标识管理主要用于实现标识的申请与分配、注册与鉴权、生命周期管理、业务与使用、信息管理等，对于在一定范围内确保标识的唯一性、有效性和一致性具有重要意义。

依据实时性要求的不同，标识管理可以分为离线管理和在线管理两类。标识的离线管理指对标识管理相关功能，如标识的申请与分配、标识信息的存储等采用离线方式操作，为标识的使用提供前提和基础。标识的在线管理是指标识管理相关功能采用在线方式操作，并且通过与标识解析、标识应用的对接，操作结果可以实时反馈到标识使用相关环节。

2.5.2.2　现有物联网标识技术

本节将简要介绍几种常见的物联网标识相关技术。

1．一维条码相关标识

一维条码是由一组规则排列的"条"、"空"以及对应字符组成的标记，"条"指对光线反射率较低的部分，"空"指对光线反射率较高的部分。条码的信息靠条和空的不同宽度及位置来传递，其信息量的大小由条码的宽度和印刷的精度来决定。常见码制有 UPC 码、EAN 码、128 码等。

（1）UPC 码：是美国统一代码委员会制定的一种长度固定、连续性的商品用条码，主要用于美国和加拿大地区。UPC 码仅可用来表示数字，故其字码集为数字 0～9。UPC 码共有 A, B, C, D, E 五种版本，最常用的商品条码版本为 UPC-A 标准码和 UPC-E 压缩码。UPC-A 码供人识读的数字代码为 12 位，其代码结构为厂商识别代码 + 商品项目代码 + 校验码。UPC-E 码是 UPC-A 码系统字符为 0 时，通过一定规则销 0 压缩而获得，因此其编码形式必须经由 UPC-A 码来转换。

（2）EAN 码：由欧洲十二个工业国家共同发展制定，目前已成为一种国际性的条码系统。EAN 码是定长的纯数字型条码，表示的字符集为数字 0～9。依据结构的不同，EAN 码有两种版本：一是标准版，由 13 位数字组成，称为 EAN-13 码或长码。代码结构由 3 位国家代码、4 位厂商代码、5 位产品代码以及 1 位检查码组成。二是缩短版，由 8 位数字组成，称为 EAN-8 码或者短码。代码结构由 3 位国家代码、4 位产品代码以及 1 位检查码组成。当包装面积在 120cm^2 以下而无法使用标准码时，可以申请使用缩短码。

（3）128 码：是一种长度可变、连续性的字母数字条码。与其他一维条码相比，128 码是较为复杂的条码系统，但其所能支持的字元相对其他一维条码也较多，又因有多种不同的编码方式可供交互运用，因此应用弹性也较大。128 码主要由起始码、资料码、终止码、检查码等几部分组成，其中检查码为可选部分。128 码可表示标准 ASCII 中 128 个字元信息。

2. 二维条码相关标识

二维条码用某种特定几何图形按照一定规律在二维平面上分布的黑白相间的图形来记录数据符号信息。在代码编制上，二维码巧妙地利用构成计算机内部逻辑基础的“0”、“1”比特流的概念，使用若干与二进制数相对应的几何图形来表示文字、数值信息，通过图像输入设备或光电扫描设备自动识读以实现信息的自动处理。二维条码能够在横向和纵向两个方位同时表达信息，因此具备在较小面积内表达大量信息的能力，通常可表示数字、字母、二进制数、文字等。常见码制有 PDF417 码、Code49、Code16K、QR 码、DataMatrix 码、MaxiCode 等。

3. RFID 相关标识

目前国际上主要的 RFID 编码技术有 ISO UII、EPC、ucode、OID 等。

（1）唯一项目标识符（UII）：是 ISO/IEC 组织在其 RFID 技术标准体系下定义的标签标识。UII 可遵循两种标识格式，分别为 ISO UII 和 EPC UII，ISO/IEC15459 系列标准等即是 ISO UII 的相关标准，EPC UII 则采用 EPC global 制定的相关 EPC 编码标准。

（2）电子产品编码（EPC）：是 EPC global 在其 RFID 标准体系下定义的标签标识，兼容 EAN/UCC 编码。EPC 编码通用结构由一固定长度的头（Header）和其后的一系列域值组成，域值的长度、结构及功能均由头值决定。基于 Gen1 标签技术的 EPC 编码长度主要包含 64 位和 96 位两种，随着 Gen2 标签技术的发展和应用，64 位 EPC 编码正逐步退出市场。Gen2 的 EPC 编码长度支持 96～256 位，目前的应用多以 96 位为主，同时针对不同的编码类别也会涉及更长的编码长度，如 198 位、195 位、170 位、202 位、113 位等。

（3）泛在识别码（ucode）：是日本 UID 标准体系中的重要组成部分，由编码类别标识、编码内容（长度可变）和物品唯一标识等部分构成。ucode 的基本代码长度为 128 位，可视需要以 128 位为单元进一步扩展至 256 位、384 位或 512 位。ucode 最大特点是能包容现有各种编码体系的元编码设计，可以兼容多种编码格式，包括 EAN、UPC、IP 地址、电话号码等。

（4）对象标识符（OID）：OID 最初作为信息处理系统及网络通信中标识对象唯一身份的标识符由 ASN.1（抽象语法记法一）引入。OID 标识按树形结构注册，对象由从树根到结点的路径进行标识，其表示方法有 OID 数字值、OID 字母数字值、OID 国际化资源标识符（OID-IRI）三种形式。目前在 RFID 系统中，OID 作为标签内标识，主要设计用于识别标签中存储编码所采用的编码方案，即利用 OID 统一泛在网中的各类编码，以实现物品的全球交换。

4. 统一资源标识符（URI）

URI 是标识物理资源或抽象资源的一个字符序列，在全球范围内有效。标准 rfc3986 由 IETF（Internet Engineering Task Force）组织制定，其基本语法规则为

<scheme>:<hier-part>[?<query>][#<fragment>]

式中　< >——语法成分；

　　[ ]——语法中的可选部分。

通常，URI 可包含统一资源定位符（URL）和统一资源名称（URN）。其中，URL 除了能够标识资源外，还能够通过描述接入机制提供定位资源的方式；URN 主要指命名方案为"urn"下的所有 URI 标识，能够提供全球范围的唯一性和永久性，即使资源不可用或不再存在，且与资源的位置无关。URN 标识应用范围很广，很多其他标识体系也均可在 URN 下申请相应的命名空间，如 EPC、OID 等编码，均有自己相应的 URN 标识格式。不过业界目前对 URI 这种划分的界限已经变得越来越模糊，这主要由于 http、ftp、mailto、urn 以及其他各种命名方案都是 URI 中的一种，并且今后还会有更多的命名方案出现，并非一定要归类为 URL 或 URN。

5. 国际公众电信号码（E.164）

E.164 国际公众电信号码由国际电信联盟 ITU-T 建议 E.164 定义，规定了可用于

固定、移动和其他数字网络的国际公众电信编号计划，可唯一标识一个用户或者业务提供点，同时也可用于标识网络设备节点。

国际 E.164 号码是一个十进制数字串，号码长度最长 15 位（不包括国际呼叫字冠），有四种不同结构。其中用于地理区域的国际 E.164 号码是通信网络中最为常见的标识之一，可在本地、国家和国际范围内唯一标识一个用户。该号码由变长的十进制数字组成，包含国家码域和国内（有效）号码域。我国固定和移动网的电话号码采用的即是该编码结构。其中，固定网电话号码采用的是长途区号方式，即"国家码（86）+ 长途区号 + 本地号码"；移动网电话号码采用的是网号方式，即"国家码（86）+ 网号（如 139、133 等）+ 用户号码"。

6. 域名

域名是用以标识互联网上某一台计算机或计算机组的名称，由一串用点分隔的字符组成，可在数据传输时标识计算机的电子方位（有时也指地理位置）。域名系统的名字空间为树状结构，每个节点有一个标记（Label），长度不超过 63 字节，对应于相应的资源集合（资源集合可能为空）。域名即是域名系统名字空间中从当前节点到根节点的路径上所有节点标记的点分顺序连接。

域名通常为由数字、英文字母及连接符"-"等 ASCII 编码组成的英文域名。但近年来，一些国家也纷纷开发使用采用本民族语言构成的域名，即国际化域名（IDN），可由非 ASCII 编码组成，如德语，法语等。我国也开始使用中文域名，如".中国"、".网络"、".公司"等。

7. IP 地址

IP 地址是人们在互联网上为了区分数以亿计的主机而专门分配的地址，通过 IP 地址即可以访问到每一台主机。

（1）IPv4 地址。

IPv4 是互联网协议（IP）的第 4 版，于 1981 年在 RFC 791 标准中定义，是第一个被广泛使用的互联网协议。

IPv4 地址由 32 位二进制数值组成，共 4 字节，通常由 4 个范围在 0～255 之间的十进制数字来表示，例如 140.242.13.33。每个 IP 地址又可分为两部分，即网络号部分和主机号部分。其中，网络号表示其所属的网络段编号，主机号表示该网段中该主机的地址编号。为了给不同规模的网络提供必要的灵活性，IP 地址空间被划分为 A, B, C, D, E 等不同的地址类别，以分别应用于不同大小规模的网络。然而随着互联网应用的不断扩大，这种划分在扩展性等方面也存在诸多限制。因此，目前除使用 NAT 在企业内部利用保留地址自行分配以外，通常都通过使用子网掩码来对一个高类别的 IP 地址进行再划分，以形成多个子网，提供给不同规模的用户群使用。

（2）IPv6 地址。

随着 IPv4 地址的快速分配和消耗，IETF 对互联网协议进行了重新设计，即下一代互联网协议 IPv6。基于对效率、功能、灵活性和应用性等多个方面因素的综合考虑比较，IETF 决定在 IPv6 中采用 128 位固定长度的地址方案。

IPv6 地址用文本方式表示主要有以下三种形式。

- 基本形式为 X:X:X:X:X:X:X:X，其中 X 是一个 16 位地址段的十六进制数值。例如，FEDC : BA98 : 7654 : 4210 : FEDC : BA98 : 7654 : 3210。

- 在分配某种形式的 IPv6 地址时，会发生包含长串 0 位的地址。为了简化包含 0 位地址的书写，可以使用 "::" 符号简化多个 0 位的 16 位组。但该符号在一个地址中只能出现一次。例如，FF01:0:0:0:0:0:0:101 可用压缩形式表示为 FF01::101。

- 在涉及 IPv4 和 IPv6 混合的节点环境，如需要可采用另一种表达方式，即 X:X:X:X:X:X:D.D.D.D，其中 X 是地址中高阶 16 位字段的十六进制数值，D 是地址中低阶 8 位字段的十进制数值（按照 IPv4 标准表示）。例如，0:0:0:0:0:0:202.204.112.79，其压缩形式为::202.204.112.68。

2.5.2.3 物联网标识解析概述

物联网标识解析是指将某一物联网标识映射至与其相关的其他物联网标识或信息的过程。例如，通过对某物品的标识进行解析可获得存储其关联信息的服务器地址。为了在复杂网络环境中能够进行准确而高效的寻址，标识的解析将是确定通信路径过程中的重要环节。

针对物联网中可能存在的各类不同标准标识，物联网标识解析过程如图 2-46 所示。

物联网标识解析可分为两级，即类型解析和类型内解析，其中类型解析为可选步骤。对于标识应用时已确定其所属类型和解析方式的情况，类型解析步骤可省略；对于物联网应用领域内标识和标准类型繁多的情况，用户或客户端可不必了解其具体属于哪一种标识及如何去解析，通过类型解析步骤即可获得其标识所属类别和解析方式。

类型解析主要用于识别被解析的物联网标识所属标识类型、标准范围及相应的标准解析规则。类型解析可以一步完成，也可分多级完成。类型内标识解析为遵循某标识种类标准的标识解析，主要用于在第一级解析出的标准范围及规则下对标识进行解析。例如，对于一个 EAN 一维码标识，需要通过第一级解析确定其对应的标准类型为 EAN，然后根据第一级解析得到的 EAN 编码标准解析规则对该标识进行第二级解析，以最终得到其对应的信息或存储相关信息的通信地址。对于不同级别的解析可以基于同一种解析机制进行，也可以采用不同的解析机制。对于第二级解析可以采用同一种解析机制进行，也可以针对不同类型的标识采用不同的解析机制进行。

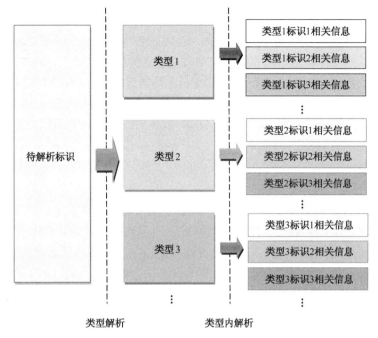

图 2-46　物联网标识解析过程

2.5.2.4　现有物联网标识解析技术

本节将简要介绍几种常见的物联网标识解析技术。

1. DNS 系统

域名系统（DNS）主要负责记录互联网中主机名与该主机 IP 地址之间的映射关系，为互联网应用层资源提供寻址服务，是其他互联网络应用服务的基础。常见的互联网络应用服务有 WEB 服务、电子邮件服务、FTP 服务等，它们均以 DNS 为基础来实现系统内部资源的寻址与定位。DNS 协议是一种专用于提供域名相关信息（资源记录）的应用协议，在数据格式和访问机制上都有严格的定义。DNS 采用树状等级结构组织 DNS 服务器，将易于记忆的域名与计算机的 IP 地址映射起来，供用户查询。

2. ENUM 系统

ENUM 是 IETF 的电话号码映射工作组制定的协议。它定义了将 E.164 号码映射为域名的规则，以及在互联网 DNS 数据库中存储与该域名相关信息的方式。每个由 E.164 号码转化而成的域名可以通过 ENUM DNS 服务器翻译为一系列的网络资源记录，从而使国际统一的 E.164 电话号码成为可以在互联网中使用的网络地址资源。

通过使用 ENUM 机制，接入的 E.164 号码可以映射成传统电话号码、移动电话号码、电子邮件地址、IP 电话号码、统一消息、IP 传真或个人网页等多种信息。这样，用户可以方便地实现号码携带，在不改变接入号码的基础上，通过改变 DNS 中的记录实现更换运营商、更换地域、改变业务种类等功能。ENUM 的 DNS 解析服务提供了一个全球性的三层结构，包括顶层（Tier 0）、中间层（Tier 1）和底层（Tier 2）。该体系结构保证了全球 ENUM 的 DNS 服务的统一性和互通性，真正使 ENUM 成为了一种全球访问的网络寻址资源。

3. EPC ONS 系统

对象名称解析服务（ONS）是 EPC 网络架构中信息网络系统中的组成部分，主要负责完成物品编码到存储产品相关信息应用服务地址的映射，是联系 EPC 中间件与 EPC 信息服务的网络枢纽。ONS 的设计与架构都以互联网域名解析服务 DNS 为基础，应用互联网现有的 DNS 系统对查询信息进行解析，也即 ONS 的查询和应答格式必须符合 DNS 的标准要求，具有域名和对应的 DNS 信息记录。整个 EPC 网络也因此以互联网为依托，迅速且顺利延伸到世界各地。

ONS 系统主要由映射信息、根 ONS、ONS 服务器、ONS 本地缓存、本地 ONS 解算器五个部分组成。单个企业维护的本地 ONS 服务器除了具备存储与产品对应 EPC 信息服务地址的功能外，还将提供与外界的信息交换服务，并通过根 ONS 服务器进行级联，从而组成 ONS 网络体系。处于供应链上的企业通过 RFID 阅读器读取存于 RFID 标签中的统一商品 EPC 编码后，可利用 ONS 系统提供的全球解析服务，获得商品在各环节企业应用系统中的相关信息。

4. UID 系统

UID 中心提出的泛在识别技术体系架构主要由 ucode（Ubiquitous Code，泛在识别码）、ucode 标签、eTRON（Economy and Entity TRON）认证机构、信息服务器、ucode 解析服务器和泛在通信器（Ubiquitous Communicators，UCS）等部分构成。

其中的 ucode 是赋予现实世界中任何物理对象的唯一识别码，信息系统服务器存储并提供与 ucode 相关的各种信息。泛在通信器主要由 IC 标签、标签读写器和无线广域通信设备等部分构成，用于将读取到的 ucode 送至 ucode 解析服务器，并从信息系统服务器获得有关信息。ucode 解析服务器主要负责记录 ucode 与存储其相关信息的系统服务器间的映射关系，采用的通信协议为 ucodeRP 和 eTP。ucodeRP 为专有解析协议，类似于互联网的 DNS 协议，提供分布式轻量目录寻址服务；eTP 是基于 eTRON（PKI）的密码认证通信协议。该寻址方案只支持 ucode 编码格式，未考虑同时对其他物品编码类型提供支持。

5. ORS 系统

对象标识符解析系统（ORS）由 ITU 和 ISO 联合面向 OID 制定，遵循分布式、层次化的设计理念，从根 ORS 到本地 ORS 逐层递进。ORS 主要完成 OID 标识符到相关域名地址的转换功能，其解析过程包含通用解析和应用解析两部分。通用解析过程使用 DNS 和 DNS 资源记录在应用与 ORS 客户端之间交互来检索信息，通常返回对应的 URL、OID-IRI 或 DNS 名称。通用解析过程之后，通常继续进行特定应用的 OID 解析过程，即应用解析。相关应用将使用从通用解析过程中获取的信息来获得此应用所需的最终信息。应用解析过程与具体应用密切相关。

2.5.2.5　物联网标识及解析的发展现状和趋势

随着人类对信息需求的产生以及不断增强与丰富，各类标识及其相关技术从出现即以不同形态在各个领域受到广泛应用，近半个世纪以来其发展速度更加迅猛。从人与人之间的通信，到引入对物理世界的感知从而建立的人与物、物与物之间的通信，标识技术及其应用的发展都起到了重要的影响与推动作用，并且随着物联网的推进，围绕标识的应用、技术标准和需求都在不断增强和拓展。

1. 物联网标识类应用发展迅速

物联网标识类应用近年来发展迅猛，条码技术、RFID 技术在供应链管理、物流管理、资产跟踪、防伪识别、公共安全管理、车辆管理、人员管理等方面应用日益广泛。以 RFID 技术为例，采用 RFID 技术的中国二代身份证发行量已经超过 10 亿张，城市交通一卡通应用覆盖国内 100 多个大中型城市。2012 年中国 RFID 市场继续保持快速增长，比 2011 年增长 49.2%，市场规模达到 268.1 亿元。另外，随着智能手机和移动应用的发展，基于智能手机的二维码标识类公共服务应用，如电子化票据、电子优惠券、商品信息查询等，已经逐渐普及，国内部分机场已经支持刷手机二维码进行登机服务。

随着物联网标识类应用的发展，一些新的需求和趋势逐渐呈现。

（1）随着物联网行业闭环应用的推进和成熟，大规模跨行业类的标识应用需求凸显。例如，在智能物流领域，货物标识信息的管理、更新及获取不仅涉及商品生产行业。又如，烟草业、农业等，还涉及交通运输、商品管理等行业，食品溯源类也会涉及多个行业。目前跨行业应用还处于起步阶段，规模较小，且大多集中在某个地区或特定应用关联行业，未来将向更大范围内推广。

（2）二维码应用进一步发展和流行。二维码成本低廉，方便易用，且容易切入到 O2O（Online to Offline，线上线下，即通过线上应用促进用户线下消费）营销模式，通过手机扫描二维码进行网上购物、打印优惠券、会议签到等已经逐渐成为潮流。随着三大电信运营企业、腾讯微信和阿里巴巴等互联网企业的推进，二维码应用进入了前所未有的加速普及期，正在不断催生各种新型应用。

（3）基于 RFID 的物联网标识类应用不断发展，并且随着 RFID 标签成本的下降应用范围将会不断扩大。随着智能手机集成 RFID 芯片和 RFID 读写器功能，基于智能手机和 RFID 技术的物联网标识类应用在行业领域和公众服务领域逐渐展开，如电子钱包、远程支付、电子票据、电子证件、医疗 RFID 服务等。

2. 国际上 RFID 标准已经形成较完善布局

物联网对象标识标准方面，一维码、二维码相关标准已经相对比较成熟，目前标准化工作及关注点侧重主要在 RFID。国际 RFID 标准化比较有影响力的组织和机构主要有 ISO/IEC、EPCglobal、ITU-T、日本 UID（Ubiquitous ID）、AIM Global、IP-X 等，此外还存在大量应用范围相对较少的地区、行业标准及企业闭环应用标准。RFID 标准主要包括通用技术标准、应用技术标准、对象标识解析技术标准以及对象标识的编码和分配管理等方面的规定。

其中，通用技术标准主要是数据采集和信息处理相关标准，涉及空中接口标准、数据标准、测试标准、实时定位标准、安全标准等。国际上 RFID 通用技术标准已形成较完善的体系，以 ISO/IEC 为主导，并结合新的应用场景和特性需求不断推进，如 RFID 和传感器结合。应用技术标准结合各个应用领域特殊需求对通用技术标准进行补充和进一步具体化，如标签尺寸、标签粘贴位置、数据内容格式、使用频段等，目前主要涉及流通性较强的应用领域。例如，ISO/IEC 主要推进集装箱、物流供应链、动物管理等相关标准，EPCgloabl 则侧重供应链标准。对象标识解析技术标准提供标识关联信息的获取和共享机制，涉及对象标识解析架构和解析协议。在国际上比较有代表性的有三大体系，即 EPCglobal 定义的 ONS、ITU 和 ISO 联合制定的 ORS 以及日本 UID 中心定义的 ucode 解析服务体系。此外，还有一些其他解决方案和思路，如基于 Handle 解析系统扩展来支持 RFID 标识解析，行业内部 RFID 编码和解析体系等。对象标识的编码和分配管理与对象标识解析技术标准体系紧密相关，不同组织所采用的编码方案和管理规则通常不同。总体上，国际 RFID 标准已具备较完整的覆盖，但不同标准化组织或机构从各自角度出发，推出的标准又存在一定的差异。

3. 物联网对不同通信标识需求紧迫性不同

物联网是通信网和互联网的拓展应用和网络延伸，物联网中的通信标识特别是具有通信能力的物联网终端节点所使用的通信标识，仍然沿用现有电信网和互联网标识方式。大部分物联网终端节点通过固定或移动互联网的 IP 数据通道与网络和应用进行信息交互，部分物联网终端节点通过短消息或话音通道与网络和应用进行信息交互。为此，需要为物联网终端节点分配 IP 地址、E.164 号码等通信标识。

现有 E.164 号码资源能满足物联网未来五年发展需求。目前部分物联网终端节点通过短消息或语音通道与网络和应用进行交互，因此对 E.164 号码资源仍有很大需求。我国已经规划了 1064×××××××××共计 10 亿个专用号码资源用作 M2M，中国移动获得 10648 号段、中国电信获得 10649 号段、中国联通获得 10646 号段，每个运营商分别拥有 1 亿个 E.164 号码资源可用。同时，我国还规划了 14×××××××××共计 10 亿个号码资源用于有语音通信需求的物联网应用。根据未来五年我国 M2M 终端节点将达到 1.1 亿个左右的预测，我国目前 E.164 号码资源将能满足物联网未来五年发展需求。

物联网的快速发展使 IPv6 部署更为迫切。大部分物联网终端节点通过固定或移动互联网的 IP 数据通道与网络和应用进行信息交互，因此需要为物联网终端节点分配 IP 地址。物联网终端数量将是人与人通信终端的 10 倍到几十倍，仅从通信网角度看，目前我国 M2M 终端节点超过 3000 万个，按照每年 30%的增长率，未来五年我国 M2M 终端节点将达到 1.1 亿个左右，物联网将对 IP 地址产生强劲需求。面对 IPv4 地址资源紧张问题，物联网终端节点可以采用"IPv4 私有地址 ＋NAT"和"IPv6 地址"两种方案。前一方案可以缓解 IPv4 公有地址不足问题，但这种方式增加了网络复杂性，加大应用开发难度和运行代价，也会影响到未来物与物直接通信的发展。目前，国内外正在积极探索基于 IPv6 的物联网应用系统开发和建设，如中国电信湖南智慧农业项目，即采用了 IPv6 技术。

2.5.3　物联网频谱

2.5.3.1　物联网频谱概述

无线电频谱是无线电技术不可或缺的传输介质，是支撑物联网发展的重要基础资源，物联网在广泛应用于人们生活、工业发展、社会服务改善的同时需要解决关键的频谱资源问题。物联网通过无线电频谱实现其移动性、泛在性，而无线电频谱作为一种不可再生的无形自然资源，国家必须出台相关政策明确各个无线频谱的具体应用。物联网作为一个包含多种技术且无处不在的网络，会带来无线电技术的普遍应用，从而给频谱管理带来很大的挑战。

物联网技术架构分为感知层、网络层和应用层，其中涉及频谱应用和管理的是网络层和感知层。目前我国无线电频率规划中可用于物联网感知层关键技术的频率包括微功率、短距离无线电设备的免许可频段，以及 2007 年发布的用于 RFID 使用的 840～845MHz 和 920～925MHz 频段。用于网络层关键技术的频率主要是规划给无线移动通信系统的频率。根据《中华人民共和国无线电管理条例》，我国对各类无线电发射设备实施型号核准管理。因此，物联网网络层和感知层设备除需按照国家规划使用频率外，在进入市场前还需要到指定机构对各类设备进行型号核准。尤其是物联网应用中以 Wi-Fi、蓝牙、NFC、ZigBee、RFID 等为代表的微功率、短距离无线电设备在应用时按免无线电电台执照管理，该类设备必须通过无线电发射设备型号核准检测，并获得我国工业与信息化部核发的无线电发射设备型号核准证后才能在中国生产、销售和使用。

2.5.3.2　物联网关键技术的规划频率

物联网信息交互与传输以无线为主，无线电设备都需要使用频率资源，物联网的规模巨大，尽管有些业务每次传输的数据量不一定非常大，甚至只有几十个字节，但是必须一次传输成功，有着非常实时的传输要求。另外，物联网数据流量具有突发特性，可能会造成大量用户堆积在热点区域，引发网络拥塞或者资源分配不平衡。这些都会造成物联网对频谱的需求方式和对规划方式新的要求，对传统频谱管理体制和方式带来的巨大挑战。

物联网在现有技术基础上发展，可能包括在物联网体系内的技术包括 RFID、ZigBee、Wi-Fi、M2M（蜂窝）、蓝牙等，这些技术在国内外已有相应频谱规划，对物联网业务模式、产业需求和频谱资源需求的分析、对多技术体制"物联"带来的干扰问题分析和物联网频谱资源管理方式的研究，将是解决物联网频谱资源问题的关键。

1. 国际物联网相关技术总体频率规划情况

随着物联网技术研究的深入，各国都将结合各自的需求和频率资源使用现状进行相应规划。物联网相关技术在国际范围的总体频率规划情况如下所述。

（1）RFID（射频识别）：低频 125kHz 和 133kHz、高频 13.56MHz、UHF 频段 433MHz 和 860～960MHz、微波 2.45GHz 和 5.8GHz。

（2）IEEE 802.15.4：868/915MHz、2450MHz。

（3）NFC（近距离通信）：13.56MHz。

（4）Bluetooth（蓝牙）：2.4～2.4835GHz。

（5）IEEE 802.11b/g（Wi-Fi）：2.4～2.4835GHz。

（6）CC1100（无线收发器）：300～348MHz、400～464MHz 和 800～928MHz。

（7）IMT（移动通信技术）：450～470MHz、698～960MHz、1710～2200MHz、2300～2400MHz、2500～2690MHz、3400～3600MHz。

（8）BWA（宽带无线接入技术）：2.5GHz、3.5GHz、5GHz、24GHz 和 26GHz。

2. 我国物联网相关技术总体频率规划情况

我国对部分物联网相关技术已有频率规划，现有技术的频率规划情况如下所述。

（1）RFID：2007 年 4 月我国信息产业部发布了《800/900MHz 频段射频识别（RFID）技术应用规定（试行）》，RFID 具体使用频率为 840～845MHz 和 920～925MHz。

（2）IEEE 802.15.4：IEEE 802.15.4 技术使用 2.4GHz 免许可频段，16 个信道使

用 2405～2480MHz 频率。2012 年 12 月我国开放 5150～5350MHz 频段作为免许可频段，可用于 IEEE 802.15.4 系统。

（3）NFC：2005 年 9 月我国信息产业部发布《微功率（短距离）无线电设备的技术要求》，其中短距离无线电设备可使用频率范围在 13.56MHz，具体划分为 13.553～13.567MHz。

（4）蓝牙：蓝牙技术使用的是 2.4GHz 免许可频段，具体范围是 2.4～2.4835GHz。2012 年 12 月我国开放的 5150～5350MHz 免许可频段可用于蓝牙系统。

（5）IEEE 802.11b/g：IEEE 802.11 技术使用的是 2.4GHz 免许可频段，具体范围是 2.4～2.4835GHz。2012 年 12 月我国开放的 5150～5350MHz 免许可频段可用于 IEEE 802.11 系统。

（6）IMT：我国为陆地公众移动通信系统已分配了 687MHz 频段，具体为 825～835MHz/870～880MHz、889～915MHz/934～960MHz、1710～1785MHz/1805～1880MHz、1880～1920MHz、1920～1980MHz/2110～2170MHz、2010～2025MHz、2300～2400MHz、2500～2690MHz。

（7）BWA：我国宽带无线接入技术规划的频率包括 3.5GHz、5.8GHz 和 26GHz。其中 3399.5～3431MHz/3499.5～3531MHz 于 2001—2004 年分三次招标给地面固定无线通信系统使用。5725～5850MHz 频段作为点对点或点对多点扩频通信系统、高速无线局域网、宽带无线接入系统、蓝牙技术设备及车辆无线自动识别系统等无线电台站的共用频段。24.507～25.515GHz/25.757～26.765GHz 规划给 FDD 方式本地多点分配业务（LMDS）使用。

2.5.3.3 物联网应用带来的频率需求

物联网代表了信息通信技术创新和产业发展的突破方向，已成为各国构建经济社会发展新模式和重塑国家长期竞争力的先导领域。从全球来看，发达国家正利用传统优势巩固在物联网研发和应用方面的地位。首先，通过出台国家战略，指引方向，谋划占领全球物联网发展的战略制高点。其次，通过国家投入引导性资金，吸引利益相关方参与，加强物联网基础技术和应用技术研发。再次，设立物联网试点示范，推动物联网在关键领域和社会民生领域的应用。最后，为保障物联网发展，创造安全可信的法律和政策环境，解决物联网相关的安全隐私、频率资源等关键问题，创造物联网大规模发展的前提。

全球物联网应用主要以 RFID、传感器、M2M 等应用项目体现，大多数是处于探索和验证阶段的试验性项目或小规模部署的示范性项目，跨行业、跨区域的大规模应用较少。

未来，全球物联网应用将朝着规模化、协同化和智能化方向发展，同时以物联网应用带动物联网产业将是全球各国的主要发展方向。一是规模化发展。随着世界各国对物联网应用的不断推进，物联网的应用在各行业领域中的规模将逐步扩大，尤其是一些政府推动的国家性项目，如美国智能电网、日本 I-Japan、韩国物联网先导应用工程等，将吸引大批有实力的企业进入物联网领域，大大推进物联网应用进程，为扩大物联网产业规模起到巨大作用。二是协同化发展。随着产业和标准的不断完善，物联网应用将朝协同化方向发展，形成不同物体间、不同企业间、不同行业乃至不同地区或国家间的物联网信息的互联互通互操作，应用模式从闭环走向开环，最终形成可服务于不同行业和领域的全球化物联网应用体系。三是智能化发展。物联网应用将从目前简单的物体识别和信息采集，走向真正意义上的物联网，感知、网络交互和应用平台可控可用，实现信息在真实世界和虚拟时间之间的智能化的流动。四是基于比较优势的发展。结合本国优势、优先发展重点行业应用以带动物联网产业。物联网应用仍处于起步阶段，物联网产业支撑力度不足，需求需要引导，发展还需要各国政府通过政策加以引导和扶持，未来几年各国将结合本国的优势产业，确定重点发展物联网应用的行业领域，尤其是电力、交通、物流等全国性基础设施以及能够大幅度促进国民经济的重点经济领域，将成为物联网规模发展的主要应用领域。

工业自动控制：工业自动化领域，声、光、电、像、图、文等多感知信息存在于工业过程的各个角落，如何实现高度的集中与融合，扩大感知信息利用的深度和广度，从知识发现和利用、信息空间与物理空间相融合的角度提升工业自动化的智能程度将成为该领域的发展热点。

（1）精细农牧业：农业物联网将向规模化、精细化、通用化、社会化方向发展，从特定行业的监测控制网络向大型社会化网络发展。农业物联网将是集环境信息监测、农业资源监测、农业资源规划、作物生产精细管理、畜禽精细养殖、农产品安全检测与溯源为一体的大型网络，并与工业、生活等物联网相互融合。

（2）智能物流：电子商务带来的交易方式变革，使物流业向信息化并进一步向网络化方向发展。专家系统和决策支持系统的推广使物流管理更加趋于智能化。信息化技术的应用成为龙头企业的制胜法宝；物流系统发展呈现集成化、网络化和标准的统一化。

（3）金融服务：移动支付将是物联网金融服务领域的发展方向。移动支付结合了电子化货币、身份验证、移动通信与移动终端等特点，可使用户随时随地享受多种服务。移动支付作为一种新兴支付方式，将有巨大的发展潜力，并可能成为一种新的主流。

（4）智能电网：智能电网是最先进的通信、IT、能源、新材料、传感器等产业的集成，也是配电网技术、网络技术、通信技术、传感器技术、电力电子技术、储能技术的合成，对于推动新技术革命具有直接的综合效果。从当前智能电网和物联网的产业发展趋势来看，将形成一个二维的产业链结构，包括横向的发电、输电、变电、配电、用电、调度六大环节，纵向的芯片、传感器、集成模块及设备产品、中间件、系统集成、试验检测、工程实施、服务开发、系统运维等。

（5）智能交通：未来的物联网全面推广中，将采用政府主导的自上而下的发展模式为主，以引导民间投资的市场需求推动模式为辅，多管齐下的方式发展交通运输物联网。未来的智能交通也存在互通共享的需求，在网络基础建设方面，不仅涉及电信、互联网、电视网等公众网络之间互通的问题，也有公众网和行业专网之间，行业专网和行业专网之间的互通共享问题。

（6）电子健康：近年来医疗卫生社区化、保健化的发展趋势日益明显，通过射频仪器等相关终端设备在家庭中进行体征信息的实时跟踪与监控，通过有效的物联网运作过程，可以实现医院对患者或者是亚健康病人的实时诊断与健康提醒，从而可以有效地减少、控制病患的发生与发展。

（7）智能家居：未来的智能家居不再是信息孤岛，由智能家电构成的家庭传感器网络与各服务提供商的应用系统通过标准化接口建立连接。未来智能家居市场会进入一个产业整合阶段，朝着多种接入方式并存、节能减排、跨应用融合等方向发展。

（8）环境保护：发达国家的环保技术正向深度化、尖端化方面发展，产品不断向普及化、标准化、成套化、系列化方向发展。

（9）公共安全：围绕重要区域防入侵、应急指挥联动，以及交通、生产、食品、卫生、消防、基础设施等公共安全相关领域，对物、事、资源、人等对象进行信息采集、传输、处理、分析，实现全时段、全方位覆盖的可控监测与决策支持。

2.5.3.4　物联网应用的频率干扰

物联网应用的一个重要特征是多业务多技术的集成性应用，因此物联网技术之间的干扰问题是物联网频谱管理的重要因素。物联网行业应用在技术和体系架构上具有较大相似性，主要差异是应用层。下面以智能家居为例分析物联网的频率干扰问题。

随着现代家庭中家用电器设备的增多和通信线路的发展，利用现有的通信设备和线路对家用电器和仪表进行远程控制，已经成为未来家居发展的趋势。智能家居物联网应用从技术和场景角度可以分为智能家居内部网络和智能家居外部网络。内部网系统将家庭中各种设备互联，以实现人与设备、设备与设备之间的信息传递，内部网系统主要使用短距离的无线方式进行接入，通常需要满足几个特性：低功耗、稳定、易于扩展并网；主要技术包括基于蓝牙、RFID、ZigBee、Wi-Fi 等短距离通信技术；以及基于 LTE 等蜂窝系统室内解决方案。智能家居外部网络主要通过 Internet 网络、电话线路以及宽带移动通信网络来实现。

各国对于宽带移动通信技术等均有明确的频率规划方案，以保证大范围部署应用，因此物联网技术之间的干扰主要体现在室内场景。以智能家居为例，主要干扰可能来自于 Wi-Fi 与 ZigBee 及蜂窝系统室内应用之间。

1. Wi-Fi 与蜂窝系统之间的干扰

我国开放 5GHz 频段之后，Wi-Fi 的主用频率包括 2.4GHz 和 5GHz，目前蜂窝系统主要频率在 3GHz 以下，因此 Wi-Fi 与蜂窝系统之间的可能干扰主要在 2400～2483.5MHz 频段。邻近的蜂窝系统包括 2300～2400MHz 和 2500～2690MH 频段，我国目前规划了 2300～2370MHz、2555～2655MHz 频段用于 TDD 系统。由于在 2.4GHz 频段上 Wi-Fi 和蜂窝系统频率相邻，因此干扰的可能性非常大。

Wi-Fi 系统信道 1 频率范围为：2401～2423MHz，中心频率为 2412MHz。根据 Wi-Fi 系统发射机的频谱模板，在邻频 2380～2400MHz 内的邻道泄漏功率比 ACLR 值为 30.37dB。根据 3GPP TS36.101 技术规范，2380～2400MHz 频段上 LTE 系统在邻频 2401～2423MHz 内的邻道选择性 ACS 为 30.849dB。因此，Wi-Fi 与 LTE 系统之间的邻频隔离度 ACIR 值为

$$\text{ACIR} = 10\log_{10}\frac{10^{(\text{ACLR}+\text{ACS})/10}}{10^{\text{ACLR}/10}+10^{\text{ACS}/10}} = 27.59\text{dB}$$

根据 Wi-Fi 系统发射机的频谱模板，在邻频 2500MHz 以上的 ACLR 值为 47.4dB，2500MHz 频段 LTE 系统在邻频 2483.5MHz 以下的邻道选择性 ACS 约为 39.6dB，因此，Wi-Fi 与 LTE 系统之间的邻频隔离度 ACIR 值为

$$\text{ACIR} = 10\log_{10}\frac{10^{(\text{ACLR}+\text{ACS})/10}}{10^{\text{ACLR}/10}+10^{\text{ACS}/10}} = 38.93\text{dB}$$

因此，Wi-Fi 与 LTE 系统在 2500MHz 的邻频隔离度约为 39dB，在 2400MHz 的邻频隔离度约为 27.6dB。我国目前主要部署到 2320～2370MHz，Wi-Fi 与 LTE 系统在 2370MHz 频点的邻频隔离度也约为 40dB。

根据仿真分析和实际工程实施经验，Wi-Fi 与蜂窝系统之间存在一定干扰，但可以通过工程措施，如共享室内分布系统等方式来解决。对于同一终端内 Wi-Fi 与蜂窝系统之间的干扰，可以通过协议优化的方式错开 Wi-Fi 与蜂窝系统同时工作的时间来规避干扰。因此，总体上 Wi-Fi 与蜂窝系统之间的干扰可以从规划和实施的角度来规避，开放 5GHz 频段之后，干扰场景可以进一步规避。

2．Wi-Fi 与 Zigbee 之间的干扰

由于 Wi-Fi 和 ZigBee 带宽不同，当 Wi-Fi 和 Zigbee 工作于同频时，Wi-Fi 发射功率落在 ZigBee 接收机带宽内的仅占 Wi-Fi 总发射功率的 1/11。由于频谱规划以及 ZigBee 的自动信道选择功能等原因，除非业务量饱和，同频共存的情况比较少见。对于邻频的场景，信道选择功能可能规避主要的干扰。

因此，总体来看对于物联网技术之间的干扰，可以通过工程实施的方式适当规避，如果物联网应用作为整体解决方案，可以在系统设计中对设备指标进行限制进一步规避干扰。

2.5.3.5　物联网频率规划和管制

物联网将传统的人与人通信扩展至人与物、物与物的智能互联，极大地拓展了

ICT 产业的市场空间，是 ICT 产业的下一个重大发展方向。物联网应用的发展需要更有效的无线通信技术，需要具有低功耗、能够支持更多用户、更大覆盖、更低成本等特性。面对未来物联网的大量应用，仍可能存在大量的频谱空缺，因此需要探索物联网频率规划和管制的方式方法，包括释放更多的许可/免许可频段，以应对宽带移动通信技术和近距离通信技术未来发展的频谱需求，支撑物联网产业的发展。

由于物联网规模巨大，数据流量具有突发特性，可能会造成大量用户堆积在热点区域，引发网络拥塞或者资源分配不平衡。这些都会造成物联网对频谱的需求方式和规划方式带来新的要求，对传统频谱管理体制和方式带来巨大的挑战。因此需要从技术、应用、管制三个维度综合考虑物联网的频率需求、规划、干扰问题。

物联网是在现有技术基础上发展，可能包括在物联网体系内的技术包括 RFID、IEEE 802.15.4、IEEE 802.11、蓝牙、蜂窝等，这些技术在国际国内目前已有相应频谱规划，因此物联网频率将主要使用移动通信规划频率、行业应用专用网络规划频率和免许可频段。

从研究分析结果来看，物联网系统内的干扰情况主要取决于干扰信号检测和信道调度方法，因此通过频谱资源使用和共享机制或算法并结合工程措施应能够减少或规避干扰，保证物联网应用的性能指标要求。

从频谱资源的角度，2.4GHz、5GHz、60GHz 频段应能够满足感知层数据传输的需求。但由于各频段上均存在多种业务共用，因此物联网在这些免许可频段上需要对物联网系统与移动通信、雷达、无线电定位、导航、卫星地球探测等业务之间的干扰进行充分研究。

移动通信规划频率和行业应用专用网络规划频率可以在频率规划阶段对干扰情况进行适当规避，因此是物联网重要应用频段，需要结合未来五到十年的应用需求和技术发展，考虑为移动通信系统和物联网行业应用规划专有频段。

物联网的不同应用场景和不同接入技术具有在时间和空间上对于频谱资源利用的不均衡性。物联网需要从整个系统的角度研究提高整体频谱利用效率，包括频谱分配总体架构、物联网接入层和感知层多种技术之间频谱共享和调度、物联网系统与其他业务应用之间的资源共享机制等。从频谱资源共享的角度，可以通过微功率设备射频控制和区域性频率协调来实现多系统多技术之间的资源共享。此外，基于软件无线电技术基础上提出的认知无线电技术也是一种有效的利用闲置频率资源的方法。

第 3 章
物联网应用

本章要点

- ✓ 智能电网
- ✓ 智能交通
- ✓ 智慧城市
- ✓ 智能家居
- ✓ 电子健康
- ✓ 智能农业
- ✓ 智能环保

**本章导读**

物联网是采用物联网的技术将信息化贯穿到社会、生产、生活的各个方面，将信息化的应用更加深化和广化。目前，物联网已经在不同领域和行业有多方面的应用，本章重点介绍智能电网、智能交通、智慧城市、智能家居、电子健康、智能农业、智能环保七个典型物联网应用的发展情况。

3.1 智 能 电 网

物联网技术在智能电网中主要应用于关键生产环节信息的监测、传输和控制，以提高智能电网一次设备的感知能力，并结合二次设备，实现传感器数据的采集、状态监测、数据传输、数据分析和决策等功能，应用在智能电网的发电、输电、变电、配电、用电各个环节。

（1）在发电环节，为多元化发电技术（包括传统能源、可再生能源等）灵活接入及控制提供监测手段，以及与电网相连的高扩展信息和控制接口。

（2）在输电环节支持线路状态监测、线路运行环境监测和巡检技术的智能化。

（3）在变电环节支持变电设备状态监测、不同厂家信息的规范化通信接口。

（4）在配电环节支持分散储能装置调度及分布式接入的智能配电的监测和控制。

（5）在用电侧支持用户与电网的双向互动和负荷调节的监测和控制。

这些智能电网应用也对物联网技术提出了更高的需求，促进了物联网技术与智能电网应用结合的发展。

3.1.1 发电环节的物联网应用

智能电网中存在火电、水电、核电、风电等不同的发电资源，其特点不尽相同。火电技术成熟，建造成本低，运行控制简单，是我国现在主要发电形式，其缺点是污染大。水电污染小，但是建造成本高，对地理条件、自然环境要求大，无法大规模建造。核电技术比较成熟，建造成本较高，建好后发电成本低，核燃料发电能量大，但是控制复杂，存在安全风险。不同的发电系统均可应用物联网技术，在调度站发出指令后，经过调配系统进行智能分析，确定不同发电厂的出电量，从而实现一次能源的优化使用，节约系统开支。调配系统应根据不同发电技术的优势及劣势，灵活地进行动态优化。发电环节对于物联网的典型应用如图 3-1 所示。

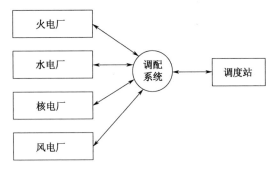

图 3-1 发电环节对于物联网的典型应用

对于风力、光伏等清洁能源，可以利用物联网技术，辅助进行控制和管理，一方面为本地供电，而用不完的电能可以为电动汽车充电，或者存储在蓄电池中，在电网供电量不足时还可以向电网送电。分布式风力发电的形式一般采用风力发电与太阳能发电、柴油机发电等组合式发电系统，即"风光"、"风油"和"风光油"互补发电，特别是采用"风光"互补发电系统发电，是未来的发展方向。太阳能与风能在时间上和地域上有着很强的互补性。太阳能和风能在时间上的互补性使"风光"互补发电系统在资源上具有最佳的匹配性。

发电环节物联网技术应用实现的主要功能包括：

（1）辅助完成设备运行状态监测、老化监测。

（2）对一次设备进行监测和数据采集，辅助完成多元化发电技术的灵活接入。

（3）快速响应电力系统调度指令执行，实现集约化电源发展。

（4）辅助完成非稳定电源的并网控制，提升可再生能源的机网协调运行水平。

（5）通过实时数据采集，有效地支持多元化发电技术（包括传统能源、可再生能源等）灵活接入及控制，提供高扩展控制接口。

（6）支持机网信息的双向交换，提高发电装备综合使用和能源利用效率，促进节能降耗。

3.1.2 输电环节的物联网应用

输电系统通常需要具有高速、全面集成的双向通信技术架构，应提供输电线路属性管理和输电线路状况管理功能。其中，输电线路属性主要包括输电导线型号、线路长度、绝缘子种类和数目、金具、塔杆的高度和数目等；线路状况包括线路走廊经过地区的水文、气候、地质情况等。

通过物联网技术，可以建立输电网属性和运行动态环境的动态监测。输电网的物联网应用主要是线路上所涉及的设备监测以及线路和环境运行状态两类。

输电环节物联网技术应用实现的主要功能包括：

（1）快速线路摆动、挥舞监测。

（2）提供导线弧垂及温度变化实时监测。

（3）辅助完成输电线路状态检修和全寿命周期管理。

（4）实时电向量采集，提高线路输送能力。

（5）辅助实现分布式电力系统潮流控制灵活性。

（6）输电线路及绝缘子覆冰快速检测。

（7）绝缘子盐密和灰密变化及污秽的监测。

（8）快速更新雷电定位系统数据。

输电环节对物联网的典型应用如图 3-2 所示。

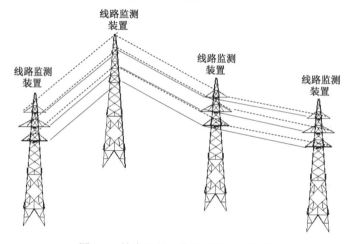

图 3-2　输电环节对物联网的典型应用

3.1.3　变电环节的物联网应用

智能化变电站是数字化变电站的升级和发展，是在数字化变电站的基础上，应用物联网和变电站自动化技术实现的。

智能化变电站通过物联网技术，将智能化的二次设备的采集数据通过通信网络传送到控制中心进行分析和控制。智能变电可以自动完成信息采集、测量、控制、保护、计量和监测等基本功能，并根据需要支持电网实时自动控制、智能调节、在线分析决策、协同互动等高级功能，实现一次设备智能化、信息交换标准化、系统高度集成化、运行控制自动化、保护控制协同化、分析决策在线化。智能化变电站也正在向着图像监视系统、环境监测系统、防盗系统、消防系统、报警系统一体化的高度集成化方向发展。

变电站巡检是保障电网安全运行的重要工作。由于输电、变电、配电设备分布点多面广，且大部分曝露在室外，易受设备老化、天气及人为破坏等因素影响而引发故障。传统使用人工进行变电站巡检工作。通过物联网技术的应用，可实现智能巡检，将人工与手持电子设备结合，如信息钮、信息螺栓、条形码、有源和无源感知标签部署在巡检路线上，通过手持智能终端自动采集并上报，还能感知重要设备的工作运行环境，如温度、湿度、振动等。变电站巡检的物联网技术也可应用在发电、输电等其他环节的巡检工作中。

变电环节物联网技术应用实现的主要功能包括：

（1）变电设备状态监测和检修。

（2）辅助变电站巡检。

（3）辅助负荷预测。

（4）辅助振动检测。

（5）辅助设备信息和运行维护策略与电力调度实现全面共享互动。

（6）全网运行数据的统一采集及相关数据同步、共享，支撑各级电网的安全稳定运行和各类高级监测应用。

3.1.4 配电环节的物联网应用

配电网直接面向用户，是保证供电质量、提高电网运行效率的关键环节。智能电网分布式能源的引入将使配电网从传统的供方主导、单向供电、基本依赖人工管理的运营模式向用户参与、潮流双向流动、高度自动化的方向转变。应用先进的物联网监控技术，对运行状况进行实时监控并优化管理，降低系统容载比并提高其负荷率，使系统容量能够获得充分利用，从而可以延缓或减少电网一次设备的投资，有利于提供优质可靠电能，保障现代社会经济的发展。

在配电网中，FTU 是装设在馈线开关旁的开关监控装置，大多采用分散的安装方式。TTU 监测并记录配电变压器运行工况，根据低压侧三相电压、电流采样值，每隔 1～2 分钟计算一次电压有效值、电流有效值、有功功率、无功功率、功率因数等运行参数，记录并保存一段时间和典型日上述参数数组的整点值，电压、电流的最大值、最小值及其出现时间，供电中断时间及恢复时间，记录数据保存在装置的非易失性内存中，在装置断电时记录内容不丢失。TTU 只有数据采集、记录与通信功能，而无控制功能。DTU 一般安装在常规的开闭所（站）、户外小型开闭所、环网柜、小型变电站、箱式变电站等处，完成对开关设备的位置信号、电压、电流、有功功率、无功功率、功率因数、电能量等数据的采集与计算，对开关进行分合闸操作，实现对馈线开关的故障识别、隔离和对非故障区间的恢复供电，部分 DTU 还具备保护和备用电源自动投入的功能。

配电环节物联网技术应用实现的主要功能包括：

（1）监测配网的运行状况参数。

（2）实现具有大容量信息交互和数据处理。

（3）辅助完成配网自动重构。

（4）辅助实现电力系统潮流优化控制。

（5）辅助实现分散储能装置调度及分布式接入。

（6）辅助实现电动汽车充电桩功率调配。

配电环节对物联网的典型应用如图 3-3 所示。

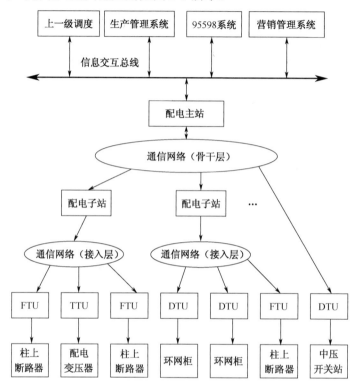

图 3-3　配电环节对物联网的典型应用

3.1.5　用电环节的物联网应用

智能用电是智能电网的重要环节，通过物联网等先进信息通信技术的应用，支持用户与电网之间能量流和信息流的双向实时互动，构建了用户参与、资源优化配置的新型智能供电系统。

家庭内部通过智能电表、智能插座等技术，能够实时准确地采集用电负荷数据，通过无线家庭网络和网关连接互联网，构建家庭内部的智能用电系统。智能用电系统为用户提供了统一的用电监控和管理服务，采集分析家庭的用电信息，用户可以选取最适合的用电方式，控制智能家电的通断和服务模式，如省电模式、外出模式，调节峰谷和节约用电。此外，智能用电系统不仅能够利用这些分布式电源（每户家庭或者居民小区管理和控制太阳能、风能等分布式电源）为用户供电，还能根据需要向电网送电。

家庭智能用电系统，可实现智能电网的错峰用电、电价调节等重要功能。用户按照错峰计划将高峰时段的部分负荷调整到非高峰时段，在负荷高峰时段出现负荷缺额时能够直接拉闸限电，切换相应的负荷。支持电价政策调节，通过实行季节性电价、分时电价等，抑制高峰时段的负荷需求。

用户侧分布式电源安全可靠接入、优化运行控制是供电服务面临的新的需求。未来大范围、小容量的分布式电源接入后，因其存在间歇性、波动性等特点，对配电网调度、电能质量、供电可靠性等都造成重大影响。分布式电源的频繁投入和退出、潮流的双向互动，对计量设备、控制系统也提出了新的需求。需要进一步整合分布式发电单元与配电网之间的关系，在一个局部区域内直接将分布式发电单元、电力网络和终端用户联系在一起，灵活地进行结构和配置以及电力调度的优化，提高能源利用效率，推动分布式电源上网，降低大电网的负担，改善可靠安全性，并促进社会向绿色、环保、节能方向发展。

配电环节物联网技术应用实现的主要功能如下：

（1）智能用电信息采集。

（2）智能家电设备管理和控制，实现电网与用户的双向互动。

（3）辅助分布式电源的管理和控制，实现能量流的双向流动。

（4）保证家庭网络安全。

3.1.6 智能电网的物联网技术需求

3.1.6.1 感知层技术需求

智能电网对物联网感知层技术需求集中在设备内置传感装置、设备状态和环境监测类信息采集。

设备内置的电力传感装置用于检测设备运行数据，保证设备功能正常。通常大型发电、变电等电力设备内置有大量传感装置，传感装置功能通常与设备一体，目前还没有特定的电力设备内置传感装置的标准，尤其新能源发电接入电网监控技术和设备还有待完善，相关的信息采集技术和设备装置正处于研究和发展中。

智能电网的设备状态和环境监测主要用于输电线路监测和变电环境监测。输电线路监测包括灾害监测、线路状态监测、塔杆状态监测、运行环境监测，其中灾害监测包括冰雪、风灾、雷击、地震灾害监测，线路状态监测包含温度监测、应力荷载控制、绝缘子污秽监测、线路损伤监测、振动舞动监测。塔杆状态监测量包括杆塔横向倾斜、塔杆振动、塔杆顺线倾斜、基础滑移、不均匀沉降等数据。运行环境监测一般采用视频监测，对线路下的施工现场、不良地形、外部环境、突发自然灾害等危险情况实施监控。

国家电网公司在智能电网试点开展了包含输电线路状态监测中心的试点工程，线路状态与运行环境监测相关标准已经列入计划。在线监测技术在实际运行线路开始初步应用，面临新的挑战和机遇，包括：不同系统之间难以互通共享、信息整合度不高；运行可靠性低，功能单一，应用效果不佳；相当部分重要的线路设备运行状态的获取依赖人工监测，不能及时发现和处理缺陷，支撑大跨越的状态评价和风险评估。这些问题有待物联网技术在电网中进一步发展和应用中逐步解决，形成未来完善的技术方案和产品。

3.1.6.2　网络层技术需求

智能电网对物联网网络层技术需求主要是传输控制指令、多媒体视频、数据、语音，并保证实时性和高可靠性。

目前，我国输电线路存在 OPGW/ADSS 等电力特种光缆，但沿线没有建立适合的通信通道接入电力通信网络，需要针对输电线路监测，研究短距离无线通信、无线局域网络、电力载波接入、无源光网络等通信接入技术，研制关键通信设备，开展其在输电线路监测与巡检的应用研究，满足智能采集装置的数据传输要求。

智能变电站采用基于 IEC 61850 的标准化网络通信体系，通信平台趋向网络化，智能变电站通信网络需满足高实时性、高可靠性、高自适应性、安全加密的要求。我国以 OPGW 为主的光通信网络已经覆盖地级市公司、部分县级供电企业及主要厂站。目前工业以太网交换机尚不能完全满足智能变电站网络通信系统的建设需求，需要研制智能变电站千兆光/电以太网（工业级）交换机。

配电自动化是智能配电网的重要组成部分，配电自动化系统是对配电网上的各种设备进行远方实时监视、保护与控制及优化运行的一个集成系统。配电自动化系统的所有功能都是以通信为基础的，通信技术是配电网自动化的关键之一。我国的配电网结构复杂，具有通信点多，且分布极为分散，单个通信点信息量少，通信设备工作环境差等特点，需要合理解决通信的实时性、可靠性和基于 IP 网络组网等技术问题，满足智能配电网应用要求。

用户侧支撑用电信息采集系统和营销信息系统的通信网络资源不足。从目前的技术条件看，没有一种单一的通信方式能够全面满足各种规模的配电、用电自动化的需要，需要综合利用无线（公网和专网）、有源光网络、无源光网络、配电线载波等复合通信技术，建立配电网、用电网通信综合接入平台，实现多种通信方式统一接入、统一接口规范和统一管理，提供标准网管接口，支持本地网管和远程网管。

3.1.6.3　应用层技术需求

智能电网对物联网应用层技术需求主要集中在以下几个方面。

1.　基于面向服务的架构的统一数据模型、服务和协议

智能电网促使电力系统不断升级，需要硬件和软件具有高度的可扩展性，系统

结构模块化并基于组件。其技术路线是使用面向服务的架构对 IT 系统进行组织和整合，将智能电网各系统建设与集成建立在统一的语义（数据模型）、统一的语法（协议）和统一的网络概念之上。目前，IEC 62357 参考架构描述了能源利用领域的系统整合需求，主要包括统一的数据模型、服务和协议，该框架由一系列标准组成，包括 IEC 61968 和 IEC 61970。但我国电网系统建设部分还没有按照标准执行，例如生产控制系统数据与市场运作数据和管理系统数据没有按照 IEC 62357 架构，市场和用户难以沟通。

2. 电力企业应用集成——配电管理的系统接口

配电网络覆盖大电气设备多，要求各专业管理应用系统之间有标准的接口消息定义和配电通信信息模型扩展，实现新能源的接入、分布式能源的即插即用，以及配电网的优化高效运行。目前配电网络管理的信息分布在不同的专业部门，要求各个业务系统能够互操作，实现 SCADA（监控和数据采集）、负荷和发电预测、故障定位隔离检修、负荷管理等关键控制功能。目前 IEC TC57 WG14 正开展基于 IEC 61968 系列标准，负责在标准接口架构下构建配电管理系统的标准接口需求。但 IEC 61968 与 IEC 61970 之间的映射关系有待研究深化，达到输配的更大融合，尤其在分布式电源的接入和大容量储能装置的应用故障管理方面，要求输配的运行管理信息松耦合但可协调调度。

3. 能量管理系统应用程序接口（EMS-API），实现各级调度系统横向协同和纵向贯通

调度系统包括调度中心和变电站。调度中心的 EMS 系统遵循 IEC 61870 标准，采用 CIM 描述电网模型，变电站自动化系统遵循 IEC 61850 标准，IEC 61870 和 IEC 61850 标准体系存在差异，模型、图形和数据无法互通。IEC 61970 能量管理系统应用程序接口（EMS-API）规定了与 CIM 数据模型和 CIS 接口标准，是 EMS 的应用软件组件化并具有开发性，实现调度中心与变电站之间的互联互通。国内已经等同采用该标准作为行业标准，标准已经进入实验阶段。

4. 信息安全

信息安全结合了技术和管理两个方面，ISO/IEC 27001 信息安全管理体系要求、ISO/IEC 27002 信息安全管理实用规则综合了信息安全技术和管理的内容，我国已经引用这两个标准为国家标准，该标准适用范围不仅包括信息技术，而且内容涵盖了信息的全生命周期，对智能电网的建设、运行和管理具备指导意义。

3.2 智能交通

3.2.1 智能交通发展背景

近年来，随着我国经济的高速发展，我国道路交通建设规模不断扩大，截至 2011 年年底，全国公路总里程达 406.86 万公里，其中高速公路达 8.5 万公里，公路总里程和高速公路里程均位居世界第二位，公路网已经成为支撑国家经济发展、服务公众生活的战略性资源和设施。虽然我国交通道路发展良好，但同时我国车辆、驾驶人员的数量在以更快的速度增加，截至 2011 年年底，我国民用汽车保有量达到 10578 万辆，机动车驾驶人数量超过 2.3 亿人。从现实需求可以看到，对道路交通基础设施的庞大需求很难单纯通过扩大道路建设给予完全满足。因此，为提高交通运营和管理效率，加强信息技术与交通服务、交通运营监管、道路规划建设的结合变得越来越重要。当前，以信息化为代表的智能交通技术和应用可能成为适应当前越来越大的道路交通需求，缓解交通拥堵的有效手段，智能交通成为我国政府、研究机构和相关产业重点关注的方向。

面向产业和民众需求，我国政府在政策导向上给予智能交通高度重视，相关部门正在积极推动。例如，在国家中长期科学和技术发展规划纲要（2006—2020 年）[国发（2005）第 044 号]中提出，重点开发综合交通运输信息平台和信息资源共享技术，现代物流技术，城市交通管理系统、汽车智能技术和新一代空中交通管理系统；"十二五"规划中将智能交通作为物联网重点部署领域，智能交通成为物联网分支中最具备技术基础、最具备产业潜力的应用之一；工信部组织开展的我国重大专项第三专项，将智能交通、汽车移动物联网项目列为其中重要项目；交通部正在制定《交通运输行业智能交通发展战略》等。从产业发展看，智能交通作为物联网应用的"抓手"型业务之一，产业链各方力量都在积极推动，交通运营部门、监管部门、电信运营商、主要汽车制造商、相关设备厂商和研究机构都在积极参与和推动智能交通应用发展，为智能交通应用提供了强大的技术、产业支撑，智能交通应用的快速发展和商用具备基本产业条件。

3.2.2 智能交通概念内涵

智能交通是物联网典型应用之一，其核心是利用通信技术、计算机处理技术、传感技术、控制技术等现代信息技术，实现人、车、路、交通环境等全方位交通信息的采集、传输、处理和综合应用。智能交通发展的主要作用是为交通运营和监管部门提供高效、便捷、安全、实时的监督管理和运营辅助技术手段；也为公众交通用户提供更加高效、安全、舒适的信息服务和良好业务体验。

当前，智能交通相关概念较多，除智能交通外，车联网、Telematics 等也都在为提高交通出行效率，丰富信息服务能力积极开展工作。这些概念出现于不同的时期，并不断发展，目前三者有一定重合，特别是在通信网络技术方面共性较多，但服务侧重点略有差异，主要体现在以下几个方面。

1．智能交通

智能交通侧重交通管理信息服务，强调利用信息技术对交通环境下的车辆及交通设施进行智能管理和控制，以提高交通运行效率为主要目的。

2．Telematics

Telematics 是 Telecommunication + Information 的合成词，以安装在汽车上的资讯系统平台为核心，通过通信网路提供多样化的信息服务，是传统汽车娱乐电子设备的延伸，可面向汽车用户提供交通出行信息，以及紧急救援、娱乐等服务。

3．车联网

车联网是近几年随着物联网的发展而提出的，注重汽车及其周边环境的感知，以及以车为中心建立的车与车、车与路、车与人之间的全面网络连接，提供更加丰富的交通、娱乐、商业等信息服务，使行车过程更安全、舒适、高效。

3.2.3　智能交通应用分类

智能交通的应用类型多种多样，目前各个国家根据各自的差异化需求，智能交通应用方向各自有所侧重。例如，美国重视车辆安全驾驶；日本侧重提高出行效率和安全性；欧洲注重跨国互通和联合应用。

从总体应用发展看，无论具体应用形态如何，基本都脱离不了两大类范畴：一类是面向交通运行、监管者的行业管理类应用；另一类是面向驾驶者和企业的开放信息服务类应用。

1．行业管理类应用

行业管理类应用主要面向交通行业需求，侧重交通运营、监督、管理。该类应用强调收集交通运营、管理需要的人、车、路、交通状况等信息，并以满足交通运营、监管、公共安全需要为主要目标。例如，机动车违法监测、交通流量监测、停车诱导、电子车牌、交通流疏导、电子卡口、浮动车信息采集、智能交通信号控制、智能交通指挥调度等都属于该类应用。

2．开放信息服务类应用

开放信息服务类应用可涵盖公众、企业两类用户，侧重面向用户提供信息服务。该类应用围绕道路和汽车，注重收集车与人、车与车、车与道路的属性信息和静/动态信息，以满足交通环境下用户出行的高效、安全和舒适，提升用户体验为主要目标。例如，通用汽车的 OnStar、中国移动的车务通、交通信息提示、出租车监管系统、公交电子站牌、公交车监控管理等都属于该类应用。

3.2.4 智能交通总体架构

智能交通是物联网的典型应用，智能交通将实现对交通和车辆更全面的感知、更方便的网络接入和传输、更智慧的判断控制和信息服务。根据物联网三层体系架构，也可将智能交通划分为感知层、网络层和应用层三层，具体如图 3-4 所示。

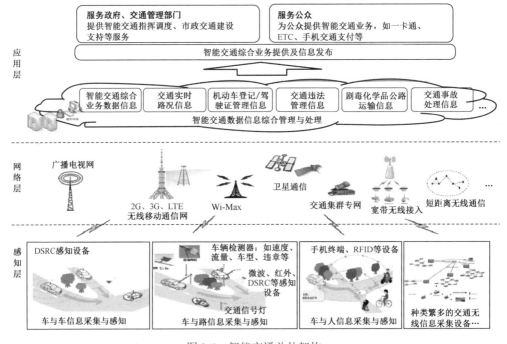

图 3-4　智能交通总体架构

1．感知层功能

感知层实现车与车、车与路、车与人之间的信息采集和感知功能，通过种类繁多的交通无线信息采集设备获得交通环境相关信息，达到对整个道路运行状态的全面、精确感知，为智能交通综合应用和交通指挥调度提供基础数据。

2. 网络层功能

网络层是智能交通应用的网络基础，是数据信息的传输承载层。网络层通过多种网络技术的协同和互补完成信息传输功能，包括具有大范围覆盖能力的 2G、3G、LTE 移动通信网、小范围快速专用短距离通信（DSRC）网络、WLAN 网络以及广播电视网、交通集群专网等。网络层重点强调多网络协同，保证高效率、广覆盖的将感知层采集的交通信息传输到应用层，并为应用层的控制信息、调度信息以及交通发布信息提供下行通道。

3. 应用层功能

应用层为公众、服务政府和交通管理部门提供融合、统一的服务平台。应用层将网络和现实环境中的各种交通实时信息、用户信息、网络资源、交通设施等智能交通应用关注的各要素进行应用整合，面向不同的用户提供多样化信息服务。例如，通过感知交通温湿度、实时流量、车速、车况、尾气排放等大量车辆和交通信息，可面向出行者发布车辆运行状态信息服务、交通事件信息服务、出行规划信息服务、路况信息服务和气象信息服务等。

3.2.5 智能交通发展现状和趋势

国际上发达国家在智能交通技术和应用发展方面处于引领地位，其中以美国、日本、欧盟为主要代表。近年来，我国在智能交通领域也投入较大力量，相关工作正在稳步开展。

1. 美国：车辆安全驾驶、车路协同技术和应用是发展重点

作为头号经济强国，美国智能交通技术和应用发展走在世界前列，美国注重从整体上规划智能交通发展。1995 年 3 月，美国交通部正式出版《国家智能交通系统项目规划》，明确规定了智能交通应用的 7 大领域和 29 个用户服务功能。7 大领域分别是：出行和交通管理系统、出行需求管理系统、公共交通运营系统、商用车辆运营系统、电子收费系统、应急管理系统以及先进的车辆控制和安全系统，美国智能交通已进入具体应用规划实施部署阶段。2009 年，美国发布《智能交通战略研究规划（2010—2014）》，重点研究车车、车路无线通信技术，使不同智能交通应用间的无缝连接成为可能，这也标志着美国智能交通应用已进入深入研发阶段。

从技术和应用发展趋势看，美国智能交通发展重点包括车辆安全系统、电子收费、公路及车辆管理系统、实时自动定位系统及商业车辆管理系统等方面。美国在智能交通应用发展方面走在世界前列，车路安全驾驶和车路协同成为当前技术攻关和应用试验的重点。

2. 日本：多样化车辆信息服务，提高出行效率和安全性是趋势

日本智能交通发展重点集中在交通效率、娱乐信息服务上，因其在该领域研究起步很早，目前已形成民间、官方、学术机构的协调机制，这对日本的智能交通发展起到了良好的推动作用。1994 年 1 月，日本成立了五个部门支持的"道路·交通·车辆智能化推进协会（VERTIS)"，重点研究车辆信息与通信系统（VICS），电子不停车收费系统（ETC）和先进道路支援系统（AHS）等。1996 年 7 月，五部门又制定了更为详细的智能交通构思，旨在使得日本的道路更加智能化，从而实现人、车、路的和谐互动。2001 年，日本的 E-Japan 战略确立，并将智能交通列为 E-Japan 的重点计划，着重整合已有智能交通应用系统，形成通用智能交通公共信息平台，为民众提供更普遍更深入的智能交通服务。另外，日本还先后制定了 SmartWay（智能道路）计划和 Smartcar ASV（先进安全型汽车）计划。目的是创造综合统一的智能交通高效、安全的通行环境。2010 年，日本提出下一代智能交通发展规划——ITS-SPOT 概念，即通过再次整合，实现高速度、大容量的车路通信系统，将现有的所有智能交通服务整合集成于一个系统之内。

3. 欧洲：注重整体信息服务网络架构研究，及跨国互通和联合行动

欧洲基于通信技术的良好积累，在智能交通技术与应用发展中，总体发展趋势是注重多层面、多通信方式的立体智能交通信息服务网络构建和标准制定。另外，欧洲的智能交通技术和应用研究侧重从洲际的角度开展，旨在建立欧盟范围内的跨国交通智能化和信息服务全程化、无缝集成、协同共享。当前欧盟正计划在全欧建立专门的交通无线数据通信网，强调不同国家间应用系统标准兼容和互联互通，以期实现全欧盟范围的道路交通信息服务一体化。

欧盟通过一系列项目推动智能交通发展，例如，1986 年，欧洲 19 个国家的政府和企业开始了一项名为"尤里卡（EUREKA)"的联合研究计划，包括完善道路设施提高服务水平的 DRIVE 计划、建立全欧"交通服务无线数据通信网"及"欧洲最高效最安全交通计划（PROMETHEUS)"等；1995 年，启动 PROMOTE 项目，该项目是继 PROMETHEUS 之后启动的新项目。1992 年 2 月底，欧共体事务总局 13 局第一次公布了名为 T_TAP 征集的具体子项目，共有 74 个子项目；2001 年，开始进行了一项 E-Safety 计划，旨在降低交通意外的发生率及死亡率。其中 E-Call（Emergency Call）则是在 E-Safety 计划中的一部分，E-Call 目的在于发生事故时，通过通信技术，帮助有关部门加速救援行动；2001—2006 年，欧盟推动项目 TEMPO（Trans-European Intelligent Transport Systems Projects），旨在建立连接跨国道路网络的基础设施，如车流量监测、电子交通指示板、路况监控摄影机、信号灯控制器等。

4. 我国：缓解交通压力，提升公众信息服务能力和行业信息化水平值得期待

我国从 20 世纪 90 年代中期开始研究智能交通相关技术和应用。"九五"期间，

中国智能交通基本处于城际智能交通（高速公路三大系统）的科技攻关、国家智能交通体系框架和标准的研究等层面；"十五"期间，无论是城市还是城际智能交通都得到了强有力发展支持，重点建设交通信息采集、交通信号控制、交通视频监控、交通诱导（包括道路交通诱导和停车诱导）、智能公交（主要是公交调度和公交信号优先）、综合交通信息平台和服务。这些示范工程的实施也都推动了我国智能交通在技术攻关、产品研发、市场化的发展；"十一五"期间，我国重点发展人性化交通运输服务、主动安全及危险预警、智能化公交系统等。

现阶段，我国政府和产业界正在投入力量推动智能交通技术和应用的发展。例如，国家中长期科学和技术发展规划纲要（2006—2020）[国发（2005）第 044 号]提出"重点开发综合交通运输信息平台和信息资源共享技术，现代物流技术，城市交通管理系统、汽车智能技术和新一代空中交通管理系统"；在"十二五"规划中，将智能交通作为物联网十大重点部署领域，智能交通是物联网分支中最具备技术基础、最具备产业潜力的应用之一；工信部组织开展了我国重大专项第三专项，将智能交通、汽车移动物联网（车联网）项目列为其中重要项目；交通部正在制定《交通运输行业智能交通发展战略》，即将发布。虽然我国政府、行业都在积极推动智能交通技术和应用发展，但由于我国在该领域起步较晚，与发达国家还有差距，无线通信、人工智能等新型技术与汽车和交通的结合应用还未成体系。

从未来发展趋势看，为缓解交通压力，以及提升交通环境下的信息服务水平是继续突破的方向，另外，汽车工业和信息产业的深度结合也是政府的关注重点。通过智能交通技术和应用，加强交通运营、监管能力，促进节能环保，提高面向公众的信息服务应用可能成为未来的发展方向。

3.2.6　智能交通标准化情况

目前，开展智能交通标准化研究的组织机构很多，本节主要对 ITU-T、ETSI、ISO、IEEE 和我国智能交通标准化组织进行介绍。

1. ITU-T 智能交通标准化工作

在国际电信联盟远程通信标准化组织（ITU-T for ITU Telecommunication Standardization Sector）中，SG12、SG13 及 SG16 三个研究组开展了智能交通标准工作。SG12 成立汽车通信焦点工作组（FG Car Communication，FG CarCom），该组重点研究汽车通信子系统层面的需求以及汽车内用于语音识别的前端部件需求；SG13 的工作重点是研究未来网络的架构、需求、演进与融合，包括在不同工作组间针对下一代网络的项目进行管理协调，以及发布工作计划、实施范例和部署模型等；SG 16 下的 Q 27（Vehicle Gateway Platform for Telecommunication/ITS Services/Applications）旨在提出汽车网关的全球统一标准，使得所有汽车用户可享受即插即用、无缝连接的服务。

2011 年 11 月，ITU-T 成立了 CICS（Collaboration on ITS Communication Standards，ITS 通信标准协作组织），旨在通过制定国际认同的、全球协作的 ITS 通信标准集合，推进可全面互通的 ITS 产品和业务在全球市场的部署和应用，目前以论坛形式开展工作。CICS 的参与者不局限于 ITU 成员，涵盖了 ITU 成员、区域性/全球性标准组织成员、ICT 产品制造商、运营商、政府部门、科研机构等。当前，ITU CICS 工作主要集中在通信网络 ITS 应用需求调查、现有各国际标准组织标准成果与需求差距分析方面。

2．ETSI ITS 智能交通标准化工作

欧洲电信标准化协会 ETSI（European Telecommunications Standards Institute）下设 ITS（Intelligent Transport System）技术委员会，其主要任务是制定、维护、部署、实施为汽车及其用户提供的跨网络车联网业务相关的标准及规范，包括不同系统间的接口、不同传输模式以及互联互通性，但不包括 ITS 应用、无线及 EMC 等方面的标准。ETSITC ITS 下设 5 个工作组，研究范围包括通信介质以及相关的物理层、传输层、网络层、安全、合法监听以及地理网络服务提供等方面。

3．ISO 智能交通标准化情况

国际标准化组织 ISO（International Organization for Standardization 或 International Standard Organized）下设 TC 204（智能交通系统技术委员会），它负责研究 ITS 总体系统和架构，协调分配 ISO 下属各相关工作组的工作任务及安排标准制定时间规划表。ISO/TC204 下设 18 个工作组，主要围绕着城乡陆地运输中信息、通信和控制系统开展标准化工作，其中包括多式联运、出行者信息、交通管理、公交运输、商业运输、紧急事件服务、商业服务等，还包括城市间铁路的客货多式联运、与客货铁路运输相关的信息系统、公路铁路交叉口 ITS 技术的使用等内容。

4．IEEE 智能交通标准化情况

美国电气和电子工程师协会 IEEE（Institute of Electrical and Electronics Engineers）与智能交通相关的标准主要是专用短距离通信（Dedicated Short Range Communications，DSRC）相关内容，包括 IEEE 802.11p 和 IEEE 1609 系列标准。IEEE 802.11p 是由 IEEE 802.11 标准扩充的一种通信协议，主要用于车载电子无线通信。它本质上是 IEEE 802.11 的扩充延伸，满足高速车辆之间以及车辆与 ITS 路边基础设施（5.9GHz 频段）之间的数据交换。IEEE 1609 系列标准是 IEEE 针对无线技术应用于车用环境无线存取所定义的通信系统架构及一系列标准服务和接口。在该系列标准中，IEEE 1609.1 负责资源管理、IEEE 1609.2 掌管安全机制、IEEE 1609.3 负责网路服务、IEEE 1609.4 规范频道切换、IEEE 1609.11 负责电子收费应用。

5. 我国智能交通标准化情况

2003 年 9 月 16 日，国家标准化管理委员会批准成立"全国智能运输系统标准化技术委员会"（英文缩写为"TC-ITS"）。标委会编号为 SAC/TC 268，对口 ISO/TC 204。标委会下设三个工作组，分别为联网电子收费工作组、交通信息工作组、先进交通管理工作组。主要任务是提出 ITS 标准化工作的方针、政策和技术措施的建议；提出制定、修订 ITS 国家标准和行业标准的规划和年度计划的建议；组织 ITS 国家标准和行业标准送审稿的审查；承担地方标准、企业标准的制定、审查、宣讲和咨询；加强与国际标准化组织的联系与信息技术交流等。

另外，我国通信标准协会（CCSA）于 2010 年成立了泛在网技术委员会 TC10，智能交通成为其中的一个研究重点。目前在研或发布的标准包括"车联网总体技术要求"、"通信网支持智能交通系统总体框架"等标准。2011 年 4 月 21 日，中国通信标准化协会（CCSA）与 TC-ITS 在北京签署了合作备忘录，发挥各自优势，强强联合，加快交通运输和现代通信技术的融合和发展，联手推动智能交通通信标准发展。

3.3 智 慧 城 市

3.3.1 智慧城市内涵特征

随着世界经济的发展和城市人口的不断增加，城市化进程面临越来越多的挑战。"智慧城市"近年来受到国内外城市的追捧，试图通过技术创新和发展理念的变革，解决城市发展中面临的经济、人口、能源、环境等各种问题。尤其是我国，截至 2012 年年底我国已经有 200 多个城市提出要发展"智慧城市"，出现了一股智慧城市"热"。

智慧城市是指在城市中的各个领域，充分运用物联网、云计算等信息通信技术，不断提高城市状态感知和智能运行水平，不断推进城市系统间的信息共享和应用协同，从而持续提升城市管理和公共服务水平，改善市民生活和生态环境，提高城市经济发展质量和产业竞争力，实现城市的科学发展。智慧城市是一个以城市实际为起点，以城市需求为导向，以信息化技术为依托，以城市科学发展为目标，不断发展演进的过程，是城市信息化的高级阶段，如图 3-5 所示。

整体上，智慧城市属于信息化的区域信息化中的城市地区信息化范畴，与数字城市和无线城市具有一脉相承的关系。智慧城市比数字城市和无线城市的应用范围更广、城市状态感知更全面、城市运行智能化程度更高。数字城市和无线城市出现和发展更早，数字城市更加侧重基于空间地理信息的城市信息化，无线城市则更侧重无线基础设施建设和随时随地的使用。

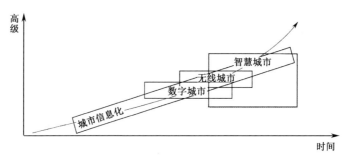

图 3-5 智慧城市与数字城市、无线城市、城市信息化的关系

智慧城市是城市发展的内在现实需求，也是新一代信息技术催生的城市信息化新浪潮。信息技术步入泛在、融合、智能新阶段，基于物联网、云计算、移动互联网的新一代信息技术革命浪潮，将信息技术与城市发展推向一个崭新时代，让管理手段更智能、高效，为城市信息化进一步发展提供了绝佳的历史机缘，推动城市经济社会运行方式的深刻转型。所以智慧城市是工业化、信息化、城镇化三化历史交汇、融合，由量变到质变，在现在这一特定时期产生新的城市发展模式。

智慧城市的核心特征主要包括以下几个方面。

1．全面感知

智慧城市的特点之一是通过部署在城市各个角落的传感器、RFID、M2M 终端，全面感知城市运行状态，为城市智慧运行提供基础。

2．宽带泛在

宽带基础设施可以为智慧城市各类智慧应用提供重要的发展基础。智慧城市中将广泛部署光纤接入、新一代移动通信、高速 WLAN 等各类宽带基础设施。

3．开放共享

智慧城市的政府将重视政务的公开、透明以及政务信息的有效开发利用。此外，智慧城市还会通过各单位或部门间的信息共享提高管理效率和服务水平，减少重复建设。

4．整合协同

经过多年的城市信息化发展，城市中已经建立了以各行政管理部门及相关组织机构主导的分立的管理和服务系统。智慧城市会将各类应用和服务进行有效整合，加强应用和服务的协同，从而提高政务效率，方便市民和企业。

5．智慧运作

通过在城市政务、经济、社会、基础设施、能源、环境等各个领域，综合运用物联网、智能决策等新一代信息通信技术，城市中的人、车、物、能量的运作将更加高效和智能。

6. 普惠民生

智慧城市更加强调以市民为中心，着力提高便民利民服务水平。此外，还强调智慧城市应用、信息资源和基础设施可以惠及每一位市民，缩小并逐步消除数字鸿沟。

3.3.2　智慧城市发展现状

3.3.2.1　国外智慧城市发展现状

智慧城市作为实现城市科学可持续发展的有效途径，已成为世界城市未来发展的重要趋势。全球提出要发展智慧城市的城市已经超过百个，其中以欧洲、北美和东亚地区最多。目前，国外智慧城市整体处于发展初期，建设的重点主要包括智慧应用、以市民为中心的政务信息共享与协同，以及基础设施建设三个方面。

智慧应用方面主要存在两个代表性发展方向：方向一是利用物联网等信息技术以及能源技术降低城市资源消耗和碳排放，实现城市的绿色低碳，以 2010 年欧盟战略能源技术计划发起的欧盟智慧城市行动以及日本和美国的部分城市为代表，主要推动的应用包括智能电网、智能交通、建筑节能、新能源供热。代表城市包括丹麦哥本哈根、德国曼海姆等，如图 3-6 所示中灰底城市。

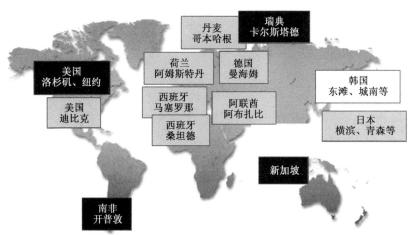

图 3-6　国外智慧城市概况

方向二是通过各种感知技术、互联技术和智能技术，提升城市状态感知、应用协同和智能决策综合发展水平，以韩国的泛在生态城市（U-Eco City）以及美国 IBM公司近年来推动的智慧城市方案为代表，主要应用领域包括政务、通信、医疗、能源、交通、教育、水管理、城市安全等。代表城市包括韩国城南、东滩等，如图 3-6

所示中白底城市。

在方向二中，城市各行业应用系统间的互联、整合和一体化管理与服务成为一个重要发展趋势。韩国目前正在全国智慧城市建设中推广城市整合运营中心（Integrated Operations Center）；美国 IBM 公司推出城市智能运营中心（Intelligent Operation Center），并开始在全球试点推广。

以市民为中心的政务信息共享与协同是通过政府信息开放和业务整合，为市民和企业提供更便捷、更高效的城市电子政务服务。以欧盟开放城市项目、欧盟北海地区智慧城市试点项目以及美国的开放政府计划为代表（见图 3-6 中黑底白字城市），主要项目包括以市民为中心的定制化政务服务网页（代表城市包括法国 Kortrijk、瑞典 Karlstad 等）、城市服务联络中心（代表城市包括挪威 Kristiansand、瑞典 Karlstad 等）、城市部门原始数据开放（代表城市包括美国纽约、洛杉矶等）等。

发达国家政府在智慧城市通信基础设施建设方面普遍投入力度较大，通过构建高速的宽带通信网络支撑智慧城市应用发展。城市用户互联网接入水平明显领先，尤其是韩国、日本，截至 2011 年，两国前五名城市的家庭平均最高互联网接入速率都已经超过 50Mbps。

3.3.2.2 我国智慧城市发展现状

国内城市十分重视智慧城市的发展，以此作为应对城市化高速发展中面临的人口、能源、环境、产业等诸多问题和挑战的重要手段。截至 2012 年年初，国内提出建设智慧城市意向的地市级以上城市 40 余个，包括 3 个直辖市和 10 个副省部级城市，除个别城市外，城市人均 GDP 均在 4000 美元以上，主要位于东中部经济发达地区，珠三角、长三角等经济发达区域所占数量比重较高，如图 3-7 所示。

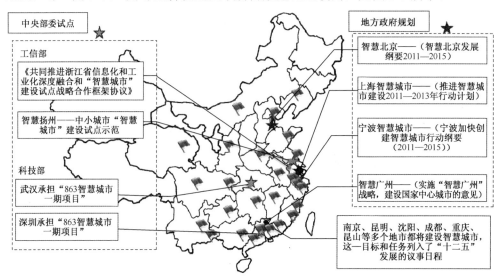

图 3-7　我国智慧城市概况

目前，国内大多数城市还处于"智慧城市"概念导入和探索阶段，一些城市出台了智慧城市发展意见或行动纲要，少数城市开始研究制定和出台智慧城市发展专项规划。各地智慧城市的发展重点主要包括智慧应用、基础设施和产业发展三个方面。

一方面，智慧应用主要以物联网在城市运行的各个领域中的应用为主，涉及市政、安防、交通、医疗、教育、社区、家居、环保、工业、物流、农业等。一些城市也将电子政务的进一步提升纳入智慧城市建设内容，提出了建设基础信息数据库、市民网页等。国内城市也普遍重视信息通信基础设施建设，多数城市将信息通信基础设施建设纳入了智慧城市发展规划或行动计划，一些城市提出到 2015 年，城区居民互联网固定接入带宽最高目标达到 30Mbps。

另一方面，国内城市多将当地产业发展作为与智慧应用和基础设施同等重要的智慧城市核心内容。智慧城市成为带动城市当地物联网等产业发展和吸引外部投资的重要手段。

智慧城市作为我国城市化和信息化的重要发展机遇和战略性问题，在受到各地热捧的同时，也得到了国家各相关部委的重视。工信部与浙江签订了智慧城市部省合作协议，将扬州作为中小城市智慧城市试点，与欧盟开展了智慧城市研究和试点合作等。国家发改委组织国家研究支撑单位以及部分地方城市共同开展"智慧城市若干问题研究"课题研究，并着手制定促进我国智慧城市健康发展的指导文件等。科技部已经支持了两期"863 智慧城市"主题项目，并指导智慧城市产业技术创新联盟的筹备工作等。

3.3.2.3　国内外智慧城市发展对比分析

表 3-1 对我国与欧洲等国外智慧城市发展的侧重点进行了对比，从表中可以看出，现阶段我国与国外智慧城市发展的侧重点存在较大差别。

表 3-1　国内外智慧城市发展侧重点分析

	欧洲	韩国	日本	美国	马来西亚	中国
统一战略推动	5	5	4	3	2	1
物联网应用范围	2	4	2	2	1	5
智慧产业	0	2	0	0	4	5
集成运行管理中心	2	5	4	2	1	1
信息通信基础设施	5	5	5	5	5	5
电子政务	5	5	5	5	3	5
能源环境	5	5	4	4	1	3
注：从 1 到 5 重视程度依次升高。						

首先，国外（特别是韩国和欧洲）都是通过制定国家或地区战略统一推进智慧城市建设的。比如韩国，由信息和通信部与土地、运输与海洋事务部联合按照统一

的规划和标准推动，并成立了韩国泛在生态城市研发（U-Eco City R&D）中心统一对智慧城市进行战略规划、研究、试验床建设、推广和管理。欧盟推出了智慧城市行动、智慧城市与社区创新伙伴计划以及欧盟北海地区智慧城市论坛等。美国也在奥巴马总统领导之下推出开放政府计划。而我国至今尚未出台指导和推动智慧城市发展的国家文件或政策，部委之间的合作力度也不够。

其次，与国外有所侧重的发展智慧城市应用不同，国内绝大多数城市要发展的应用涵盖非常全面，但特色和重点不够突出。欧盟及美、日、韩多以绿色低碳环保或其他某一个或少数几个领域为发展重点，而我国城市多准备是在城市各个行业、各个领域实现全面发展。

再次，发达国家通常不把智慧城市相关产业（智慧产业）作为发展智慧城市的目的，而我国城市则大多非常重视智慧产业。有些甚至对产业的重视超过对城市自身运行管理和服务水平提高的重视。与我国相同的是同属发展中国家的马来西亚，发展经济仍是发展中国家不可忽视的一个重点。

最后，通过集成运行管理中心实现对城市的一体化运行和指挥成为发达国家（特别是韩国、日本）的一个发展重点，而我国还少有城市考虑该方面。我国智慧城市的建设多以行业应用系统独立为主，信息共享和应用协同较少，只有极个别城市开始论证城市一体化运行和指挥中心。

国内与国外智慧城市建设也存在一些相同点。最突出的均是十分重视信息通信基础设施建设，但我国在基础设施方面与发达国家的差距较大。另外，电子政务也成为国内城市智慧城市规划发展的重点之一，但在信息开放共享、资源开发利用以及应用协同运作方面与国外存在较大差距。另外，能源环境也是我国发展的一个重点，但重视程度与发达国家相比还不够。

3.3.3 我国智慧城市发展问题

我国智慧城市在发展中还面临较多问题和挑战，主要包括以下几个方面。

（1）国内城市多提出了涉及城市方方面面的大而全的发展计划，特色不突出，重点不明确，具体实施和健康持续发展面临较大挑战。由于智慧应用涉及城市方方面面，行业和领域较多，为了能够实现健康可持续发展，智慧城市发展初期不宜一下子全面铺开；而是应该结合城市特点从某些领域开始实现重点突破，积累经验后初步实现全面发展。但国内现状与此形成鲜明对比，多数城市求大求全，尚未找到长效的投资、建设、运营模式，科学的发展态势尚待形成。

（2）应用系统以各部门独立建设垂直系统为主，共享和协同面临困难，相关机制和制度需要进一步建立和完善。信息资源共享是信息化交流传播的最终目的，城市信息化建设中不仅需要解决技术上的难题，更为重要的是要建立科学、强有力的组织领导机制、咨询决策机制、推进落实机制和评估监督机制，确保智慧城市建设做到统筹协调、共建共享。目前，信息化管理运营体制和机制尚未健全，尤其缺少运营准入标准，部门各自为建、信息互不共享、应用互不交互等现象普遍存在。

（3）电子政务方面尚未实现从以管理部门需求为中心向以市民和企业需求为中心的转变，便民、惠民的目标不够明确，服务的便捷性和效率有待进一步提高。据调查，国内已有相当部分城市实现了政务网页的统一入口服务，但真正能实现后台跨部门协同服务的城市还几乎没有。目前，信息化建设中普遍存在管理机制不完善、部门自身利益等诸多问题，便民惠民水平亟待进一步提高。

（4）部分城市管理者存在重建设轻标准、重系统轻互通等问题，智慧城市标准体系框架尚未建立以及关键技术和管理标准的缺位，也对我国智慧城市的科学发展造成了不利影响。智慧城市建设是一项复杂的系统工程，涉及物联网、云计算、宽带无线移动通信等众多技术，涵盖城市管理、公共服务、市民生活等诸多领域，信息化系统内外部接口多，信息和系统开放共享和协同互动的要求高。这些智慧城市的特点使得智慧城市标准化的重要性和急迫性更加凸显。

3.3.4 我国智慧城市发展建议

1. 国家相关部委制定统一战略联合推动智慧城市健康发展

国家信息化和城市建设等相关部委联合牵头制定我国智慧城市发展战略，按照统一规划、统一标准、突出特色、注重实效的原则，联合推动我国智慧城市建设和发展。整合国内信息化和城市发展研究支撑机构力量，共同制定相关战略、规划和标准，并研究成立国家级智慧城市研究和管理机构的可行性。

近期针对我国智慧城市无序发展的情况，宜尽快制定并联合发文，引导各级城市科学、冷静、健康发展。在此基础上，各部委应尽快联合开展智慧城市试点工作，按照城市特点选择试点城市并确定试点的重点领域。

2. 进一步深入改革完善城市信息化管理体制机制

建立由城市最高领导负责的智慧城市建设领导小组，城市政府各委办局各司其职、密切配合、高效协调。改革和创新相关体制机制，对智慧城市进行统一规划、统一建设，以适应智慧城市的特点和需要。

成立或依托专门的智慧城市研究单位或部门，统一牵头研究制定智慧城市顶层设计、技术方案、政策法规、标准规范等，会同各行业主管部门共同研究提出相关领域智慧城市建设需求和信息共享建议。

成立智慧城市专家咨询委员会，为智慧城市建设建言献策，支撑智慧城市重大决策。设置智慧城市首席信息官，与专家咨询委员会共同负责审查智慧城市工程立项和信息共享内容，报领导小组最终决策。

建立智慧城市建设考核办法和第三方评估机制，理清责任，加强监督检查，保证各项工作高质量按时完成。鼓励公众参与项目监督，推进完善社会监督机制。根据发展形势，适时开展经验总结与宣传推广。

3. 完善政策法规并加快智慧城市标准体系建设

按法定程序加快研究、制定、修订和细化智慧城市发展相关法规，包括制定信息开放共享与应用协同管理办法，促进信息开发、信息共享和应用协同，制定公民个人隐私保护管理办法，保障市民在医疗、政务等信息开放和共享过程中的个人隐私，积极营造良好政策法规环境。

当前智慧城市尚处在初期发展阶段，正是开展标准化的有利时机和关键时期，尽早建立智慧城市标准体系，以指导智慧城市研发设计和建设实施，提高相关技术和产品的互操作性，促进智慧城市的健康发展、持续发展和规模化发展非常必要。建议国家加强智慧城市标准体系框架、总体标准、基础标准、应用标准、安全标准和建设标准研制，争取转化和输入到国际标准。

4. 开展智慧城市发展指标研究和全国性评估工作

我国智慧城市正处于发展初期，建议尽快着手研究我国智慧城市发展指标体系并适时开展评估工作，通过智慧城市发展指标明确智慧城市的发展目标和方向，有的放矢地引导各地认清方向，引导和促进我国智慧城市健康、有序、科学发展。

通过指标体系引导和促进突破智慧城市发展的重点和难点。通过有针对性的指标设计，突出"十二五"时期国民经济和社会发展重点，着力在城市医疗信息共享、能源节约和环境保护、政务信息开放共享和政务协同、便民利民服务、物联网和云计算等新一代信息技术产业培育发展、信息通信基础设施完善等关键领域取得突破。

5. 建立多方参与的长效投融资体系

加大智慧城市建设财政投入力度，建立稳定的财政投入保障机制和资金管理制度，形成政府、企业、银行、社会资本多方参与的长效投融资体系。加强金融创新，积极推进政府利用基金、贴息、担保等方式，引导各类金融机构支持智慧城市建设，吸引各类社会资本参与智慧城市建设。加快完善企业征信体系，鼓励银行为智慧城市相关企业提供稳定金融服务。

6. 建立健全安全管理制度切实提高信息安全水平

建立健全智慧城市安全管理制度，提高网络安全和信息安全水平。建立网络和信息安全监控预警机制，完善应急预案，加强应急演练，提高应急指挥和处置能力。逐步推行政府信息系统用户实名制和统一认证，降低因虚拟身份带来的安全事件发生率，简化用户登录的同时，提供安全的认证机制、权限管理和审计。

全面实施信息安全和网络安全等级保护和涉密信息系统分级保护制度，定期开展安全检查、风险评估和安全加固。加快研究探索物联网、云计算、移动互联网等新技术、新网络、新应用的相关安全评估制度和评测方法。

3.4 智 能 家 居

3.4.1 智能家居概述

智能家居进入中国已经有了 10 余年的时间，但由于在广大普通用户中的接受程度不高，没有形成规模。因此提起智能家居，一般人会觉得是个挺熟悉的名词，似乎早有耳闻，但要说清楚智能家居是什么，好像又觉得是个陌生的概念，很难描述清楚。其实智能家居一直也没有一个公认的权威的定义，而且由于智能家居的涉及面也比较广，因此从不同的角度、不同的范围以及不同的行业出发，又有许多其他的称法，最常见的称法还包括智能住宅，在英文中常用 Smart Home，其他含义近似的还有家庭自动化（Home Automation）、电子家庭（Electronic Home，E-home）、数字家园（Digital Family）、网络家居（Network Home），智能家庭/建筑（Intelligent Home/Building）、在中国香港、中国台湾等地区还有数码家庭、数码家居等称法。

借用中国智能家居网的定义，从现在的普遍理解来解释智能家居的概念，是以住宅为平台，利用综合布线技术、网络通信技术、安全防范技术、自动控制技术、音/视频技术将家居生活有关的设施集成，构建高效的住宅设施与家庭日常事务的管理系统，提升家居安全性、便利性、舒适性、艺术性，并实现环保节能的居住环境。

智能家居是一个综合的概念，涵盖了不同行业、不同领域和不同技术，总结起来其中包含了四大功能、五大领域和六大体验，如图 3-8 所示。四大功能是指联网功能、通信功能、控制功能和感知功能；五大领域指电信领域、计算机领域、电子领域、家电领域和传感领域；而六大体验是指安全、高效、绿色、便利、愉悦、舒适。

智能家居，首先必须具备联网功能，只有通过网络将智能家居中的各个元素连接起来，并且与外部网络联通，才有可能实现家居生活的信息化和智能化，因此智能家居中的联网包括外部联网和家庭内部联网。外部网络可以是公共网络，也可以是小区网络。而智能家居中的另外三大功能，即通信功能、控制功能和感知功能，在家庭内可以部分实现也可以全部实现。对于只实现部分功能的系统能否称为智能家居系统，目前业界也还有一些不同看法，例如只实现了通信功能，似乎与智能还有一定的差距，将其称为智能家居显得有些牵强。因此，本书认为这三大功能中至少需要实现其中两个功能才可以称为智能家居系统，这也才能体现出智能家居作为一个综合、集成系统的特性，也才更能使用户感受到智能家居带来的不同体验。

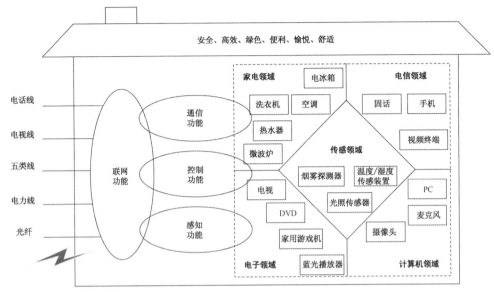

图 3-8　智能家居示意图

　　智能家居中的网络包括通信、电力、有线电视等行业，通过电话线、五类线、光纤、电力线、电视线等不同类型的电缆或无线通信入户，将家庭环境与公共网络或小区网络连接起来。而在家庭内部，种类繁多的设备则是智能家居各项功能的提供者和执行者。对这些设备进行一个粗略的分类，覆盖了家电、电信、电子、计算机和传感五大领域。其中，家电领域的设备以白色家电为主，包括冰箱、空调、洗衣机、热水器、微波炉等，灯光、电动窗帘也可划为家电领域；电信领域则是以固话、手机、视频终端等设备为主；电子领域主要包括以电视为核心的黑色家电及其外围设备，如 DVD、蓝光播放器、家用游戏机、音响系统等；计算机领域主要包括个人 PC、麦克风、摄像头等；而传感领域以各种监测和传感装置为主，如防盗告警、烟雾探测器、温度/湿度传感装置、光照传感器等。

　　依托智能家居的四大功能和五大领域的设备，智能家居能够为用户带来安全、高效、绿色、便利、愉悦、舒适六大用户体验。对于智能家居应用，目前用户最为关注的是安防，安防系统也是目前应用相对较多的智能家居产品，如小区门禁、单元对讲、环境监控报警等，这些产品能够带给用户更多的安全感。而高效、绿色和便利则是智能家居可带来的显著效果，用户通过远程控制，能够实现在任何时间任何地方对设备操作，从而使得设备工作时间更加合理高效、能源消耗更低，人们的生活方式也得到优化。而电动窗帘、自动调光灯光系统、背景音乐系统则能够使用户在家庭环境内的感受更加舒适、心情更加愉悦。

3.4.2　智能家居业务分类和应用场景

　　智能家居包含丰富的业务，一般根据业务属性对智能家居业务进行分类，通常可以划分为四大类，如图 3-9 所示。

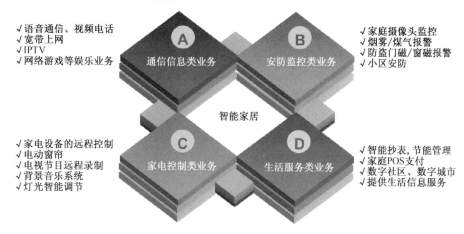

✓语音通信、视频电话
✓宽带上网
✓IPTV
✓网络游戏等娱乐业务

A 通信信息类业务

B 安防监控类业务

✓家庭摄像头监控
✓烟雾/煤气报警
✓防盗门磁/窗磁报警
✓小区安防

智能家居

✓家电设备的远程控制
✓电动窗帘
✓电视节目远程录制
✓背景音乐系统
✓灯光智能调节

C 家电控制类业务

D 生活服务类业务

✓智能抄表, 节能管理
✓家庭POS支付
✓数字社区、数字城市
✓提供生活信息服务

图 3-9　智能家居的业务分类（根据业务属性分类）

1. 通信信息类业务

通信信息服务主要通过公用电信网络满足人们进行信息获取和沟通的需要，包括语音通信、视频电话、宽带上网等通信类业务，IPTV、网络游戏等娱乐类业务以及数字社区、数字城市等各类信息类业务。通信信息服务主要由电信运营商提供，随着近年来网络的普及与快速发展，通信信息类服务发展较快。通信信息类服务还包括家庭内部各种设备之间的信息共享与交互，尤其是多媒体信息在设备间的共享。

2. 安防监控类业务

安防监控包括家庭摄像头监控、烟雾/煤气报警、防盗门磁/窗磁报警等，为用户提供家庭安全服务，家庭安防监控系统也可与小区安全系统相连接，监控、报警都可通过通信网络实现与用户的远程沟通。目前，家庭安防监控有一定程度的应用，也很受用户关注，但业务种类还不丰富。

3. 家电控制类业务

家电控制主要通过各种联网技术和控制技术，实现对家庭内部各种电器的远程控制。更进一步的发展，家电将更具智能化，能够通过互联网实现智能控制与交互。家电控制的应用场景包括空调的远程启动/关闭和温度调节、冰箱温度控制、热水器的远程启动/关闭和温度调节、电动窗帘控制、电视节目的远程录制、背景音乐系统等。总的来说，家庭内部任何有远程控制需求的设备都可通过智能家居系统实现随时随地的控制，但家电控制业务目前实际应用仍然较少，相应的家电设备也不多。

4. 生活服务类业务

生活服务主要为用户的日常生活提供便利，比如实现远程智能抄表、家庭POS支付、能源消耗分析、生活信息提供等，使得用户足不出户就可了解天气、交通状况、商场促销等各种生活信息，并可在家中完成购物、支付等工作。

上面所述的智能家居业务分类，是按照智能家居各种业务的属性进行的，因此各类业务之间或多或少有一些交叉重叠的地方。比如生活服务类业务与通信信息类业务，后者的许多信息资讯其实就是与生活相关的，也可以认为是生活服务类业务。但在目前，对智能家居业务进行分类时，还是比较普遍地采用了类似的分类方式，因为这种分类比较符合人们对智能家居业务的一般认识，便于普通用户对智能家居业务的认知并产生更深刻的印象。

3.4.3 智能家居发展现状和趋势

智能家居在国内经过多年的发展，虽然在普通消费者中的普及程度还不够高，但是智能家居厂商通过与地产商的合作，在住宅的设计阶段也已经或多或少考虑了智能化功能的设施，少数高档的住宅小区已经配套了比较完善的智能家庭网络，并在房地产的销售广告中，已经开始将"智能化"作为一个亮点来宣传。

同时，在这些年的发展历程中，国内的一些公司通过引入国外系统和产品，学习其技术和经验，开始自主研发。国内外和智能家居产品在一些高档住宅已经可以见到踪迹，智能家居系统在国内有了一定的市场。2004年以后，我国自行研制的系统已经较为成熟，并有能力与国外的系统和产品相抗衡，市场上智能家居的品牌越来越多，高中档社区也不同规模地引入了智能家居系统，包括在奥运村、亚运村的建设中也都应用了智能家居系统。

目前，国内推动智能家居应用的主要力量包括房地产开发商、系统集成厂商以及运营商，其中房地产商一般也是同系统集成厂商合作，以小区或楼宇为单位进行智能家居系统部署，而系统厂商和运营商可以直接面向家庭客户提供服务。

目前，国内的智能家居系统产品研发及系统集成商也比较多，包括海尔、上海索博、快思聪、霍尼韦尔等。为了更好地宣传智能家居，并且让用户对智能家居有更直接的认识，这些企业多与开发商合作，打造智能家居示范应用小区或商业酒店项目，使业主享受到智能科技所带来的高品质美好住居生活。在这些智能小区中，实现了人与家电之间，家电与家电之间，家电与外部网络之间，家电与售后体系之间的信息共享，同时具备家庭安防、家庭电气设备自动控制等功能。目前在我国智能家居市场上，行业划分已经相当细致，有厂商提供整套的智能家居系统，也有不少厂商专注于某一方向，包括综合布线、家庭监控、照明系统、防盗报警、家庭影音等。在这些细分市场上，各个厂商能够为用户提供更为专业化的服务。

随着 2009 年物联网概念的兴起，以及 2010 年三网融合的逐步推进，智能家居也有了新的发展契机。智能家居被认为是物联网的一个重要应用，各电信运营商在推出物联网相关服务时，智能家居也是一个备受关注的方向，而三网融合更是与智能家居综合集成的特点相贴近。中国电信、中国移动甚至国家电网都在智能家居领域有所实践，推出各自的智能家居服务。例如，中国电信的 5A 家庭服务、中国移动的宜居通、国家电网的智能用电系统等。

虽然智能家居在国内引入已经有了 10 年的时间，但其应用并没有得到良好的推广和发展，究其原因，主要有以下几个因素阻碍和制约了智能家居的发展。

1．安装、调试复杂，成本费用高

一套功能比较完善的智能家居系统很复杂，综合布线的施工过程以及后期的调试都必须由专业的工程师进行，后期的维修也比较复杂，加之价格通常不菲，因此一般的用户还是难以接受。这也是目前国内智能家居还主要应用于高档社区和别墅住宅区，而在大量的普通民宅中难觅踪迹的原因。

2．缺乏规范的、统一的行业标准

没有规矩不成方圆，在任何一行都不例外。多年前，发达国家就有了智能家居的概念和标准，并随着通信技术和网络技术的发展，使传统的建筑产业和 IT 业有了更深的融合，推动了智能家居的前进步伐。而中国的行业管理与发达国家不同，住建部、公安部和工信部对住宅小区的定位各有侧重，实际上存在着行业管辖权的划分，所以很难整合出一套让大家都满意的标准，因此也直接影响了智能家居市场，导致市场上出现了几十个甚至上百个互不兼容的产品标准，用户在选择相关产品时无所适从，同时也给厂商在生产、推销自己的产品时带来很大的困难。

3．缺乏完善的社会合作体系

前几年 IT 业内提出一个信息化家电的概念，并且也推出了一些信息化家电，但是很快就在市场上销声匿迹了。比如说一台可以接入 Internet 的"智能"电冰箱，当内部的储存食物不足时，可以通过网络向商场或超市发出采购信息。如果商场或超市有物品购送的服务，那就可以足不出户地享受信息化带来的便捷了；但是如果对方缺乏相应的服务，那么家用电器上网就失去了其实际意义，不过是一句空话罢了。

4．跨产业的合作困难重重

智能家居的发展自然少不了安防、家电、IT 和系统集成商的密切合作，只有这样才可以整合各自特有的优势，尽快打出一片新天地。但是，在市场经济的残酷竞争和经营观念的双重影响下，各行各业的人们都想在本行业以及相关的行业占领上风，抢占市场，有着各自的经济追求，难以在一起配合。

因此，后续智能家居的发展方向应主要解决上述问题，实现行业之间的整合与协作，并且能够推出一些相对入门级的应用，使更多的普通用户能够接触到智能家居系统，并享受到智能家居系统带来的便利，从而推动智能家居系统的普及。

3.4.4　智能家居典型案例

智能家居目前已有不少实施案例，本节仅以海尔 U-Home 及中国移动的宜居通为例加以介绍。

1．海尔 U-Home

海尔作为我国家电行业的领军企业，以物联网大发展为契机，推出了美好住居生活解决方案——U-Home。海尔 U-Home 采用有线与无线网络相结合的方式，把所有设备通过信息传感设备与网络连接，从而实现了"家庭小网"、"社区中网"与"世界大网"的物物互联，通过物联网实现了 3C 产品、智能家居系统、安防系统等的智能化识别、管理以及数字媒体信息的共享。海尔 U-Home 使得用户在世界任何角落、任何时间，均可通过拨打电话、发送短信或上网等方式与家中的电器互动，如图 3-10 所示。用户在家时，也可通过家庭智能终端、手机、计算机、Pad（平板电脑）等现代通信设备和手段，实现对家电、灯光、窗帘、安防、视频监控、家庭影院等设备的远程控制。目前，海尔已经与绿城、世茂、万科、万达、绿地、复地、华润等知名地产商建立了战略合作关系，U-Home 在多个地产项目中已经得到应用。

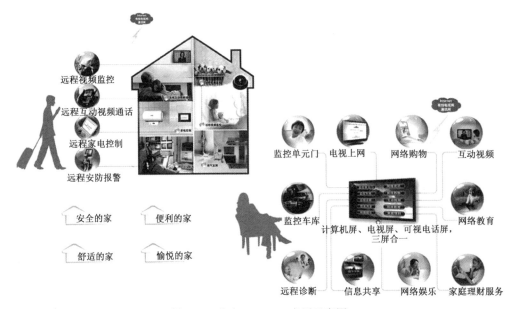

图 3-10　海尔 U-Home 应用示意图

2．中国移动的"宜居通"

中国移动的"宜居通"业务，主要是将 3G 与物联网结合起来提供智能家居服务。"宜居通"是新一代智能安防预警系统，将 TD-SCDMA 无线通信技术与物联网技术结合起来，在具备 3G 无线移动座机功能之余，更从门窗告警、烟雾燃气监测、紧急呼叫等方面全方位提供安心居家功能，将 TD 无线座机打造成为家庭物联网控制中心。宜居通应用的末端也是各种传感器，例如，窗磁、门磁、烟雾探测器等，这些传感器通过无线技术连接到家中的智能家居网关，构成传感子网。智能家居网关以 TD-SCDMA 的方式连接到智能家居运营管理平台，当家庭内部的传感器状态发生变化时，智能家居网关会将其上报给管理平台，然后管理平台通过短信通知用户。从而使用户不在家时，也能够随时掌握家庭安全状况。

注：可以基于上述的四类家居业务论述其发展趋势。

3.5 电 子 健 康

3.5.1 电子健康发展现状

电子健康（E-Health 或 eHealth）又称电子医疗，不同的组织对于电子健康有不同的定义，世界卫生组织（WHO）在 2005 年提出，电子健康是"使用 ICT 技术提供医疗健康服务的实践"，欧洲委员会（European Commission）提出电子健康是"帮助并加强健康和生活方式领域的预防、诊断、治疗、监控和管理的一系列基于信息和通信技术的工具的统称"。

各国都将电子健康的理念引入到医疗卫生事业当中，ICT 技术为人们的生活带来了极大的改变，电子健康的出现在健康医疗领域掀开了崭新的一页，它不仅仅是一项技术或服务，它是一种理念，为人们带来全新的健康生活方式。

欧盟推出"电子健康行动计划 2012—2020"，主旨是大力推动电子健康的普及和应用，重点工作包括：加大对电子健康的宣传力度，提高人们对电子健康带来的益处和机遇的认知度，赋予普通公众、患者和医疗保健工作者更多使用电子健康系统和服务的权力；减少在电子健康领域开展协作的阻碍因素；建立健全法律法规，保障电子健康工作的开展；支持电子健康领域的研发工作，推动建立富有竞争力的欧洲和全球电子健康市场。

近年来随着移动通信技术飞速发展以及智能终端的普及，移动健康（mHealth）逐渐成为电子健康一个重要的领域。国际医疗卫生会员组织（HIMSS）给出移动健康的定义：通过移动设备提供与医疗相关的服务，例如，通过 PDA、移动电话和卫星通信来提供医疗信息和医疗服务等。随着移动通信技术的不断革新和移动终端的普及，医疗领域基于移动场景的应用也越来越普遍。GSMA 预测，到 2017 年全球移动医疗市场的发展将带来 230 亿美元的收入，主要的动力来自于降低医疗保健成本，以及加强医疗服务范围。

我国的医疗信息化起步较晚，尚处于初级阶段。我国医院信息化的发展可以分为三个阶段：第一阶段是医院管理信息系统建设阶段；第二阶段是医院临床信息系统建设阶段；第三阶段是建设区域医疗信息系统阶段。我国医疗信息化建设在经历短短几年的发展之后，大部分二甲以上医院已经完成了第一阶段医院管理信息系统的建设，近年来已经逐渐开始向第二阶段医院临床信息化建设过渡，并且有一些医院已经在临床信息系统建设和探索中积累了不少经验。随着信息通信技术的迅速发展与我国医疗卫生事业的深化改革，我国医疗行业的信息化建设近年来也取得了较大进展。医疗资源的共享和信息传递流程的简化，医疗部门办公网络化、自动化，实现全面信息共享已是大势所趋。

3.5.2　电子健康发展趋势

电子健康的内涵随着信息通信技术的发展而不断更新，最初电子健康为健康领域带来了信息化的革命，随之出现了远程医疗、电子健康档案等应用。物联网提出了物与物相连的概念，将通信网络延伸到各种传感网及其他通信节点中，为电子健康的应用创新带来全新的思路。电子健康的发展使得越来越多的 ICT 领域与医疗领域形成一个新的融合的生态系统，对于电信运营商和 IT 技术提供商来说，卫生保健是一个非常有吸引力的市场。研究报告显示，2008 年美国卫生保健行业中的医院、医生、医药企业、医疗保险所组成的生态系统具有 2.3 万亿美元的市场，超过了其他任何行业，而且还将以每年 6.9%的速度增长，到 2016 年，这一市场规模将达到 4.1 万亿美元，这显示美国的电信、IT 和卫生保健的融合趋势正在发生，卫生保健业正在各个维度上增长，包括人均消费、保险费用，以及就诊的人次等。

电子健康经历了信息系统、网络互联和电子健康三个不同阶段。每一个阶段随着信息技术革命的新技术带来了医疗健康领域新的应用。

- 信息系统阶段，这个阶段主要出现的技术是计算机技术，通过电子化和信息化的手段完成大型的医疗检查、医疗信息的电子化处理，典型的应用包括 X 光透视、电子病历等。
- 网络互联阶段，随着互联网的兴起以及各种通信技术不断成熟，出现了远程医疗、远程会诊等面向远程通信的医疗健康服务。
- 电子健康阶段，这个阶段随着物联网、云计算以及数据挖掘技术的广泛应用，出现了远程健康监护、运动监测等应用。

物联网技术的出现使得电子健康进入了一个新的时代，利用物联网技术，可以将以往只能在医院内实现的医疗服务延伸到家庭、社区。

基于物联网的电子健康系统框架关键技术分布于感知层、网络层和应用层，如图 3-11 所示。

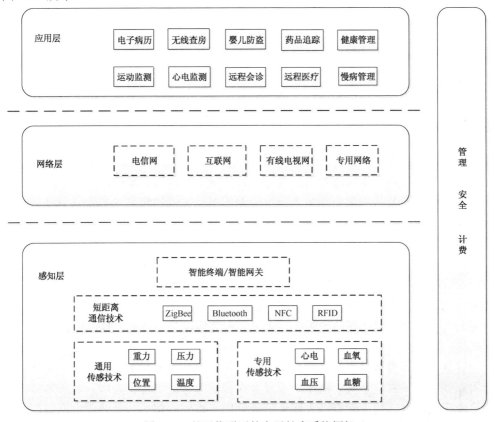

图 3-11 基于物联网的电子健康系统框架

- 感知层。传感器可同时采集多项生理参数（如体温、血压、脉搏、心电、脑电、血氧、血糖、血脂等），通过短距离通信技术组成人体局域网（Body Area Network，BAN），采集到的信息汇聚后通过智能终端或网关传送到远端应用平台上。
- 网络层。网络层主要实现数据的传输，包含比较成熟的各类广域网，如电信网（固定通信网、移动通信网）以及互联网、有线电视网，还有一些应用可使用在专用网络上进行通信。
- 应用层。对数据进行收集、存储和分析，并根据具体应用的要求对用户进行信息反馈，并可以提供向其他系统开放业务或数据的能力，以构建丰富多样的应用。

在国际电信联盟远程通信标准化组织（ITU-T）于 2012 年 4 月发布的题为《电子医疗标准和互操作性》的技术跟踪报告中，提出了未来电子健康发展的新趋势。

（1）M2M 通信推动远程医疗的发展。

过去一年里远程医疗保健和诊断方面取得较大进展，如病人的电子监控，这一进展得到了信息通信技术普及、无线能力和设备价格相对低廉的共同推动。这也得益于标准化工作和试点项目，包括发展中国家开展的许多项目。如今，远程临床护理技术的进步使医生能够通过与患者的实时多媒体交互，如通过电信网络传输的视频，进行远程医学诊断和治疗。

（2）远程患者电子监控系统在改善农村和难以到达地区的病人的护理方面具有很大潜力。

医疗工作者可使用血糖监测仪、血压计或心脏监护仪等设备并利用电信网络远程监测病人的健康状况。各种远程设备间的信息交换有时被称为机对机通信（M2M）。

（3）聚合公共卫生数据是电子健康在公共卫生方面的重要趋势。

电子健康在公共卫生而非个人卫生层面的另一重要趋势是聚合公共卫生数据，标准化数字病历的可用性使数据融合具备了前所未有的机会。

（4）通过无线和移动电子医疗技术提供医疗保健服务。

人们积极利用无处不在的移动技术基础设施改善医疗保健服务和获取健康信息（移动医疗），特别是在中低收入国家。基于移动电话的医疗应用越来越受欢迎，这些应用包括自然灾害或危害公共卫生的传染病爆发期间的公众通信、病人有关医疗保健的自我教育、借助移动设备进行医患远程通信以及公共卫生数据收集。

① 个性化医疗是未来电子医疗的发展趋势之一。

计算和基因重组技术的进步有望为个性化医疗带来前所未有的创新。个性化医疗将在技术上依靠电子医疗档案，通过医疗保健服务提供者、药房、临床实验室和医院收集的数据，建立含有病人详细记录且便于查阅的病历。目前，由不同厂商开发系统使用不具有互操作性的专有格式，甚至在某一医疗保健系统内有时也存在多种格式。

② 社交媒体和医疗 2.0 技术将推动在线电子健康管理的发展。

社交媒体（Web 2.0 技术）适用于交互式通信或用户自创内容的互联网应用正进入卫生领域。一个逐渐显现出的趋势是病人在线管理他们自己的个人卫生数据或替年迈父母或年幼的子女管理卫生数据。另一个新兴趋势是使用在线信誉系统评估医疗服。病人在线咨询医疗信息，而且他们也转向在线社交媒体社区寻求点对点支持和信息，许多此类社交网站正推广积极的健康相关活动。

3.5.3　电子健康应用案例

3.5.3.1　远程健康监护

远程健康监护，主要是利用物联网技术，构建以患者为中心，基于危急重病患的远程会诊和持续监护服务体系，如图 3-12 所示。远程医疗监护技术的设计初衷是为了减少患者进医院和诊所的次数。随着远程医疗技术的进步，高精尖传感器已经能够实现在患者体域网范围内有效通信，远程医疗监护的重点也逐步从改善生活方式转变为及时提供救命信息、交流医疗方案。目前有关技术主要包括：专为生物医学信号分析而设计的超低功率 DSP、低采样速率/高分辨率的 ADC、低功耗/超宽带射频、MEMS 能量收集器。

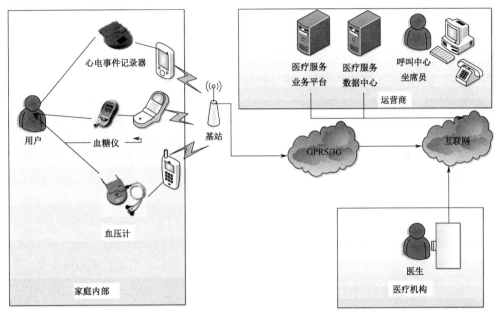

图 3-12 远程健康监护场景示意图

在中国社区卫生协会推进和协调下，高通公司与中卫莱康科技发展（北京）有限公司在中国医疗资源欠缺的社区启动针对心血管疾病（CVD）预防和护理的"移动心健康"项目。该项目依托中国电信 3G EV-DO 无线网络，旨在探索新的医疗解决方案，从而提高基层医疗卫生服务机构的心血管病的诊断和防治能力。

这套新型的 3G 系统包括了内置心电图（ECG）传感功能的智能手机，基于互联网的电子病历软件，以及设在社区卫生服务中心在内的 3G 无线工作站。每个工作站包括联网的计算机终端，使医务工作者能即时调取包括心电图数据在内的病人电子病历。该项目还将为所有参与项目的社区卫生服务中心的临床医生提供培训。

在该项目中，智能手机通过中国电信的 3G 网络，自动将患者的心电数据发送给位于北京的中卫莱康监测中心的心脏专科医生，进行实时分析。医生通过短信或电话为患者和社区卫生服务中心的工作人员提供实时反馈。该监测中心目前配备 30 名医生，可 24 小时提供包括远程监测、诊断、临床医生会诊和治疗在内的服务。对病症较轻的患者，监测中心的医生可以远程提供服务，而病情较为复杂的患者将被建议转送到专科医院做进一步检查或接受治疗。患者还可以将具有心血管病检测功能的智能手机租借带回家中，一旦症状出现，就可以随时随地监测自己的心电数据。

3.5.3.2　远程医疗

远程医疗通过计算机技术、通信技术与多媒体技术，同医疗技术相结合，旨在提高诊断与医疗水平、降低医疗开支、满足广大人民群众保健需求的一项全新的医疗服务。欧洲著名的远程医疗学者 R Istepanian 将远程医疗定义为：通过远程通信方式来远距离地监护和共享医学知识。远程医疗从广义上讲包括远程会诊、远程护理、远程诊断、远程教育、远程医学信息服务等所有医学活动；从狭义上讲一般是指远程会诊、远程影像学、远程病理学等医疗活动，它以计算机和网络通信为基础，实现对医学资料（包括数据、文本、图片和声像资料）和远程视频、音频信息的传输、存储、查询、显示及共享。

目前，远程医疗技术已经从最初的电视监护、电话远程诊断发展到利用高速网络进行数字、图像、语音的综合传输，并且实现了实时的语音和高清晰图像的交流，为现代医学的应用提供了更广阔的发展空间。国外在这一领域的发展已有 40 多年的历史，而我国只在最近几年才得到重视和发展。

日本可以称为亚太地区远程医疗建设的引领者，其中最负盛名的就是日本国家癌症中心（National Cancer Center of Japan），该中心有 14 个遍布日本的癌症中心网络（包括九州、四国、新潟、青森等地）；每年会举行 130 次左右的远程电信会议，约有 16000 名参与者；其远程图像传输的分辨率很高，达到了 2000×2000 像素。

日本政府积极推进医疗信息化的目的是为加强疾病预防和早期发现，以提高医疗质量和医疗效率，并实现医疗负担公平，消除医疗差距。为达到此目的，日本政府努力建设世界最先进的医疗信息化基础设施，包括改善医疗机构等信息化基础设施，建设全国统一收集健康信息和个人能够充分运用健康信息的社会基础设施。与此同时，日本政府还从制度层面改善医疗环境，以充分发挥健康信息的作用，使患者能够方便地保存和管理个人的健康信息，随时随地向医生提供个人的健康信息，并确保个人疾病信息和临床数据分析等能够在不同的医疗机构之间传递，实现医疗的连续性，方便远程医疗。

由于采取上述措施，医疗信息化迅速发展。2002 年 10 月到 2005 年 10 月间，日本引进电子病历的医院比率由 1.2% 提高到 7.4%，一般诊所的比率由 2.6% 提高到 7.6%；2003 年 3 月至 2007 年 5 月间，医疗诊断费明细利用计算机系统的比率从 2.1% 迅速提高到 42.6%；2006 年 5 月，全国医院医疗诊断费明细上网的医院只有 7 家，全国利用电子文档收受医疗诊断费明细的保险机构还没有一家，而 2007 年 5 月则分别增加到 704 家和 586 家；2006 年年末，建立远程医疗系统、开展远程医疗的医疗机构为 308 家，分布在全国 38 个都道府县。

3.5.3.3　电子健康档案

随着医疗信息化水平的提升和电子病历（Electronic Medical Records，EMR）系统的建设，电子健康档案（Electronic Health Record，EHR）的概念正越来越被人们所接受。

电子健康档案是一套应用系统，包含了用户/患者的各种医疗信息，包括：患者基本信息、预约日程安排、健康保险计划、内科和外科病史、过敏史、现在和过去的用药史、医疗问题、免疫接种、实验室和放射科登录系统、电子处方和再配处方、决策支持系统、治疗方案、转院和咨询追踪。电子健康档案能够能让医护人员在任何医疗服务环境中管理患者病史。

EHR 目标是运用尖端的科学和计算机技术，帮助医疗单位以及其他有关组织开展疾病危险度的评价，制定以个人为基础的危险因素干预计划，减少医疗费用支出，以及预防和控制疾病的发生和发展。

美国是全世界范围内最早进行电子病历探索和实践的国家，为有效实施 EHR，美国从组织规划、标准制定、资金筹集、隐私与安全保护、利益相关者协调等方面建立起较为全面的发展策略。美国 EHR 发展的战略目标从简单的病人信息在不同医疗机构、不同医疗服务提供者之间共享上升为所有机构、人员"有意义地使用"EHR。2004 年，布什总统提出建立全国电子健康档案 10 年计划，同时设立卫生信息技术协调办公室（Office of the National Coordinator of Health Information Technology，ONC），负责领导和协调国家卫生信息化工作。除了国家主导的卫生信息协调机构之外，美国还倡导医疗信息化相关组织参与制定卫生信息统一标准，除了政府组织外，许多公司、学术团体、行业组织和消费者团体也都参与到 EHR 标准的制定中。其中影响力较大的标准包括：HL7（由 ANSI 授权的自发性非营利组织开发和研制的信息传输标准）、医学数字影像及通信标准（Digital Imaging and Communications in Medicine，DICOM）、医学系统术语集（Systematized Nomenclature of Medicine，SNOMED）等。

对于 EHR 带来的个人隐私数据保护问题，美国也早在 1996 年颁布了数据安全与共享规范：健康保险可移植性及责任法案（The Health Insurance Portability and Accountability Act，HIPAA）。HIPAA 可以保护病人的病历记录等个人隐私。2006 年，成立了健康信息隐私与安全协作组织（Health Information Privacy and Security Collaborative，HIPSC）负责隐私保护和安全协调。

3.5.3.4　移动查房

随着医疗健康产业的发展，医院信息化也从以传统的内部管理为主的 HIS 系统，向以病人为核心的临床信息化系统转变。伴随着临床信息化，医院正逐步地实现无纸化、无胶片化和无线化。

移动查房系统也称为无线查房信息系统，是基于无线网络的移动临床应用，将病人的各种信息延伸到病人床前。通过无线技术、移动数据终端和条码/RFID 技术的应用，实现电子病历移动化，让医护人员在临床服务中实现实时数据采集和录入工作，优化医护工作流程，避免人为差错，提高医护人员的工作效率。为了满足实际应用的移动性和便携性的需求，结合移动计算、无线呼叫、VOIP、条码和 RFID 扫描及成像等技术推出比传统移动计算设备更具功能和使用优势的 EDA（Enterprise Digital Assistant）企业数字助理。

移动查房流程如图 3-13 所示。

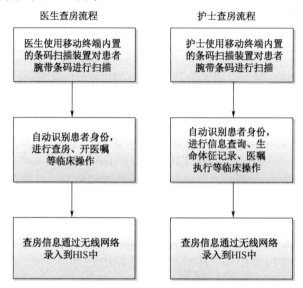

图 3-13　移动查房流程

结合医生查房的工作方式和具体特点，移动查房系统具有的最主要功能就是数据同步、病人信息存储和检索，以及基于可用性的考虑而设计的一些方便用户使用的功能，比如快速查看和定制工具条等。移动查房具有以下优点：

（1）电子病历移动化，将电子病历从桌面应用推向移动应用。

（2）加强医院管理效率和力度。

（3）减少医疗差错和事故。

（4）减轻了医护工作人员的工作强度，提高了医护人员的工作效率。

（5）优化信息存取流程。

在欧美，移动医护查房系统应用比较早，基础硬件以 PDA 为主，PDA 体积小巧、携带方便，满足了护士随时随地获取患者信息的需求。欧美国家不但将 PDA 应用于临床患者的跟踪，而且还将其大量应用于 HIS 的医学大全和药典参考中。美国的 Bico merica 公司为医生配备的 Ready Script 解决方案，是一个保健现场无线手持设备开具处方和解决药物治疗管理方案。医生利用无线手持 PDA，可以经互联网或其他电子连接将处方以电子方式传送到患者选择的药房。

日本的医疗信息化建设基本实现了诊疗过程的数字化、无纸化和无胶片化。电子病历系统应用较普遍。特别是临床医生和护士工作站整合了各种临床信息系统和知识库，功能非常强大，操作方便。同时采用笔记本电脑和 PDA 实现医生移动查房和护士床旁操作，实现无线网络化和移动化。

国内有部分医院也采用了移动医护查房信息化管理，但是多采用 PDA/iPad 作为信息采集终端，基础数据存储采用条码为载体。目前国内提供医院内移动查房的解决方案的厂商有东软、银江、医惠等，不同厂商的移动查房系统的主要区别在于终端规格以及与 HIS 对接流程上。

3.6 智 能 农 业

3.6.1 智能农业发展现状

一直以来，农业都被认为是人类衣食之源、生存之本，是一切生产的首要条件。中国农业的生产结构包括种植业、林业、畜牧业、渔业和副业，但数千年来一直以种植业为主。2012 年中国科学院中国现代化研究中心发布《中国现代化报告 2012：农业现代化研究》，报告指出中国农业经济水平比美国落后约 100 年，农业现代化已经成为中国现代化的一块短板。尽管在衡量指标体系方面，不同的专家有不同的见解，但也确实可以看出，与发达国家相比，我国的农业经济，无论在速度上、规模上，还是在效益上，与世界现代农业的确还有很大的差距。

由于农业在国民生产中的重要性，党和国家始终高度重视我国农业的发展，把"三农"工作放在重中之重。自 2005 年起，连续 5 个中央"1 号文件"对农业农村信息化持续关注，强调加快农业信息化建设和积极推进农村信息化；连续 8 个中央"1 号文件"聚焦"三农"及与其直接相关的农田水利。《中共中央关于制定国民经济和社会发展第十一个五年规划的建议》提出"推进现代农业建设"的战略；《中共中央关于制定国民经济和社会发展第十二个五年规划的建议》提出要加快发展现代农业，推进农业科技创新，促进农业生产经营专业化、标准化、规模化、集约化；中共中央、国务院 2012 年印发中央"1 号文件"《关于加快推进农业科技创新持续增强农产品供给保障能力的若干意见》指出要进一步通过加强农业科技创新支撑现代农业建设。

现代农业的建设离不开信息化技术的支持，物联网、云计算、移动通信等技术的发展为现代农业提出了数字化和信息化技术的重要支撑手段，是实现农业集约、高产、优质、高效、生态、安全的重要支撑，同时也为农业农村经济转型、社会发展、统筹城乡发展提供"智能"支撑。但我国在不同地区的农业差异形成了各具特色的农业生产作业带和生产模式，信息化技术将充分与这些传统的农业生产模式相结合，用现代化的科学技术来改造农业，装备农业，不断提升农业生产效率和产品质量。

3.6.2 智能农业发展趋势

智能农业的最终目标和方向是实现农业现代化。回顾我国的农业和农村信息化发展路线，不难看出大体可以分为三个阶段：第一个阶段是最早开始实施的"村通工程"，通过"村通工程"实现了覆盖农业生产和农村地区的大规模信息基础设施的建设；第二个阶段是搭建各种涉农的综合信息服务平台，例如中国电信的"信息田园"平台、中国移动的"农信通"服务等，可以提供大量的涉农信息以及电子商务服务，等等；第三个阶段，也就是目前智能农业的发展趋势，是借助物联网、云计算等新兴技术实现智能生产和运营的发展模式。

随着物联网、无线技术、分布式计算、人工智能和生物科技等新技术在农业和农村信息化中的深度应用，逐步呈现出越来越多的智能农业应用类型，目前应用比较多的是农业生产中的环境监测和信息追溯。农作物的生长对于环境要求较高，温度过低将阻碍一些农作物正常生长，因此将环境温度控制在合适的范围内对于作物的生长有着很好的促进作用，智能温室/大棚就是此类应用。例如，水产养殖，水中的温度、溶氧量和 pH 值对于水产品的生长至关重要，如果及时了解养殖池内水的各种状态，则可以避免因水质问题造成的水产品的损失。对于信息追溯，主要是农产品质量的追溯应用，通过物联网技术全程追踪农产品种植/禽畜养殖状况，实现从田间/养殖场至居民餐桌各个环节的农产品质量的监测，确保食品安全。这样的智能农业中，人们能够随时监测自己所吃的食物来自何方，能够精准化和自动化控制农作物的生长环境，能够直接在网上购买远方农村的水果蔬菜，更能够远程耕种收割，能够时刻体验现代农业带来的安全和高效的农业生产体验。

智能农业的发展将促进农业资源高效利用，提高产出；节约投入，降本增效；减少环境污染和实现可持续发展。智能农业让传统的农业，从依靠天气吃饭、依靠环境吃饭中解脱出来，进行高产优质高效的农业生产。农业的生产和组织将逐渐从以人力为中心、依赖于手工、孤立机械的生产模式转向以信息和软件为中心的生产模式，从而可以大量使用各种自动化、智能化、远程控制的生产设备，进一步提高了生产效率，促进了农业发展方式的转变。

尽管目前我国智能农业的发展受到了各界的支持，然而对比国外智能农业的发展情况，不难发现我国在智能农业的发展方面仍然处于起步阶段，目前国内更多的是示范工程和项目，还比较缺少能够形成产业的应用项目，另外在技术和标准方面，缺少统一的协议和标准，因此大量的应用都是小规模的孤岛式应用。

智能农业的发展一方面需要通过总结国外发展经验，根据中国的国情找准切入点。国际上精准农业的实践表明，实施精准农业要求信息技术、生物技术、工程装备技术和适应市场经济环境的经营技术的集成组装，综合是其典型特征，技术集成是其核心，因此需要多部门、多学科联合作战。智能农业要求尽可能应用先进的信息采集手段来快速、实时、较低成本地获取农田作物产量、品质等差异性信息和影响作物生产的各种客观数据，从大量数据中提取有助于制定农田作物管理科学决策的信息，能有效地运用农田作物管理的科学知识分析客观信息，制定农业生产的科学管理决策，最后通过各种变量农田作物机械或人工控制等措施来达到作物生产预期的技术经济目标。

另一方面需要通过切实做好云计算和物联网等新兴技术的应用技术的研究开发，力求走出适合中国国情的精确农业的发展道路。以物联网、云计算、移动互联网、三网融合等各种电信和 IT 技术为特征的信息化技术深入应用到农业生产和经营过程中，以智能型农业为引领，为建设现代农业体系提供了有效手段。通过物联网可以更精准地实时在线监测各类农业生产环境因子，通过云计算可以搭建低成本高效率以及海量数据共享和智能化处理的平台，通过移动互联网以及三网融合等技术为农业生产者和消费者提供随时随地的最为便捷的信息接收、查询和发布。随着云计算和物联网等新兴技术的发展、中国小城镇化建设战略以及人们对广域化、移动化工作的需求增加，目前，原有的多种局域化、孤岛式以及小规模的智能农业应用逐步向公共的共性服务平台进行迁移，逐步形成了一些具有一定规模以及相对规范的业务和应用。

3.6.3　智能农业典型应用

智能农业的目标是将信息化、智能化等新技术引入农业生产的各个环节，以提高农业的生产效率，或者变革传统的生产方式，它可以应用在各种农业的生产场景中。目前，智能农业已经在一些典型的场景中得到应用，初步验证了它的可行性，取得了一定的效果，并积累了经验和教训，为以后的推广和规模部署提供了参考。下面介绍一些智能农业的典型应用场景。

3.6.3.1　智能大棚/仓储

目前在农业生产中，在非植物生长的季节利用农业大棚/温室进行农作物、蔬菜、花卉、林木等植物栽培或育苗等。例如，黑龙江省的水稻育秧大棚、山东的蔬菜大棚等。

大棚内的空气温/湿度、浅土温/湿度、光照、CO_2 含量等指标对大棚内的作物生长具有关键性的影响。传统的操作方式，需要靠人力来监测这些指标，并进行相应处理。例如，当浅土湿度低于某个阈值时，需要进行灌溉。智能大棚将物联网和专家系统引入至传统的大棚生产中，利用传感器搜集大棚内的各种环境信息，然后进行分析，最后给出最佳操作建议。

如图 3-14 所示，用户通过个人计算机或者智能手机，可以远程随时随地地查看大棚/温室/仓储等生产场所的环境信息，并远程进行现场的控制操作。通过实施此类应用，对于用户而言，可以实时精确地获取大棚/仓储等类似农业生产环境的各类环境指标信息，实现各种监测指标的显性化，做到心中有数，进而在监测指标不正常时，可以通过环境调节设备实现手工或者自动化的远程控制，不但实现精准化和自动化操作，还可以保证农业生产环境始终保持在最佳状态，另外还可以提高农业生产劳动率并降低对外部环境的依赖。

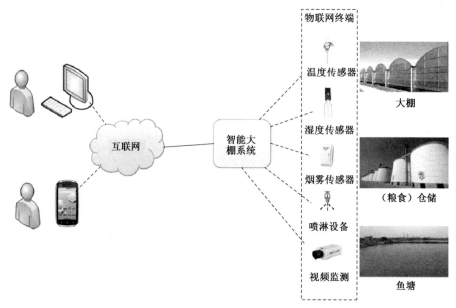

图 3-14　智能大棚/仓储等应用场景

系统的一些功能可包含如下几个方面。

1. 数据采集

对系统管理范围内的环境变量、设备状态和动植物自身参数进行实时传感数据采集。

2. 数据查看

对系统管理范围内采集数据进行实时显示，结合农业生产标准进行统计、分析、挖掘、评估等综合处理，以数据、图表的形式生成数据分析结论，为用户提供全面准确的评估信息，作为进一步采取控制操作的基础。

3. 视频监控

实现农业生产环境的视频监控、视频存储等，用户通过计算机、手机可以进行远程、实时视频监控，并可以控制摄像设备的云台或者镜头的动作，进行拉近、拉远、拍照、录像等操作。

4．信息交流

信息交流包含信息的发布和查询以及用户和农业专家的沟通互动。信息来源可包括农业信息的动态发布和农业生产知识的整理发布等。相关信息既可以主动推送到用户，用户也可根据需求主动查询并支持用户与平台之间的互动。

5．异常告警

执行用户制定的告警策略，支持基于环境变量驱动的联动触发告警机制，设备根据环境变量和预先设定的联动策略，进行告警提示操作。告警方式包含本地的声光告警和由系统触发的短信、邮件和语音通知等。

6．远程控制

可以人工或者自动的方式通过互联网或移动互联网向大棚或者温室内的控制设备（如喷淋、通风、滴灌设施等）发送控制指令，实现对设备的远程控制。

3.6.3.2　农产品溯源和食品安全

农产品质量及安全问题是目前居民日常生活中重点关心的问题之一。可追溯系统是在产品供应的整个过程中对产品的各种相关信息进行记录存储的质量保证系统，其目的是在出现产品质量问题时，能够快速有效地查询出问题的原料或加工环节，必要时进行产品召回，实施有针对性的惩罚措施，由此来提高产品质量水平。

近年来，农产品质量安全问题日益严重，国内外都出现了重大的农产品安全事件。国际上，英国的"疯牛病"事件、比利时的"二噁英"事件，以及德国的"毒黄瓜"事件等；国内的"三氯氰胺"、"瘦肉精"等事件，都对人们的健康和生命安全造成威胁。虽然已经有了多种有效的控制食品安全的办法或者标准，包括 ISO 9000 认证、GMP（良好操作规范）、SSOP（卫生标准操作程序）、HACCP（危害分析和关键点分析系统）等多种有效的控制食品安全的管理办法，并在实践中进行运用，但是这些标准都是针对具体环节进行控制，缺少将整个供应链连接起来的技术手段或者规范。而一旦在中间某个环节出现问题，要想寻找问题的源头，或者查找所有与这个问题相关的产品信息，上述这些手段就显得不够完善。

可追溯系统强调产品的统一标识和全过程追踪，对实施可追溯系统的农产品，在其各个生产环节实行 ISO 9000、GMP 或 HACCP 等质量控制方法，对整个供应链各个环节的产品信息进行跟踪与追溯，一旦发生食品安全问题，可以有效地追踪到食品的源头，及时召回不合格产品，将损失降到最低。农产品质量安全管理是可追溯系统重要的领域之一。

如图 3-15 所示为"猪肉质量溯源"应用场景，利用传感器、无线通信、远程视频监控等技术，可以记录和监测各个环节的生产和操作信息，一旦某个环节出现问题，可以迅速确认问题以及相关联的产品批号，并做出快速处理。

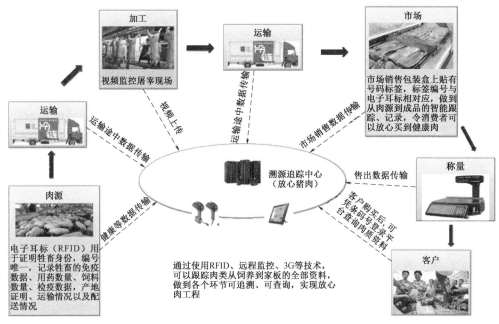

图 3-15　"猪肉质量溯源"应用场景

农产品追溯应用，一方面可以记录和监测各个环节的生产状况，确保与操作规范相符，如果不相符，可及时进行调整和处理；另一方面，当发现问题时，可以使用后台系统中记录的历史数据，快速地定位问题发生的环节，以及问题所影响的相关产品批号，使问题产品快速下架，避免问题进一步扩大造成严重后果。系统一般包含如下功能。

1．养殖子系统

生猪的饲养是整个生产过程中周期最长的一个环节，它的追溯基础是猪的个体标识，也就是电子耳标。当断奶仔猪进行免疫防疫注射时，就开始佩戴电子耳标（RFID），也即开始信息的记录。

2．屠宰加工子系统

生猪的屠宰是整个生产过程中最复杂的一个环节，特点是时间短、步骤多。屠宰子系统主要负责对屠宰企业、人员的基本信息，进场待宰生猪身份信息和分割后猪肉的信息进行详细的记录，将屠宰过程中产生的屠宰信息输入屠宰子系统，并上报至溯源系统。

3．运输子系统

运输子系统主要是实现猪肉产品运输，其系统的主要功能是记录猪肉在运输过程中的环境情况，是否符合冷链运输的要求，以及保证从运输起点至终点之间的猪肉不掉包、无违规操作。将运输过程中的承运企业信息、运输过程中的环境状况上报至溯源系统。

4．销售子系统

销售阶段主要包括对销售企业、场所、人员的监测和记录，记录肉制品的库存环境状况，以及猪肉制品的分割包装、销售情况，并将这些销售过程中产生的状况信息上报至溯源系统。

5．溯源查询及监管子系统

建设溯源系统的目的是允许消费者进行商品的溯源查询，政府监管部门进行各个环节的检查和监督，以及中间环节各个实体的查询等。因此，整个溯源系统需要设计面向不同用户的查询界面和查询方式，以及针对不同用户需求设计的查询结果。

目前，溯源应用场景通常用于肉类食品、水果蔬菜类食品的质量保障，也可用于农作物种子的质量保障等方面。

3.6.3.3 农机管理和调度

目前在全国大部分地区都开始采取农业机械化作业，农业机械流动性大和作业面广，农机操作者经常在外奔波，面临异地交通路线不熟、耕作信息不通畅等问题。而种植户在农忙、粮食丰收等情况下需要大量农机设备进行生产或收割操作，在短时间内往往无法租用到大量的农机设备，面临类似"增量不增产"的尴尬。信息互通不及时的现状无法满足农机装备组织者和参与者对信息快捷、准确、详细的要求，同时目前缺少有效的农机调度手段，这不仅降低了农机作业效率和工作质量，也造成农机装备的不合理配置，导致了资源的浪费，给农机作业的进一步发展带来了困难。

农机管理和调度应用则是充分利用卫星定位技术（GPS）、无线通信技术、地理信息系统技术（GIS）等技术手段实现对农机的动态监控，以及对农机具和农机管理人员进行远程调度，提高农机具的使用和管理效率，并实现节能减排，如图 3-16 所示。

通过在农机具上安装定位和视频监控等设备，使农机管理者可以掌握农机设备的基础信息、分布情况，运行轨迹等相关资料，可对农机设备进行实时跟踪定位和视频监控，可为农机工作人员配备对讲手机进行统一调度和合理安排作业，同时还提供农机维修维护指引、政策法规咨询和农机设备商机共享等功能，通过有效的农机管理应用可以在合理调配农机设备、引导农机作业有序流动、避免跨区作业的盲目性等方面起到较好的作用，主要包含如下功能。

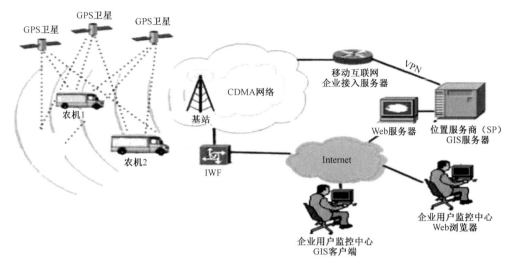

图 3-16　农机管理应用场景

1．农机信息管理

农机信息管理对农机性能、车况、历史作业数量、质量、当前空闲状态等信息进行维护管理，方便用户足不出户就可了解并掌握。

2．农机位置管理

农机位置管理包含当前位置、历史轨迹和行驶报告等功能。当前位置在电子地图上实时显示当前农机所处地理位置和工作状态。在调度人员接到新任务时，可查看农机的可用状态，以及正在执行的任务进度，可以最大限度地提高农机驾驶人员和车辆的使用效率。当农机离开指定的地理位置时，则会立即触发报警逻辑，实现农机的位置异常状况监控，实现防盗、异常管理等功能。历史轨迹实现对特定农机装备历史运行轨迹的查询。行驶报告记录农机行驶数据并生成行驶报告，内容包括农机状况、驾驶员和行驶情况的详细信息，如日期、行驶里程、行驶耗时、平均车速、发动机转速、出发地、出发时间、目的地和到达时间等，同时能够时时监控并记录违规行为，如超速、无经验驾驶、急刹车、急加速、怠速过久、超出经济转速行驶等，为事故分析提供重要、详细的信息。

3．农机调度管理

农机调度管理实现调度人员在指挥中心通过计算机平台系统向农机发送调度指令。调度人员可以通过农机信息管理和农机位置管理查找具体农机设备或者某个区域内所有农机设备进行调度命令的发送。

4．信息服务

信息服务包含信息发布和信息推送服务。信息发布允许种植农户发布农机需求信息，管理员可通过信息推送功能把相关需求信息推送到农机所有者。

5．视频服务

通过视频服务，管理中心可通过大屏幕看到农业机械在田间的实时作业场面，驾驶员工作状态等视频。

3.7　智　能　环　保

智能环保是指是利用环境信息传感器、RFID、多媒体信息采集、云计算、无线传感器网络和实时定位等技术实现环境信息的感知、互联互通和智能化管理，为保护环境提供有效的监控手段和管理方式，智慧地解决能源危机和环境恶化的问题。本节将对国内外物联网在环保中的应用情况进行简要介绍。

3.7.1　国外智能环保发展情况

美国环保局（US EPA）在物联网节能环保领域的应用方面开展的研究较早，并主持开发了若干环境物联网系统。美国环保局为国家和欧洲环保机构和污染控制部门开发了 BASINS 系统，它集成了整个美国的流域数据、流域分析和水质分析软件，为用户提供一个简明的、将点源和面源统一起来的流域管理工具。

英国泰晤士河流域规划决策支持系统 WATERWARE，包括 EADS，HEEDA，SAROAD，STORET，DDRP，MANAGE 和 CSGWPP 几个子系统，具有水文过程模拟、水污染控制、水资源规划管理等功能。其中，EADS 用于辅助环境评价、污染源表征及控制技术的发展；HEEDA 通过对结构与毒性关系的研究，达到从化学结构预测毒性的目的；SAROAD 和 STORET 为国家和政府提供环境决策支持；DDRP用于预测、调查地表水化学物质对持续酸沉降的长期响应关系；MANAGE 用于区域土地利用的污染风险评价；CSGWPP 为各流域地下水的合理开发、利用及保护提供建设性的支持。

此外，物联网在环保领域应用较为典型的案例还有欧共体完成的 ECUIN 能够对环境信息进行全面综合的管理；英国国家环保局主持开发的 WQIS 系统可以辅助水质管理；由英国人类可靠性联合公司和伦敦经济政治大学共同研制的影响与评价决策支持系统 IMAS，具有专家知识管理模型与即时响应功能；日本国立公害研究所研制开发的环境综合分析信息系统 SAPIENs；挪威近年来开发的区域环境应急系统

MEMbarin，该系统覆盖面广、功能完善；瑞士日内瓦大学研制的日内瓦环境信息与决策支持系统 GENIE 利用 Client/Server 结构实现信息共享；世界银行在一些发展中国家援助开发了工业污染预测系统 PIPs，该系统在利用工业调查信息的基础上，估计污染强度，从而预测国家、地区、城市或项目的工业污染。

国外利用物联网对水体、大气、生态及其他环境的监测的历史较早，一些项目也发展得较为成熟。以下以著名的美国哈德森河水流域保护为例说明物联网在环境保护中的应用。

1．项目背景

美国哈德森河监测项目示意图如图 3-17 所示。

（1）各种水利工程的修建，水资源被过度开发利用，污水排放引发了许多生态环境问题。

（2）河流及河口生态系统复杂而且敏感，易受自然和人为活动影响，这些行为实施时间短但影响时间长。

（3）针对以上问题开展的研究具有自身的局限性：

● 研究对象一般只是舆论重点关注的环境对象，没有对大范围的环境进行综合的观察；

● 这些监测是少数的监测点，时间上也是非连续的，不能全面和动态地反映所监测对象的复杂性。

（4）为纽约的哈德森河制定的 REON（River and Estuary Observation Network）项目就是针对以上问题提出的，旨在广泛、连续、动态地监测哈德森河系统，并为其他科研、教育和决策者提供有效可靠的数据，帮助指导建立关键环境问题的模型，确保模型所需的数据输入格式。

这项管理方案的核心就是用信息技术为河流把脉。IBM 与贝肯研究所合作，为美国哈德森河进行实时监控。REON 项目是为实现河流和河口体系的多参数、多尺度的监测。这个体系包括一系列复杂的感知技术，涉及物理的、化学的和生物传感测定的领域。通过采用先进技术提供更多的物理的、化学的和生物的信息，从而提炼出针对哈德森河的更高认识水平。哈德森河的监测项目在 315 英里的河流上布置传感器，实时收集与分析河流的生物、水质、化学物质等信息，从而可以可视化整条河流。通过采集的监测信息，科学家对此进行一系列研究，这些研究包括水质研究和评估、栖息地和生态系统监测、环境影响分析以及水资源管理。根据监测的信息和研究的成果，政府有关部门可以指导农业灌溉、污水处理、捕捞等。该体系能够为科学研究、教育、管理和环境政策制定相关的领域提供一个综合展示复杂和动态变化的自然环境的平台。

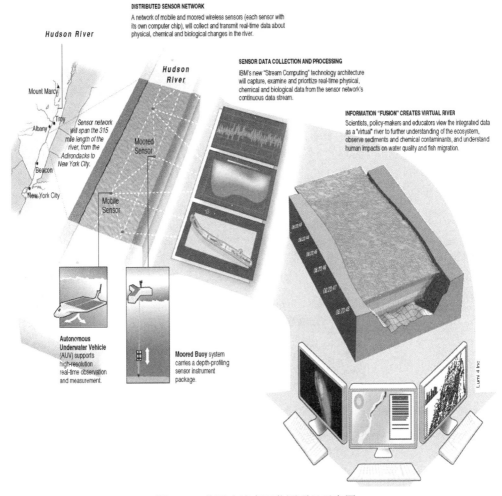

图 3-17　美国哈德森河监测项目示意图

2．项目目标

（1）通过不同类型传感器和不同监测手段实现河流和河口多参数、多尺度的监测。

（2）确保采集数据的质量，实现数据双向传输。

（3）实现不同来源、不同格式数据的同化，并整合到数据中心，利于高级应用。

（4）为不同使用者提供合适的分析工具。形成数据建模、模拟和可视化等多种功能的信息基础设施。

（5）为科学研究、教育、管理和环境政策制定相关的领域提供一个综合展示复杂和动态变化的自然环境的平台。

3．技术特点

哈德森河水质监测管理项目的关键技术包括高性能计算、流计算技术，实时地捕获、处理从传感器网络中收集到的连续数据流，以及数据可视化技术等。其中的流计算技术，可以完成对河流实时监控的任务。目前，在该技术已经实现的系统中，最快的系统能够每秒处理 100 万条监控信息，而且每条信息的处理时间仅有千分之一秒。对于 REON 河流监控系统而言，由于地域的广阔性，考虑到数据在网络上的传输延迟，流技术可以达到分钟级的响应时间。也就是说，从数据被传感器采集到开始，在几分钟内，管理中心就能知道该地区水源的详细信息，从而可以及时、动态地掌握水资源信息。

（1）传感器。

首先，传感器要能够满足可靠、连续采集数据的需要；其次，传感器的监测指标既包括监测传统的指标变量（如温度、盐度、溶解氧浓度、浊度、叶绿素、pH 值、硝酸盐和压力等），也包括更为复杂的生物传感器，这类传感器有的非常精巧，能够自带微型实验室，如图 3-18 所示。

图 3-18　哈德森河监测项目使用的传感器

哈德森河的可移动传感器沿着河的不同位置断面的深度布置，每个监测点的传感器都固定于一个用于深水探测的机械手臂上。

常规参数传感器：盐度、浊度、温度、电导率、溶解氧、叶绿素、颗粒物粒径、有色可溶性有机物以及总石油碳氢化合物传感器。

其他传感器：声学多普勒海流剖面仪用于测定水流构造和气象传感包，用于监测风速、风向和气压等气象条件。

（2）数据传输。

哈德森河 REON 系统的无线传感器网络的数据传输以传感器输出的信号作为输

入，并支持传感器外源的联合信息以及支持访问其他研究机构和与教育机构进行双向的信息交换。同时，在保证质量和最小延迟的情况下完成实时数据的采集。实时数据的采集对研究人员、政策制定人员和水资源管理专家延伸知识的前沿以及保护自然资源非常重要。

（3）联合的数据架构。

来自哈德森河传感器的数据涉及从微观到宏观的多尺度测量。多种不同的数据被存储为不同的类型、存储于不同的平台和不同的物理位置，因此监测数据较为复杂。联合体的数据架构能够支持互通性和帮助消除数据的复杂性。联合的数据架构的软件基础为 IBM 公司开发的高级中间件 iCS——互联网尺度的控制系统。iCS 框架可以封装的抽象化现有的物件，以便它们能用于新集成的网络的物理环境。除此之外，iCS 还能够有效地提取数据和基于事件建模，这样的模型能够为数据收集和处理自动化对象建立一个集成的环境。

（4）分析管理平台。

哈德森河 REON 项目使用 Harmony 作为网络管理层。Harmony 是用于分布式、事件驱动应用的信息发送的中间软件，Harmony 主要的技术是一个综合质量模型，覆盖了路由支持的、信任的虚拟域名管理。Harmony 中间软件能全面提供事件驱动应用所需要的关键性能。

3.7.2　我国智能环保发展情况

我国利用物联网进行环节监测的需求巨大。在水资源监测和保护方面，虽然中国水资源总量居世界第二，但人均占有量只有世界平均水平的 33%，中国面临着水资源的严重缺乏。2008 年，全国废水排放总量为 572 亿吨，比上年增加 2.7%；化学需氧量排放量为 1320.7 万吨，比上年下降 4.4%；氨氮排放量为 127.0 万吨，比上年下降 4.0%。据环境保护总局发布的《2008 年中国环境状况公报》，长江、黄河、珠江、松花江、淮河、海河和辽河七大水系中，松花江为轻度污染，黄河、淮河、辽河为中度污染，海河为重度污染。据中国科学院发布的国情研究报告称：我国符合饮用水卫生标准的水仅占 10%，基本符合标准的占 20%，不符合饮用水标准的达 70%。以地下水为饮水的城市，90% 以上的地下水受到不同程度的污染，而且污染逐年加重。

大气污染方面，我国已成为世界上大气污染最严重的国家之一。世界卫生组织的空气悬浮颗粒物浓度标准是 20 微克以下。中国只有 1% 的城市居民生活在 40 微克标准的环境，有 58% 的城市居民生活在 100 微克标准以上的环境中。

其他环节污染监测和防护方面，物联网同样可以发挥重要作用，包括电磁辐射监测、噪声监测、土壤监测、地质灾害监测、生物种群监测、森林植被监测等。

我国节能环保领域的物联网建设历经了环境监测网络的发展、污染源自动监控网络的建设等不同历史阶段。

我国的环境监测网络包括了大气、沙尘、地表水、饮用水、噪声、土壤、生态以及辐射的监测网络。其中大气监测网络在全国范围的重点环境保护城市都建立了大气自动监测点，实现了全国大气质量的实时监控。此外，全国沙尘暴监测网络的建设也已经初具规模。地表水监测网络的建设经历了从手工监测到自动监测的发展飞跃，目前在国控重点河流断面和重点湖库都采取了水质自动监控的手段进行监测。正在开展的饮用水源地的自动监测也是水质自动监测网络的重要组成部分。很多城市也都开展了噪声自动监测工作，形成了噪声监测网络。我国也开展了两次全国范围的土壤监测工作，采用手工监测方式建成了全国土壤监测网络。在生态监测、辐射监测等领域，我国也先后开展了一系列工作，建成了覆盖全国的监测网络。这些环境监测网络的建设是我国环保领域物联网建设的雏形，为我国环保领域物联网的发展奠定了扎实的基础。

"十一五"期间，我国大规模地开展了污染源自动监控网络的建设，对重点污染源的废气和废水排放进行自动监测，国家级、省级、地市级网络的建设大大推动了环境监测自动化的进程，我国节能环保领域物联网的应用进入新的一轮发展高潮。

近年来，物联网在环境保护中的应用加速。典型的应用包括以下几个方面。

1. 太湖水环境监测无线传感器网络示范工程

太湖水环境监测无线传感器网络示范工程以太湖作为应用示范对象，研发水环境监测无线传感网络系统，建立定时、在线、自动、快速的水环境监测无线传感网络，将无线网络与各类监测化学、物理、生物的水质传感器以及图像传感器相结合，并与遥感和雷达等系统组合建立湖泊水体环境的自动、立体监测系统，采用同一套网络系统在不同观测力度和层面完成对浮游植物叶绿素浓度、氮磷营养盐、pH 值、溶氧、温度以及与水体富营养污染相关的数据采集和水质监测，并针对重点监控区域（如水源地取水口等）的长期跟踪监测，形成湖水质量监测与蓝藻爆发预警、入湖河道水质监测，以及污染源监测的传感网络系统，利用传感器网络的技术优势实现对蓝藻污染的及早发现，为进一步从整体上实现太湖水质的现代化监测体系奠定坚实的基础，推进对太湖流域污染问题的监控与治理。相关技术还可以推广应用到诸多其他领域。

该示范工程利用传感器网络的技术优势实现对太湖污染的及早发现，为进一步从整体上实现太湖水质的现代化监测体系奠定坚实的基础，对于推进解决我国面临的水污染严峻形势具有重要意义。

2. 北仑综合环境监测系统

2004 年，中科院上海微系统所在宁波北仑区建立了针对河流、水库、空气质量、道路噪声、汽车尾气、市容绿化实时监测的全区覆盖传感网综合监测系统，并将相关监测信息发布到北仑区政府网站。

3．中科院旱区寒区野外信息监测

高寒与干旱是中国西部最核心和最具特色的环境类型。对高寒、干旱、沙漠地区的野外环境、生态等诸多要素的实时、长期、稳定的监测，将为西部生态、社会、经济的发展与稳定，提供关键的决策基础数据。

中科院一直非常关注长期定位观测、长期联网试验和综合研究，提高野外台站的长期观测功能，强化野外台站的综合研究功能，大幅度提高生态与环境、现代农业、资源与海洋等创新基地的创新能力。通过野外台站信息化项目的建设，实现野外站的冰川、冻土、沙漠、大气、生态、环境、水文等要素的实时监测，提高数据的采集密度和质量，实现数据传输的实时性，使监测由人工化到自动化、网络化，实现监测方法上质的飞跃，满足学科和国家相关需求，使我国寒旱区监测与国际监测的先进网络进行接轨。

4．海上无线传感器网络实验场（OceanSense）部署和应用

中国海洋大学进行了无线传感器网络海上监测实验，在海洋表面以及风浪潮汐的自然环境下部署无线传感器网络，满足在实际天气和海洋潮汐的环境下的防潮需求和保证通信质量。

试验系统综合运用无线传感技术、嵌入式计算技术、现代网络技术、无线通信技术和分布式智能信息处理技术，大大提高了传感器的监测能力，可完成海洋生态环境监测及数据实时处理、各类海洋气象与灾害的数值预报预测、各类海水指标检测控制等。

5．基于无线传感器网络技术的冰雪环境连续测量系统

2007 年，在我国第 24 次南极科学考察活动中，由中国科学院主办的为"基于无线传感器网络技术的冰雪环境连续测量系统"的科学研究计划进行了实施，目的是布设一个能在北京遥控监测冰雪变化的"智能尘埃"网络，将南极雪表面数据与天空中的遥感卫星监测数据相结合，对南极冰穹 A 地区开展"天地一体"的监测研究。

目前，卫星遥感技术拓宽了人类研究南极的视野，利用卫星遥感数据，科学家已经获得了全南极的多源遥感影像图，测得了冰盖运动和表层冰雪的融化等数据。但由于缺乏地面验证，卫星遥感所获得的冰雪参数的可靠性不高。而地面验证和连续观测在南极地区的实施十分困难，由于极地环境恶劣，依靠人力很难在大范围进行考察，而且普通的仪器也难以实现连续工作。

而将国际先进的"无线传感器网络技术"应用于极地冰雪监测，并将卫星遥感监测与地面无线传感器网络监测进行集成研究，将会带来遥感领域的一场革新。

6. 上海交通大学自动化系基于气体污染源浓度衰减模型，开发了气体源预估定位系统

上海交通大学自动化系基于气体污染源浓度衰减模型，开发了气体源预估定位系统技术也可推广到放射性元素、化学元素等的跟踪定位中。

3.7.3 我国环保物联网发展面临的挑战

我国环保领域的物联网发展也面临着一系列挑战，主要包括以下几个方面。

1. 我国在环境与安全监测物联网关键技术上仍然与国际上有很大的差距

环境与安全监测物联网主要涉及传感器和芯片制造、信息网络和传输、海量信息处理、智能感知和处理四个关键技术领域。在传感器和芯片的制造、集成、预处理技术方面，我国非常薄弱，主要存在以下问题。

（1）科技创新差，核心制造技术严重滞后于国外。

拥有自主知识产权的产品少，品种不全，产品技术水平与国外相差 15 年左右。环境领域传感器产业化水平较低，高端产品被国外厂商垄断；对于环境参数所需的传感器类型较少，特别是化学和生物参数的传感器应用还很少，而且传感器在野外布置的耐用性和可靠性也有待提高。

（2）科技与生产脱节，影响科研成果的转化。

综合实力较低，产业发展后劲不足。尽管我国在信息网络和传输方面有比较好的基础，但与国际先进水平相比仍有一定的差距，尤其是带宽管理体系薄弱。我国在海量信息处理，智能感知和处理等软件平台的基础还很薄弱，信息处理平台和可视化预测预警平台尚待完善。

2. 我国环保物联网产业生态不成熟，物联网应用重数据采集轻数据利用

现有应用于环境与安全监测的终端通用性差、成本高、应用个性化强、环境与安全监测物联网尚未形成统一的行业标准，没有形成成熟的商业模式，影响其大规模推广和应用。现有部署的环境和安全监测点较少，系统规模小，造成现有市场规模比较小。网络的宽带资源不足，成本高，也限制了环境与安全监测物联网的进一步发展。目前国内产业链各环节合作模式比较单一，产业链各环节上的垂直并购及合作尚未出现，产业链的各厂商都处在生存发展期，主要专注于设备生产。产业链各环节的厂商除运营商外，整体综合实力比较弱。

从对数据的利用广度来看，各应用都局限于行业内部，信息是孤立地被使用，没有实现行业间和产业链的信息共享；从对数据的处理深度来说，仅实现了信息采集和数据的简单处理，尚处于数据收集分析的初级阶段，并没有形成信息分析之后

再进行反馈控制的闭环。下一步需要加强行业间的协作共享，以及在结合云计算完成海量计算和信息共享，从而在智能控制方面进一步努力。

3. 我国市场仍处于培育和认知阶段，产业链步入成熟期仍需要较长一段时间

由于环保物联网应用成本偏高、产业链尚未形成、终端能耗问题、终端标准尚未统一、安全、移动性管理等多个问题尚未解决的制约，目前我国物联网尚未处于大规模应用阶段。另外，从应用和研究的结合来看，市场应用和研究成果的结合脱节较严重，存在理论研究多，应用研究少；概念方案多，实用系统少；试验系统多，规模应用少；偏重点的研究，忽视系统研究。

第 4 章
物联网标准

本章要点

- √ 物联网标准体系
- √ 物联网具体标准情况

 本章导读

物联网涉及的技术广泛,标准方面形成了多个国际标准和行业标准并存的局面,合理设计物联网标准体系是开展和推进物联网标准化工作的关键。同时物联网标准工作已经展开,在技术研发和产业应用的推进下,物联网标准也呈现很多的新的发展趋势,了解物联网标准化涉及的组织、进展状态及趋势,有利于更好地开展物联网标准化工作。

本章给出了物联网标准体系,基于物联网技术体系和某些行业特殊性,可以考虑将物联网标准分成四类,即物联网总体性标准、物联网通用共性技术标准、公共物联网标准,以及电力、交通等行业的专属物联网标准构成。本章对国内外物联网标准活动及最新进展进行了详细的描述,行业部分重点阐述了智能电网、智能交通、智能家居和电子健康相关的标准化情况。

4.1 物联网标准体系

4.1.1 物联网标准体系总体框架

物联网业务应用系统既可以由行业独立部署运营,也可以构建在公众通信网(包括电信网和互联网)之上。在现有公众通信网基础上通过增强感知能力来构建的公共物联网,不仅可以用于提供公众物联网应用,其他行业也可以共享该公共信息基础设施,从而避免不同的行业物联网重复建设。此外,有些行业如电力、交通等的信息化程度相对较高,又有其自身特殊的、封闭的应用需求,这些行业将基于各自现有的行业信息通信网络来发展行业专属的物联网。基于物联网技术体系和某些行业特殊性,将物联网标准分成四类,即物联网总体性标准、物联网通用共性技术标准、公共物联网标准(M2M 标准),以及电力、交通等行业专属物联网标准构成。物联网标准框架如图 4-1 所示。

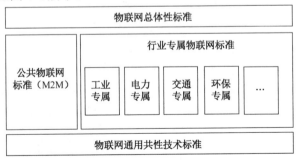

图 4-1 物联网标准框架

4.1.2 物联网标准体系组成

基于物联网标准框架并结合具体标准化点，本节给出物联网标准体系视图如图 4-2 所示。

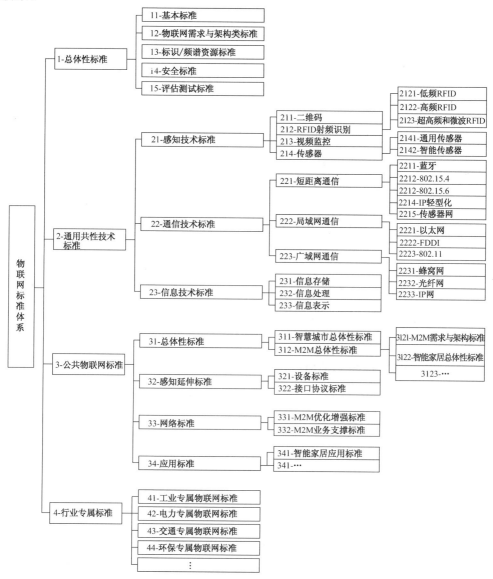

图 4-2 物联网标准体系视图

1．物联网总体性标准

物联网总体性标准用于规范物联网的总体性、通用性、指导性、指南性标准，规范公共物联网、各个行业专属物联网之间协作的标准，指导公共物联网标准、行业专属物联网标准的建设，做到分工合作，防止不同物联网之间标准的重叠与缺失。物联网总体性标准是公共物联网、各行业专属物联网必须遵循的标准，也是公共物联网标准、行业专属物联网标准可以直接引用的标准。

物联网总体性标准由物联网基本标准、物联网需求与架构类标准、物联网标识/频谱资源标准、物联网安全标准、物联网评估测试标准五大类标准构成。其中基本标准包括物联网基本术语、物联网总体参考模型、物联网标准指南等；物联网需求与架构类标准包括物联网总体需求和物联网的体系架构标准等；物联网标识/频谱资源标准包括标识和频谱两大类标准；物联网的安全标准包括隐私和信息安全标准；物联网评估测试标准包括物联网应用评估、物联网公共测试等。

2．物联网通用共性技术标准

物联网通用共性技术标准用于规范公共物联网与各行业专属物联网应用中共同使用的信息感知技术、信息传输技术、信息控制技术及信息处理技术，这些通用共性技术标准可以被公共物联网标准、行业专属物联网标准直接引用。

物联网通用共性技术标准包括感知技术类标准、通信技术类标准、信息技术类标准，这些标准也可用作不同行业物联网的通用共性技术标准。其中感知技术类标准包含各种类型传感器、RFID、二维码、多媒体信息采集、位置识别等技术标准；通信技术类标准包含短距离无线传输技术（如 ZigBee、NFC、UWB、蓝牙）、局域传输技术（如 LAN、WLAN）、城域网与广域网（如光通信、2G/3G/4G 无线通信、数据通信）网络技术标准；信息技术标准包括信息存储、信息处理、信息表示等标准。

3．公共物联网标准（M2M 标准）

公共物联网标准用于规范公共通信网与公共 M2M 业务平台上支持行业应用和公众应用的物联网标准。公共物联网标准由面向物联网应用的 M2M 业务总体性标准、感知延伸标准、网络标准以及应用标准构成。公共物联网标准将遵循物联网总体性标准和通用共性技术标准的要求，面向公共物联网应用需求，对公共物联网的技术、产品进行研发并制定其应用类标准。

4．行业专属物联网标准

行业专属物联网标准用于规范行业专属物联网上支持行业应用的物联网标准。行业专属物联网标准由电力、交通、环保等垂直行业的专属物联网标准构成。行业专属物联网标准将遵循物联网总体性标准和通用共性技术标准的要求，面向行业专属网应用需求，对行业专属的技术、产品进行研发并制定其应用类标准。

4.2　物联网具体标准情况

4.2.1　物联网标准概述

物联网涉及的技术广泛，标准方面形成了多个国际标准和工业标准并存的局面，相关的主要国际标准组织如图 4-3 所示。

总体性相关国际标准组织
- ITU-T：SG13,SG16,SG17,IoT-GSI,FG M2M
- One M2M
- ISO/IEC JTC1：WG7,SWG5

M2M相关国际标准组织
- 3GPP：SA1, SA2, SA3, CT, RAN
- 3GPP2：TSG-S
- ETSI M2M
- GSMA：Conneted Living Programme
- OMA: LightweightM2M, M2MDevClass

行业专属物联网标准
- **智能电网**：NIST/SGIP, IEEE, ETSI/CEN/CENELEC, ITU-T, ZigBee等
- **智能交通**：ITU-T, ETSI ITS, ISO/TC 22&TC204, IEEE等
- **智能医疗**：ITU-T, ETSI ITS, ISO/TC205, IEEE等

通用共性相关国际标准组织
- IEEE：802.15.x, 802.11
- IETF：6LoWPAN/RoLL/CoRE/XMPP/Lwig
- W3C
- OASIS
- EPC Global

图 4-3　物联网相关国际标准组织

总体上物联网标准的切入点主要集中在以下四个方面。

1. 物联网总体性标准

物联网总体性标准主要涉及 ITU-T、One M2M 和 ISO/IEC JTC1。ITU-T 物联网标准主要涉及 SG13、SG16、SG17 三个工作组，标准化工作主要集中在总体框架、标识和应用三个方面，为了推进物联网标准化，又先后成立了 IoT-GSI 和 M2M 业务层焦点组（FG M2M）；One M2M 主要专注于物联网业务能力相关的标准化；ISO/IEC JTC1 WG7 侧重传感网标准化，ISO/IEC JTC1 SWG5 对 JTC1 下的物联网相关标准工作进行协调，并协调与其他国际标准组织的物联网标准化工作。

2. 物联网通用共性技术标准

IEEE 标准体系庞大，涉及的物联网技术标准众多，物联网研究主要集中在短距

离无线、智能电网、智能交通、电子健康、绿色节能等方面；IETF 6LoWPAN/RoLL/CoRE/XMPP/Lwig 主要对基于 IEEE 802.15.4 的 IPv6 低功耗有损网络路由进行研究；W3C/OASIS 等主要涉及互联网应用协议；EPC Global 主要推进 RFID 标识和解析标准。

3. 公共物联网标准

3GPP 主要研究移动通信网络的优化技术；3GPP2 针对 CDMA 网络也启动了相关的需求分析；OMA 在 DM 工作组下成立了 LightweightM2M 和 M2MDevClass 两个子工作组，从设备管理、应用编程接口和定位角度展开研究和标准化工作；GSMA 在物联网标准化方面的工作主要从运营商角度出发，提出物联网（尤其是 M2M）对终端、网络等方面的需求。

4. 行业专属物联网标准

智能电网、电子健康、智能交通、工业控制、家居网络等都分别由不同的国际标准组织和联盟推进。

4.2.2　国际物联网标准

1. ITU-T

目前 ITU-T 对物联网的研究主要集中在总体框架、标识和应用三个方面，共涉及四个工作组——SG13（主要涉及 Q2/Q3/Q11）、SG11（主要涉及 Q7/Q12）、SG16（主要涉及 Q25/Q27/Q28）、SG17（主要涉及 Q6/Q10）。ITU-T 为推进物联网标准化工作而专门设立的工作组有 IoT-GSI（2011 年 2 月成立）和 FG M2M（2012 年 1 月成立）。2012 年 11 月召开的 WTSA 会议上进一步明确，SG11 组将牵头物联网 M2M 信令和测试方面，SG13 组将牵头物联网网络方面，SG 16 将牵头物联网应用方面，SG17 组牵头物联网应用和业务安全方面。IOT-GSI 物联网相关国际标准组织架构如图 4-4 所示。

ITU-T 物联网标准重点和方向主要涉及以下几个方面。

1）物联网网络

物联网网络方面的标准化主要由 SG13 牵头推进，相关物联网标准化工作主要由中国主导，目前侧重物联网架构和需求方面，已经发布物联网定义、物联网概览、Web of Things、物联网通用网关需求、电子健康监测需求等标准，正在推进的标准有设备管理需求、物联网功能架构、电子健康监测能力框架、物联网网关功能框架。另外，针对家庭网络的节能正在推进相关标准制定，该方向主要由韩国主导。

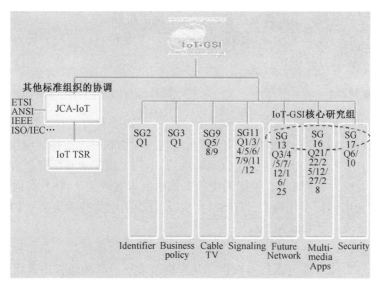

图 4-4 IOT-GSI 物联网相关国际标准组织架构图

2）物联网业务应用

物联网应用标准主要由 SG16 牵头推进，以韩国主导为主，标准化方向主要集中在通用物联网业务应用能力，以及面向车载网、电子健康两个专属领域端到端业务应用支撑能力标准化，为此 SG16 分别成立了 3 个专门的课题组（Question）推进相关标准制定。具体情况如下：

（1）Q 25/16（物联网业务应用），目前侧重 USN 中间件业务描述和需求标准化。

（2）Q 27/16（电信/智能通信系统业务应用的车载网关平台），目前研究重点在车载网网关平台，包括能力需求、功能架构和开放接口。

（3）Q 28/16（电子健康应用多媒体框架），目前侧重电子健康应用多媒体框架、多媒体业务和接口标准化。

另外，在 Q21 还展开了一些标识相关研究，主要给出了针对标签应用的需求和高层次抽象架构，日韩欲推动自己的解析体系以及具体解析协议，相关工作刚启动。

为了推进电子健康标准化，ITU-T 于 2012 年 1 月成立 FG M2M，FG M2M 即将关闭，在存活期间，主要对电子健康标准化情况、生态系统、应用场景进行了深入分析，在此基础上提取通用需求，并针对 M2M 业务层需求、功能框架、API 形成了初步研究成果。

3）物联网安全和标识

物联网安全和标识方面标准化主要由 SG17 牵头推进，主要涉及 Q6 和 Q11 两个课题组，其中：

● Q 6/17（泛在通信业务安全方面），目前主要侧重泛在传感器网络（USN）

的安全框架、中间件安全指南、安全路由机制。

- Q 11/17（支持安全应用的通用技术），主要和 ISO 一起，针对对象表示解析系统进行标准化。

2. One M2M

为了促进国际物联网标准化活动的协调统一，减少重复工作，降低企业生产及运营成本，保障各行业的物联网应用，从而推动国际物联网产业持续健康发展，2012年 7 月，由中国通信标准化协会（CCSA）、日本的无线工业及商贸联合会（ARIB）和电信技术委员会（TTC）、美国的电信工业解决方案联盟（TIS）和通信工业协会（TIA）、欧洲电信标准化协会（ETSI），以及韩国的电信技术协会（TTA）等七家标准组织推进成立了 One M2M。

One M2M 是由感兴趣的标准化组织自愿发起的伙伴组织，是非独立的法律实体，输出成果为技术规范或技术报告，其商标及输出成果的版权由其组织伙伴（第一类伙伴）共享，性质与 3GPPs 类似。"One M2M"下设指导委员会（SC）、技术全会（TP），SC 或 TP 下设的若干子委员会和工作组，以及秘书处。

One M2M 专注于物联网业务层标准的制定，致力于制定确保 M2M 设备能够在全球范围内实现互通的技术规范和相关报告。目前，One M2M 成立有 WG1（需求）、WG2（架构）、WG3（协议）、WG4（安全）、WG5（管理和语义）五个工作组，One M2M 具体组织架构如图 4-5 所示。根据 One M2M 最新工作计划，One M2M R1版本预计于 2014 年 7 月发布。

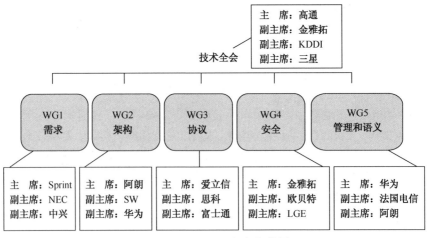

图 4-5　One M2M 组织架构图

3. IEEE

IEEE 标准体系庞大，涉及的物联网技术标准众多，包括短距离无线、智能电网、智能交通、电子健康、绿色节能等。但相对来说，IEEE 802 标准委员会下的 IEEE

802.11 和 IEEE 802.15 系列短距离无线标准国际影响力最为广泛,部分标准已在全球得到应用,且目前有多个标准项目专门进行面向物联网应用需求的研究。

1）IEEE 802.11 系列标准

IEEE 802.11 工作组建于 1990 年,主要负责制定无线局域网(WLAN)物理层和 MAC 层标准,其中与物联网相关的标准情况如下所述。

（1）IEEE 802.11ah 面向物联网及覆盖扩展。

IEEE 802.11ah 的标准化工作于 2010 年年底启动,预计将于 2014 年完成,主要由 Intel、高通、Marvell 等公司主导。

IEEE 802.11ah 工作于 1GHz 以下免许可频段,面向物联网应用及 Wi-Fi 覆盖扩展,目前主要定义了三种应用场景,即传感器和智能抄表、传感器和智能抄表回传链路、Wi-Fi 覆盖扩张(含蜂窝网分流)。

IEEE 802.11ah 的主要技术特征包括:覆盖范围为 1km(传输速率至少为 100Kbps),最大传输速率为 20Mbps,最大用户数为 6000 个,传输技术采用 OFDM/MIMO/增强 CSMA,支持长期电池供电工作,支持与 IEEE 802.15.4 和 IEEE 802.15.4g 共存等。

（2）IEEE 802.11p 面向智能交通应用。

IEEE 802.11p 已于 2010 年 7 月发布,是 IEEE 基于 IEEE 802.11 标准扩充的车载无线通信标准,主要针对智能交通系统(ITS)中的无线通信应用需求。US DoT、Caltrans、Kapsch、ARINC 等公司是其主导力量。

IEEE 802.11p 物理层与 IEEE 802.11a 大致相同,其对应的上层标准是 IEEE 1609 系列标准,二者共同构成 WAVE 系列标准,WAVE 将被用作美国交通部 DSRC(专用短距离通信)项目的基础技术。

IEEE 802.11p 的主要技术特征包括:延时小于 50ms,距离可达 1km,支持最高移动速率 200 km/h,最高吞吐 54Mbps@20MHz,支持 V2V(车辆之间的通信)和 V2I(车辆与基础设施之间的通信)通信方式等。其可用频率北美为 5850～5925MHz,欧洲为 5855～5925MHz。

另外,还有 IEEE 802.11ac 面向高速无线数据业务、IEEE 802.11ad 面向 60GHz 极高速短距离应用、IEEE 802.11af "Super Wi-Fi"、IEEE 802.11ai 大幅提升 WLAN 建链速度等标准。

2）IEEE 802.15 系列标准

IEEE 802.15 工作组成立于 1998 年,主要负责制定无线个域网(WPAN)物理层和 MAC 层标准,积极推动了 ZigBee、蓝牙、UWB 等标准、技术与产业的发展。随着物联网、M2M 等概念与产业机遇的出现,为满足人们无处不在的联网需求,IEEE 802.15 技术正向着低速、低能耗、适应行业应用需求的方向不断发展。目前,已发布或正在制定的 IEEE 802.15 标准有 20 多项，主要涉及低速 WPAN、高速 WPAN、超低功耗、无线传感器网、智能电网、电子健康、可见光通信、60GHz 和 THz 通信等方面。

（1）IEEE 802.15.4g 面向智能电网应用。

IEEE 802.15.4g 于 2008 年 12 月立项，2012 年正式发布，主要面向智能电网应用的物理层增强。IEEE 802.15.4g 增加了物理层免许可频段、室外环境、抗干扰性、速率 40Kbps～1Mbps 的支持，满足至少 1000 节点在城市环境中的组网。

（2）IEEE 802.15.4j 面向美国频段电子健康需求。

IEEE 802.15.4j 于 2010 年年底立项，是对 IEEE 802.15.4 规范的增补，主要在 FCC 规定的 2360～2400MHz 频段上定义满足医疗需求的新物理层，并对相应的 MAC 层进行修改，主要由 Philips、GE 和 AFTRCC 等公司主导。

IEEE 802.15.4j 关键技术主要包括终端信道切换、Coordinator 切换、通过 proxy 进行关联、GTS 分配管理等。

（3）IEEE 802.15.4n 面向中国频段电子健康需求。

IEEE 802.15.4n 于 2012 年 5 月新立项，旨在定义工作于中国医用频段上的低速医疗体域网，预计 2014 年发布，主导公司为 Vinno、CESI、I2R 等。目前 IEEE 802.15.4n 已完成 PAR 和 5C 文档，正在进行应用场景与技术方案文稿的征集讨论工作。

IEEE 802.15.4n 可用频段包括 174～216 MHz、405～425 MHz 和 608～630 MHz。

（4）IEEE 802.15.6 面向医疗和健康监护应用。

IEEE 802.15.6 标准项目于 2007 年启动，2012 年发布，是应用于医疗环境的人体局域网（BAN）标准。参与厂商包括芯片供应商 Broadcom, Freescale, Intel, NXP, Qualcomm, Renesas, TI，以及消费电子与医疗设备业者，如 GE, Medtronic, HP, Philips 与 Samsung 等。

IEEE 802.15.6 传输速率最高可达 10Mbps，最长距离约 3 m，特别考量了在人体上或人体内的应用。可主要应用于人体穿戴式传感器、植入装置，以及健身医疗设备中，其高频宽版本可支持视网膜植入装置的数据传输，低频宽版本可运用于追踪义肢上的压力数据或连接测量心律等数据的传感器。

另外，IEEE 还开展了智能电网、智能交通、绿色节能等应用领域标准的制定。

4．IETF/IPSO

IETF 对物联网的关注开始于 2007 年，在 2007 年 7 月召开的 IETF69 次会议上，路由领域全会强调了在物联网领域需要做一些特定的工作。IETF 工作的内容一直集中在尽可能的情况下，使用已经存在的 IP 协议而不是再次创造新的协议，物联网领域也是如此。

IETF 和物联网相关的工作组主要有以下几个。

（1）6LoWPAN（IPv6 over Low-power and Lossy Networks）：主要讨论如何把

IPv6 协议适配到 IEEE 802.15.4 MAC 层和 PHY 层协议栈上的工作。

（2）RoLL（Routing over Low Power and LossyNetworks）：主要讨论低功耗网络中的路由协议，制定了各个场景的路由需求以及传感器网络的 RPL（Routing Protocol for LLN）路由协议。

（3）CoRE（Constrained Restful Environment）：主要讨论资源受限网络环境下的信息读取操控问题，旨在制定轻量级的应用层协议（Constrained Application Protocol，CoAP）。

（4）Lwig（Light-Weight Implementation Guidance）：制定应用于低功耗、低存储、低运算能力场景下的精简嵌入式操作系统协议栈，能够与传统 IP 协议栈互通。

目前 6LoWPAN、RoLL、CoAP 等核心标准基本已经制定完成，6LoWPAN 拟开展针对 IEEE 802.15.7 可见光、蓝牙的适配工作。

在物联网 IP 化领域同样具有重要作用的另一个组织是 IPSO Alliance（IP Smart Object Alliance），即 IP 智能物体产业联盟，是推动 IETF 所制定的轻量级 IPv6 协议相关应用的产业联盟。IPSO 成立于 2008 年 9 月，其发起组织包括 CISCO、Ericsson、SUN 等电信和互联网厂商，也包括一些传统的传感器网络的芯片和器件厂商。IPSO 目前的工作包括：引起产业界对 IP 智能物体解决方案的重视，利用现有方案并且进行技术开发；产出一系列帮助厂商开发的指导性研究报告、白皮书和应用场景；从市场层面辅助 IETF 组织的工作；连接起全世界支持 IP 智能感知和控制系统的公司；协调和组织市场推动工作；组织互通性测试。

5．3GPP

3GPP 对物联网的标准研究制定从 R8 阶段开始，在 3GPP 称为 MTC（Machine Type Communication）。3GPP 标准化的基础和出发点是在现有的无线通信网络体系进行优化，主要优化内容包括需求、网络功能增强、终端要求、协议、标识、安全等。

在组织框架方面，目前 MTC 标准化工作在 3GPP 的主要标准工作组中均有涉及。SA 主要进行 MTC Stage1 和 Stage2 阶段的相关工作，其中 SA1 主要研究 MTC 业务需求，SA2 主要研究移动核心网络体系结构和优化技术，SA3 主要标准化 MTC 通信对移动网络的安全特征和要求。CT 负责对于 MTC 优化技术的实现。RAN 和 GERAN 重点关注面向无线接入网的无线技术的优化。

3GPP MTC 标准化采用分阶段推进方式，如下所述。

1）R8 阶段

R8 阶段主要研究在 GSM 网络和 UMTS 网络中提供 M2M 业务的可行性，研究成果形成 TR22.868，提出了针对低移动性以及静态终端的信令优化等需求，同时提出了后续的项目计划，包括远程管理 M2M 终端上的 USIM 卡以及针对移动网络的增强。

2）R9 阶段

R9 阶段启动了远程提供以及修改 M2M 终端上的 USIM 卡安全研究，研究成果形成报告 TR33.812，提出的针对 M2M 终端的远程管理需求，包括下载应用参数到 M2M 终端，允许运营商远程管理和修改这些参数，提出了基于现有移动网络及其安全架构的解决方案，即在 3GPP 现有的标准范围内实现终端和网络交互的方案。

3）R10 阶段

启动了针对网络增强的研究和标准化工作，在这一阶段正式将 M2M 相关工作更名为机器类型通信 MTC（Machine Type Communication）。3GPP SA1 完成了支持机器类型的通信对通信网络改进（NIMTC）的业务需求规范 TS22.368，其中提出了 MTC 通信的 14 种特性，以及针对这些特性的优化需求。3GPP SA2 在 2009 年 9 月立项启动研究 TR23.888，研究支持 MTC 通信对移动核心网络体系结构增强，这部分研究成果中关于 MTC 引起的网络拥塞和过载控制的解决方案写入了标准 TS23.401 和 TS23.060。MTC 引起的网络拥塞和过载控制解决方案的具体实现，包括对 NAS MAP，S6a/d 等协议的修改由 CT 工作组完成，并写入了相关的标准。3GPP RAN2 在 2009 年 9 月立项研究支持 MTC 通信对无线网络的增强要求，其中关于 RAN 配合解决核心网方案完成了标准化工作。

4）R11 阶段

进行了 3GPP 系统增强相关的研究，在 R10 研究的基础上继续研究 MTC 特性相关的解决方案。由于需要研究的内容很多，3GPP 将 MTC 相关的特性进行了分类，具体类别包括终端设备可达性、信令优化、基于网络的需求以及安全连接、计费共五种类型。由于时间进度的关系，最终在 R11 阶段完成了移动网络支持 MTC 的网络架构、MTC 的网络内部标识、寻址、基于 T4 接口的 MTC 终端设备触发解决方案、无线网络的拥塞控制机制的标准化工作。

5）R12 阶段

R12 阶段继续系统增强的研究工作，在 R12 阶段再一次进行优先级划分，预计完成小数据优化和设备触发解决方案、设备监控增强解决方案、UE 低功耗优化解决方案和基于组的优化解决方案。在实际的研究过程中，由于解决方案过多，最终选择在 R12 阶段保留小数据优化和设备触发解决方案、UE 低功耗优化解决方案。除了这些特性相关的解决方案之外，R12 阶段还进行了多项研究内容，包括对 E.164 的替代解决方案，其研究结果写入了报告 TR22.988；针对 MTC 的网络增强，包括 MTC 终端与 MTC 终端的通信等，其研究结果写入了报告 TR22.888；支持 MTC 对 GERAN 的增强，包括对大量低移动性 MTC 终端接入 GERAN 的无线资源分配方法的优化等，其研究结果写入了报告 TR43.868；低成本 MTC 终端的研究，其研究结果写入了报告 TR36.888。根据最新的计划，3GPP R12 的研究计划于 2014 年 6 月结束。

4.2.3 我国物联网标准化

我国物联网的标准研究涉及多个标准组织，如中国通信标准化协会（CCSA）、传感器网络标准工作组（WGSN）、电子标签标准工作组等。为了加快我国物联网的标准化进程，2010 年 11 月 9 日，国家标准委和国家发改委正式批准成立了国家物联网基础标准工作组，后续又成立了物联网系统结构、物联网标识和物联网信息安全三个标准项目组。2012 年 6 月由国家发改委、国家标准委牵头成立了物联网国家标准推进组，并先后成立了农业、交通、社会公共安全、环境监测与保护、现代林业五个物联网行业应用标准工作组。

1. CCSA

由于物联网/泛在网的标准化涉及现有网络能力的增强，在 CCSA 相关的标准化也分布在多个 TC（技术工作委员会）同时展开。中国通信标准化协会的 TC1、TC3、TC5、TC8 技术工作委员会，已经对泛在网的需求和架构、M2M 业务研究、WSN 与电信网结合的总体技术要求、TD 网关设备要求、无线传感网安全技术要求等进行了跟踪、研究和一些行业标准的制定，同时还完成了基于 M2M 技术的移动通信网物流信息服务的一系列标准。为了集中开展并加快推进物联网/泛在网标准化，CCSA 于 2010 年 2 月专门组织成立泛在网技术工作委员会（TC10）。

（1）TC1 侧重物联网感知延伸网 IP 化相关的技术标准，主要标准化方向涉及 6LoWPAN、RoLL、XMPP 等，主要结合 IETF 的标准化工作，侧重于这些协议技术要求和测试规范标准的制定。

（2）TC3 则是从下一代网络及标识角度，对应展开了一些物联网标准化工作，具体标准有"下一代网络（NGN）支持泛在网应用的需求"、"下一代网络（NGN）中基于标签识别的应用和业务需求"。

（3）TC5 主要从宽带接入、移动通信网络能力增强、频谱研究三个方面进行相关物联网标准化，标准化项目如应用于智能交通系统的无线接入技术研究、公众电信网与无线传感器网互连的网关设备测试方法、物联网频谱规划和使用研究、支持 M2M 通信的移动网络技术研究。

（4）TC8 主要从安全角度对物联网展开研究，涉及的标准项目有终端嵌入式操作系统安全、感知协议安全设计、信息系统安全等级保护。

（5）TC10 是在 CCSA 集中进行物联网和泛在网标准化的技术工作委员会，依据物联网/泛在网两个发展阶段的划分，即泛在物联阶段和泛在协同阶段，在泛在物联阶段，从网络的角度主要是使用现有网络的基础设施，在此基础上增强其物联的能力，从应用的角度主要是行业的垂直应用；泛在协同阶段是泛在网发展的高级阶段，重点是通过各种网络和应用高度的协同和融合，实现跨网络、跨行业的泛在应用。具体的标准化则从技术分层的角度去划分，分层感知延伸、网络层、应用层和公共支撑类的技术标准。TC10 组织架构建设基本也和物联网/泛在网技术分层相对应，分成总体、应用、网络和感知/延伸 4 个技术工作组。针对物联网应用以行业应用为主这种情况，CCSA 不断推进和行业之间的合作，目前已经和全国智能运输系统标准化技术委员会（TC-ITS）签署双方合作谅解备忘录。

目前，已经完成并发布YD/T 2398—2012《M2M 业务总体技术要求》、YD/T 2399—2012《M2M 应用通信协议技术要求》、YD/T 2437—2012《物联网总体框架与技术要求》等行业标准，并已经发布多项 CCSA 协会标准。

2. WGSN

传感器网络标准工作组（WGSN）是由国家标准化管理委员会批准筹建，全国信息技术标准化技术委员会批准成立并领导，从事传感器网络（简称传感网）标准化工作的全国性技术组织。于 2009 年 9 月 1 日在北京成立，中科院上海微系统所为组长单位，工信部电子工业标准化研究院为秘书处挂靠单位。

传感器网络标准工作组目已有 122 家成员单位、10 个标准项目组、3 个研究项目组，成员单位涉及大型企业、高校、研究院所、中小企业及外企等，其组织结构如图 4-6 所示。

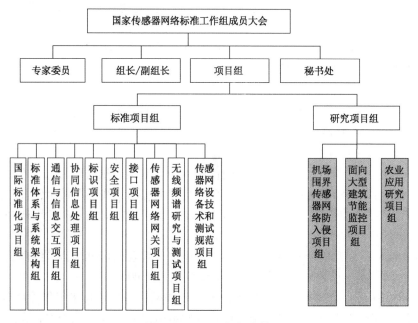

图 4-6　WGSN 组织结构

目前 WGSN 已经完成以下传感器标准的送审，具体包括：

（1）信息技术 传感器网络 第 2 部分 术语。

（2）信息技术 传感器网络 第 501 部分 标识 传感节点编码规范。

（3）信息技术 传感器网络 第 601 部分 信息安全 通用技术规范。

（4）信息技术 传感器网络 第 301 部分 通信与信息交互 低速无线传感器网络网。

络层和应用支撑子层技术规范。

（5）信息技术 传感器网络 第 701 部分 传感器接口 信号接口规范。

WGSN 代表中国积极参加 ISO，IEEE 等国际标准组织的标准制定工作，在国际标准制定上发挥一定的作用。

4.2.4 行业物联网标准化

4.2.4.1 智能电网

智能电网在很多国家已经逐步上升到国家战略层面，成为国家经济发展和能源政策的重要组成部分，但各国发展智能电网的侧重点不同，如欧美侧重发展分布式与交互式供电的分散智能电网，而中国侧重发展统一、联合的特高压电网，在此背景下除了全球化标准化组织推进的智能电网标准化工作，一些国家或区域也在推进智能电网标准化但侧重点有所不同。另外，由于智能电网涉及的电力、通信、IT 等技术具有多种选择，互操作成为重要的研究方向。

1. ITU-T 智能电网标准工作

为推进智能电网标准化工作，ITU-T 于 2010 年 2 月成立智能电网焦点组（Focus Group on Smart Grid），旨在广泛吸引业内相关专家参与智能电网焦点组的相关活动，协调全球各标准化组织、论坛、协会的相关研究，通过从通信/ICT 角度对 Smart Grid 的概念和标准化需求进行分析和研究，收集有助于未来标准化工作的理念和信息，促进 ITU-T 及其他国际标准化组织智能电网方面的标准化工作。ITU-T 智能电网焦点组已经于 2011 年 12 月最后一次会议后关闭，主要形成了以下六个工作文档。

（1）智能电网标准化活动（Activities in Smart Grid Standardization）。

智能电网标准化活动主要对智能电网标准相关的二十多个标准组织、论坛、社团等进行简要介绍，包括名字、状态、主席、主要工作、已有文档等。

（2）智能电网术语（Terminology）。

智能电网术语主要定义智能电网特别是 ITU-T 焦点组用到的相关术语。

（3）智能电网概览（Smart Grid Overview）。

智能电网概览对智能电网进行总体性的阐述，包括智能电网的重要概念、目标、需要进行哪些 ICT 方面的标准化，以及智能电网技术在应用/业务、架构和能力方面的特点等。

（4）智能电网应用场景（Use Cases For Smart Grid）。

智能电网应用场景对包括需求/响应在内的 14 大类用例从角色/域、信息交换、潜在需求、来源角度进行描述。

（5）智能电网通信需求（Requirements Of Communication For Smart Grid）。

智能电网通信需求从接口和模块两个角度分析智能电网相关的通信需求，如传输能力需求、控制能力需求、管理能力需求等。

（6）智能电网架构（Smart Grid Architecture）。

智能电网架构从 ICT 角度给出智能电网域模型，分析智能电网体系架构。

智能电网焦点组关闭之后，ITU-T 在 2012 年 1 月将 JCA-HN 修改为 JCA-SG&HN 来协调智能电网标准化工作，目前 ITU-T SG15 成立有专门的课题组 Q15/15（Communications For Smart Grid）来推进智能电网标准化工作。

2．IEC 智能电网标准工作

国际电工委员会（International Electro technical Commission，IEC）是世界上成立最早的非政府性国际电工标准化机构，其宗旨是促进电工标准的国际统一，电气、电子工程领域中标准化及有关方面的国际合作，增进国际间的相互了解。面对智能电网标准化需求，IEC 标准化管理委员会（Standardization Management Board，SMB）组织成立了第三战略工作组——智能电网国际战略工作组（IEC SG3），其主要任务是智能电网 IEC 标准体系的研究。由于智能电网涉及 IEC 现有的多个专业委员会，IEC SG3 工作组需要同各专业委员会建立紧密的联系。首先要对涉及智能电网的标准进行系统性分析，建立智能电网标准框架；其次研究和提出原有标准修订、新标准制定、设备和系统互操作的规约和模型等方面的标准化建议，逐步提供一套更加完整和一致的支持智能电网需求的全球标准。

通过详细调查，IEC SG3 确定了 TC3，TC8，TC13，TC21，SC22F，SC23F，TC38，TC57，TC64，TC65，TC69，TC77，TC82，TC88，TC95，TC105 和 CISPR 等技术委员会/学术委员与智能电网密切相关，明确了 100 余项与智能电网相关的标准。以下五项标准被 IEC 视为现在或未来智能电网应用的核心标准：IEC/TR 62357 电力系统控制和相关通信——目标模型、服务设施和协议用参考体系结构；IEC 61850 变电站通信网络和系统；IEC 61970→电力管理系统→公共信息模型（CIM）和通用接口定义（GID）的定义；IEC 61968→配电管理系统→公共信息模型（CIM）和用户信息系统（CIS）的定义；IEC 62351→数据和通信安全→通信网络和系统安全。IEC 已经建立了一个和智能电网相关的标准集合，并将其放在 IEC 的网站上，以便于从事智能电网研究和开发的人员参考。

3．NIST 智能电网标准工作

2007 年美国《能源独立与安全法案》（EISA 2007）在第十三条智能电网法令中

对美国智能电网标准制定工作的组织形式进行了规定。该法令明确规定委派美国国家标准和技术研究院（NIST）作为主管单位来协调智能电网标准体系的建立，法案规定能源部负责智能电网的总体工作，并指派 NIST 制定相关标准和协议框架，最终标准由联邦能源管理委员会（FERC）批准。2009 年，美国总统奥巴马签署了美国经济复苏与再投资法案（ARRA 2009），将投入 168 亿美元用于能源有效利用和新能源开发方面。ARRA 2009 给 NIST 提供了 6.1 亿美元，其中包含通过能源部获得的 1000 万美元的资金用于实施 EISA 2007 赋予 NIST 的责任。

为了研制智能电网标准体系，NIST 集中了数以千计的专家、学者、有关单位和个人对智能电网互操作性标准进行研究，旨在协调、建立一个实现智能电网互操作性的技术框架，包括各种协议和标准模型进行信息管理，以实现智能电网各设备和系统之间的互操作性。

NIST 公布了制定智能电网重要标准的三个阶段。

（1）第一阶段：于 2009 年 5 月启动。该阶段的主要工作是促使公用事业机构、设备供应商、消费者、标准开发者和其他各相关方就智能电网标准达成一致。该阶段的重要成果是发布了《NIST Framework and Roadmap for Smart Grid Interoperability Standards，Release 1.0》和《DRAFT NISTIR 7628 Smart Grid Cyber Security Strategy and Requirements》两份文件，文件给出了智能电网架构，确定了一套用于智能电网的标准，明确了标准制定的优先级，制定了一组优先行动计划并给出预计完成的时间。

（2）第二阶段：于 2009 年 11 月 19 日启动。该阶段的主要工作是 NIST 成立了 SGIP（Smart Grid and Interoperability Panel，智能电网互操作工作组）协调标准的开发工作，解决现有标准的遗留问题，实现新技术的集成。由于第一阶段已经选定了用于智能电网的初步标准，该阶段的主要工作是进一步发展标准，解决标准存在的不足，使各标准间相互兼容，促进新技术的协调发展。SGIP 的成员包括 22 类智能电网的利益相关方，它为利益相关方与 NIST 合作参与到该工作提供了开放的平台。目前，NIST 大部分的活动都集中在 SGIP。SGIP 并不开发标准，而是协调业界进一步审核智能电网应用实例、确定架构参考模型和需求、协调发展智能电网测试和认证，并制定优先行动计划（PAP）。PAP 是解决已有标准用于智能电网中存在的不足、差距和问题，以支持一个或多个智能电网的优先发展领域的应用。PAP 主要涉及以下几方面：

● 电表测量：PAP00（智能电表升级）、05（标准的电表数据框架）。

● 增强的用户与智能电网的接口：PAP 03（价格与产品定义的通用准则）、04（能源交易的通用调度机制）、09（DR 和 DER 标准信号）、10（标准的能源使用信息）。

● 智能电网通信：PAP01（IP 在智能电网中的作用）、02（用于智能电网的无线通信技术）、15（PLC 用于家电通信的协调发展）。

● 输配电：PAP08（用于配网管理的 CIM/61850）、12（IEEE 1815（DNP3）

到 IEC 61850 目标映射）、13（IEEE C37.118 和 IEC61850 的融合以及精确的时间同步）、14（输配电系统模型映射）。

- 新的智能电网技术：PAP07（储能设备互连准则）、11（支持电动汽车的可互操作标准）。

（3）第三阶段：于 2010 年启动。该阶段主要工作是对智能电网设备和系统进行测试和认证，满足可互操作性和网络安全性需求。为此，NIST 确立了一个坚强的智能电网设备和系统的测试和认证架构。NIST 和 SGIP 及其董事会，通过与利益相关方的商议，于 2010 年执行测试和认证计划。

4．IEEE 智能电网标准工作

IEEE 在智能电网方面的标准由 SCC 21（燃料电池、光伏、分散发电和储能）、SCC 31（智能电表读取及相关应用）、SCC 40（地球观测）、PE（电力能源）等多个标准委员会共同参与制定。

SCC 21 是 IEEE 智能电网相关标准的主要制定者，牵头制定了包括 IEEE P2030（智能电网互操作性指南）、IEEE 1547 系列标准（与电力系统互连分布式资源系列标准）等在内的一系列智能电网技术标准。其中，IEEE P2030 已于 2011 年 9 月发布，是智能电网的基础性技术标准，旨在定义电力系统和终端用电设备/用户之间的智能电网互操作技术体系，包括相关的术语、特征、性能表现、评估标准，以及工程原理的应用等。IEEE P2030 下设 P2030.1、P2030.2 和 P2030.3 三个项目，正在制定电动力交通基础设施、电力基础设施与储能系统整合、用于电力系统应用的电能储存设备和系统测试程序等方面技术标准。其中，P2030.1 由 SCC 21 与 SCC 40 联合开发。

SCC 31 主要制定智能电表读取及相关应用标准，主要包括 IEEE 1377（公用事业智能抄表通信协议应用层）、IEEE 1701（补充公共事业终端设备数据表的光口通信协议）、IEEE 1702（补充公共事业终端设备数据表的电话调制解调器通信协议）、IEEE 1703（补充公共事业终端设备数据表的 LAN/WAN 通信数据协议）、IEEE1704（补充公共事业终端设备数据表的终端通信模块标准）等标准。

PE 主要制定智能电网中电力与能源方面的技术标准，主要包括 IEEE P1020、P1595、P1797 等能源开发及发电（EDPG）标准，IEEE PC37.104、PC37.111、PC37.242 等电力系统继电保护（PSR）标准，IEEE PC62.11、PC62.39 等浪涌保护器（SPD）标准，IEEE P81、P1031、P1646 等变电站（SUB）标准，以及 P1250、P1409、P1695 等输配电（T&D）标准。

另外，为了推进 IEEE 802.15 技术在智能电网中的应用，IEEE 推出了面向智能电网应用的 IEEE 802.15 增强标准——IEEE 802.15.4g。IEEE 802.15.4g 于 2008 年 12 月立项，2012 年正式发布，主要面向智能电网应用的物理层增强。IEEE 802.15.4g 增加了物理层免许可频段、室外环境、抗干扰性、速率 40Kbps～1Mbps 的支持，满足至少 1000 个节点在城市环境中的组网。

5. 欧洲智能电网标准化工作

欧盟委员会的智能电网标准化推动工作从 M441 指令开始（2009 年 3 月），2010 年 6 月，EU 发布指令 M468，要求欧洲各标准组织回顾和制定电动汽车相关标准，以实现充电器、供电站等相关设备之间的互操作。2011 年 3 月，EU 发布指令 M490，要求欧洲各标准组织在 2012 年年底之前制定推动高级智能电网业务应用的标准。2011 年 4 月，EU 发布 "Smart Grids: from innovation to deployment" 文件，从标准、管制等方面说明了对智能电网的推动措施。2012 年 4 月，欧洲发布《至 2035 年的智能电网战略研究议程》，对 2007 年发布的第一版议程报告进行了更新，报告发布了促进欧洲电网和智能电力系统发展的技术优先研发和示范方向，主要包括：小到中等规模的分布式储能系统、实时能源消费计量和系统状态监测系统、适应新的电网结构和电力消费模式的电网建模技术、通信技术、大规模可再生能源并网的保护系统。

欧洲智能电网标准化工作主要涉及 CEN（欧洲标准化委员会）、CENELEC（欧洲电工标准化委员会）、ETSI M2M TC。其中，CEN 负责与智能电网计量相关的标准，CENELEC 负责与电力相关的标准，ETSI M2M TC 则从通信的角度推进智能电网相关标准。三个标准化组织分别开展智能电网标准化工作，其中 CEN 已发布 CEN TC 249（Meter 237，92，176）、CEN TC 247（Building Automation）等标准；CENELEC 已发布 TC 13（Equipment for Electrical Energy Measurement and Load Control）、TC 64（Electrical Installations and Protection Against Electric Shock）、TC 61（Safety of Household and Similar Electrical Appliances）、TC 8X（System Aspects of Electrical Energy Supply）等标准；ETSI 则发布了 TR 102 935（Smart Grid Impact on M2M），主要分析了智能电网对 M2M 平台的影响。

为协调智能电网标准化工作，2010 年 3 月 8 日成立了 CEN/CENELEC/ETSI 联合工作组，主要对智能电网标准化进行梳理，提出标准工作建议，但不制定具体标准。CEN/CENELEC/ETSI 联合工作组合作完成了智能电网相关标准最终研究报告，该报告主要比较各标准组织之间的异同，为制定欧洲智能电网标准化策略服务，主要内容有：跨标准组织的标准情况研究，包括智能电网中的术语、分类、参考架构、数据接口、信息安全；以及特定领域的标准情况，涉及业务和用户应用场景、输电、配电、智能计量、家庭和建筑等。同时，欧盟委员会还成立有智能电网特设任务组（Smart Grids Task Force），对智能电网标准化工作进行监控。

6. 国内智能电网标准化工作

我国政府高度重视智能电网标准化工作，国家能源局和中国标准化管理委员会联合组织国内专家开展了智能电网标准体系研究工作。

2010 年 12 月，中国国家能源局发文（国能科技[2010]334 号）正式成立了国家智能电网标准化总体工作推进组。通过建立国家层面的智能电网标准化推进机构，构建中国智能电网标准化工作的组织机构。

总体推进组负责我国智能电网标准化工作的战略规划，指导国家标准的行业标准制定及修订，协调各部门和相关行业的标准化工作，推动我国智能电网标准体系建设，解决标准制定及修订过程中的重大问题。总体工作推进组下设三个专业组，分别为智能电网标准化组、智能电网设备标准化组、智能电网标准化国际合作组。其中，智能电网标准化组负责组织我国智能电网规划、建设、运行、管理和维护等标准体系的研究、技术协调和制定及修订；智能电网设备标准化组负责组织我国智能电网设备的标准体系研究、技术协调和制定及修订；智能电网标准化国际合作组负责组织和参与智能电网标准化的国际活动，推进我国主导和参与智能电网国际标准的制定。

4.2.4.2 智能交通

世界各国家地区的标准研究机构均在积极开展智能交通系统标准体系的研制工作，研究内容涵盖智能交通系统总体架构、业务场景、数据结构、互联互通接口定义、专用短程通信及数据隐私、用户安全等方面。

国际上，智能交通领域的标准化研究工作以美国和欧洲为主导，各国家地区的智能交通标准化研究工作也已逐步开展、初具规模。各个标准化组织虽侧重点不同，但仍有分工及合作，旨在共同推进智能交通标准化的研究进程，尽早、尽快实现可互联互通、可保障安全、可提升道路交通运行效率的智能交通系统。国内智能交通领域的标准化研究制定工作也在逐步展开和推进过程中。

1. ITU-T/ITU-R 智能交通标准工作

从2003年11月开始，ITU-T与ISO及ETSI等标准化组织就以研讨会（Workshop）的方式开展了合作。目前，ITU-T 涉及 ITS 标准化研究工作的研究组包括 SG12（Performance，QoS 和 QoE）、SG13（Future Networks）及 SG16（Multimedia），重点针对汽车通信、汽车网关以及专用短程通信开展标准化研究工作。SG12 成立汽车通信焦点工作组（FG Car Communication，FG CarCom），该工作组重点研究汽车通信子系统层面的需求以及汽车内用于语音识别的前端部件具体需求；SG13 的工作重点是研究未来网络的架构、需求、演进与融合，包括在不同工作组间针对下一代网络的项目进行管理协调，以及发布工作计划、实施范例和部署模型等；SG16 下的Q27（Vehicle Gateway Platform for Telecommunication/ITS Services/Applications）旨在提出汽车网关的全球统一标准，使得所有汽车用户可享受即插即用、无缝连接的服务。

ITU-R ITS 标准化工作主要在 SG5 WG5 展开，已经推出 TICS（Transport Information and Control Systems）系列标准：M.1310、M.1451、M.1452、M.1453 等。

2011 年 11 月，ITU-T 成立了 CICS（Collaboration on ITS Communication Standards，ITS 通信标准协作组织），旨在通过制定国际认同的、全球协同的 ITS 通信标准集合，推进可全面协同的 ITS 产品和业务在全球市场的部署和应用，不局限于 ITU 成员，当前以论坛方式开展工作。

2. ETSI ITS 和 CEN/TC278 智能交通标准工作

欧洲汽车移动互联网的标准化研究工作由 ETSI 和 CEN（欧洲标准委员会）共同完成，其中，ETSI 负责制定车联网系统中与通信相关的标准，CEN 负责制定车联网系统中与应用相关的标准。

（1）ETSI ITS。

ETSI TC ITS（智能交通系统技术委员会）的主要任务是制定并维持与部署、实施为汽车和用户提供的跨网络的车联网业务相关的标准及规范，包括不同系统间的接口、不同传输模式以及互联互通性，但不包括 ITS 应用、无线及 EMC 等方面的标准。研究范围包括通信介质以及相关的物理层、传输层、网络层、安全、合法监听以及地理网络服务提供等方面。

根据欧洲 M/453 的规划，ETSI TC ITS 当前的主要标准研究内容如图 4-7 所示。

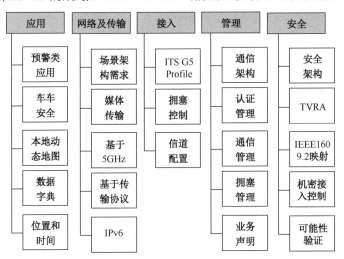

图 4-7 ETSI TC ITS 主要标准研究内容

未来智能交通系统标准研究工作的重点内容包括下一代网络（NGN）如何支持智能交通应用和业务、主动安全防护、道路预警信息、传输信道管理、拥塞控制、通信架构跨层协议等方面。

（2）CEN/TC278。

CEN 于 1991 年 3 月设立具有强制力的 CEN/TC278（Road Transport and Traffic Telematics）技术委员会，负责道路交通和运输信息化的标准工作。目前拥有 31 个国家成员，11 个积极的工作组，62 个项目处于活跃状态，99 项已发布执行。

CEN/TC278 包括 14 个工作组（WG），即工作组 1 到工作组 14，这 14 个工作组主要涵盖四个技术方向：WG10 和 WG13 侧重通用要求和术语；WG1，WG2，WG3，WG4，WG5，WG6，WG12 和 WG14 侧重应用；WG7 和 WG8 侧重数据交换和位置；WG9 和 WG11 侧重数据处理、通信技术和通信接口。CEN/TC278 工作组与 ISO/TC204 密切合作，与 ISO/TC204 的工作组相互对应。CEN/TC278 与 ISO/TC204 于 1991 年 6 月签订了维也纳协议，双方可以通过表决方式直接相互认可对方的标准。

3．ISO 智能交通标准工作

ISO 涉及 ITS 的技术委员会包括 TC22 和 TC204。ISO TC 22（公路汽车技术委员会）负责研究评估公路汽车及其相关设备的兼容性、互换性和安全性的相关标准。工作围绕汽车的打火设备、制动系统及设备、电子电气设备、引擎检测、交通信号灯系统、汽车无线电、消极安全冲突保护系统等传统汽车问题的标准化研究展开。其中，与通信相关的标准主要是汽车电子电气和车载电子局域网络通信标准，由 TC22/SC3（电子电气设备分技术委员会）负责制定。目前，SC3 已发布了 166 项相关标准，主要内容包括：电子连接器、电缆、通信网络、智能开关和诊断系统等以及组成一个局域网络的各车载电子控制单元之间进行数据信息交换所通用的通信协议、通信模式、关键词、信号和介质等内容。

ISO TC 204（智能交通系统技术委员会）负责研究 ITS 总体系统和架构，协调分配 ISO 下属各相关工作组的工作任务及安排标准制定时间规划表。TC 204 下设 18 个工作组，工作围绕城乡陆地交通中的信息、通信和控制系统的标准化研究展开，包括智能交通系统领域的联运和多式联运、出行者信息、交通管理、公共交通、商业运输、紧急服务和商业服务等。TC 204 目前已发布了 110 项与 ITS 相关的标准，主要内容包括 ITS 系统架构、业务分类、数据模型、隐私及安全、互联互通接口协议、专用短程通信（DSRC）、用例分析、一致性测试协议等。

4．IEEE 智能交通标准工作

IEEE 与智能交通相关的标准主要为专用短距离通信（DSRC）相关内容，包括 IEEE 802.11p 和 1609（WAVE）系列标准。IEEE 802.11p 又称 WAVE（Wireless Access in the Vehicular Environment），是一个由 IEEE 802.11 标准扩充的通信协议，主要用于车载电子无线通信。它本质上是 IEEE 802.11 的扩充延伸，符合车联网和智能交通系统（Intelligent Transportation Systems，ITS）应用需求，满足高速车辆之间以及车辆与 ITS 路边基础设施（5.9GHz 频段）之间的数据交换。IEEE 1609 标准则基于 IEEE 802.11p 通信协议的上层应用标准。IEEE 1609 系列标准是美国电子和电气工程师协会（IEEE）针对无线技术应用于车用环境无线存取（WAVE）时，所定义出的通信系统架构及一系列标准化的服务和接口。其主要目的为制定车辆与车辆（V2V）间、车辆与基础设施（V2I）间之标准无线通信协定，并借此提供行车环境下，包括汽车安全性、自动收费、增强导航、交通管理等广泛应用情境所需之通信协定标准。

5.　国内 ITS 标委会智能交通标准工作

全国智能运输系统标准化技术委员会（TC-ITS）标委会编号为 SAC/TC 268，对口 ISO TC 204，秘书处设在交通部公路科学研究所。标委会下设三个工作组，分别为联网电子收费工作组、交通信息工作组、先进交通管理工作组。主要职责是从事国内智能运输系统领域的标准化研究工作的技术工作组织，负责智能运输系统领域的标准化技术归口工作。主要任务是：提出 ITS 标准化工作的方针、政策和技术措施的建议；提出制定、修订 ITS 国家标准和行业标准的规划和年度计划的建议；组织 ITS 国家标准和行业标准送审稿的审查；承担地方标准、企业标准的制定、审查、宣讲和咨询；加强与国际标准化组织的联系与信息技术交流等。

4.2.4.3　智能家居

智能家居概念起源较早，主要是住宅电子化后，引入住宅自动化，通过总线将家庭内部各种设备连接起来，实现监控和管理。智能家居国际标准化可以分成两个方面：一方面是 Broadband Forum、ITU-T、HomePlug 等侧重家庭联网相关的标准化工作；另一方面是 LonWorks、ZigBee 等则侧重智能家居控制相关的标准化工作。

1.　家庭联网国际标准化情况

（1）Broadband Forum 标准化工作。

随着世界范围内家庭网络技术的兴起，为了推动和引导 DSL 技术在家庭网络中的应用，Broadband Forum 于 2003 年 6 月成立了一个专门的工作组 DSLHome，这个工作组致力于促进占世界宽带接入大半份额的 DSL 在家庭网络中的应用。在 2005 年，Broadband Forum 启动了 Broadband Suite 计划，将自己的工作范围从传输扩展到网络管理和数字家庭。

Broadband Forum 在家庭网络方面进行了卓有成效的研究，其中，TR-069 已被世界范围内的多个组织广泛应用，并且已成为事实的全球远程管理标准。Broadband Forum 后续关于家庭网络的许多工作都是围绕 TR-069 展开的。

（2）ITU-T 智能家居标准工作。

ITU 在家庭网络方面的主要研究领域集中在以家庭网关为核心的网络架构、家庭网络的 QoS、安全机制以及家庭网络相关的电信业务的研究上。其中：

- SG9 是最早涉足家庭网络的标准领域，由于 SG9 的工作主要围绕有线电视领域，因此 SG9 发布相关建议书主要是关于有线数字电视系统的，包括基于电缆的家庭网络架构、基于电缆的业务、电缆系统的安全、电缆系统的 QoS、支持电缆数据业务的家庭网关、电缆调制解调器等。
- SG5 主要研究各种家用电器（诸如 TV、VCR、DVD、电冰箱等）、布线系统（如配电线和电话线）、无线局域网（LAN）系统、xDSL 系统、有线局域网等紧挨着使用所产生的电磁环境的特性；用于家庭环境的电信设备的电磁兼容性（EMC）要求；家庭环境中电磁问题的减轻方法等。在新的研究期，SG5 设立有专门的课题（Question）Q8/5（EMC Issues in Home Networks），主要任务是起草关于"家庭网络系统的 EMC、耐受性和安全性要求"的系列新建议。

- SG15 正在进行的项目有 G.sup2 和 G.hn，这两个课题集中在接入网层面，G.sup2 主要对家庭网络整体架构进行研究，同时强调划分不同领域对家庭网络研究的分界点；G.hn 侧重于家庭网络收发器的研究，基本理念是构建能够适应多种物理媒介的收发器技术，为家庭网络制定单一、统一的互联技术标准，保证家庭网络所有的有线传输介质可以互通。

由于 ITU-T 是专注于电信领域的标准化组织，因此家庭网络标准化侧重与公众网络的连接，家庭娱乐所需的内部互联和内容共享方面不是 ITU-T 所关心的领域，相对独立的家庭内部自动化和控制方面也不在 ITU-T 的视线之中。

（3）HomePlug 标准化工作。

2000 年 3 月，由 Cisco、HP、Motorola 及 Intel 等数 10 家企业共同成立 HomePlug Powerline Alliance（家庭电力线联盟）。其成立之初，重点在于 PLC 家庭网络技术规范的制定，目前侧重中/低压 PLC 宽带接入标准的制定。

2001 年 6 月，HomePlug 发表电力线网络的第一份标准——HomePlug 1.0。2003 年 2 月开始 HomePlug AV 制定工作，该标准于 2005 年 8 月发布，并于 2008 年 12 月成为 IEEE 1901 的基线技术；2010 年 9 月，IEEE 批准了 IEEE 1901.2010 标准。

HomePlug AV 的目的是在家庭内部的电力线上构筑高质量、多路媒体流、面向娱乐的网络，专门用来满足家庭数字多媒体传输的需要。它采用先进的物理层和 MAC 层技术，提供 200Mbps 级的电力线网络，用于传输视频、音频和数据。但 HomePlug AV 不兼容 HomePlug 1.0，必须增加桥接设备（Bridge）才能够互通。

2012 年 1 月，HomePlug 发布了 HomePlug AV2 标准。HomePlug AV2 技术能够在现有的电力线上提供 1Gbps 的数据传输速率，并且与 HomePlug AV 兼容。

（4）MoCA 标准化工作。

支持多媒体业务的同轴电缆组网联盟（MoCA）的目标是利用室内已有的同轴电缆，采用开放的工业接口向家庭用户提供高速宽带连接，传送数字视频和娱乐节目。

MoCA 联盟定义的规范主要应用于家庭网络内部互联，节点设备（Node Device）均为家庭内部的终端设备。MoCA 规范定义了在不同 Node Device 之间的通信，网络拓扑为全交织（Full Mesh）的网络。

2006 年 3 月 28 日，MoCA 批准 MoCA MAC/PHY V1.0 标准。MoCA MAC/PHY V1.0 标准是针对家庭互联推出的标准，网络拓扑为全交织结构。若将其应用于最后几百米接入，则网络拓扑为星形拓扑，不同节点设备（Node Device）分别与主设备

（Master Device）进行通信。因此，必须在修改现有 MoCA MAC/PHY 标准的 MAC 层接入协议后才可以将该技术应用于更远距离的接入。在面向最后几百米接入应用时，除了 MAC/PHY 规范外，还应该涉及用户安全、QoS、网络维护管理等相关技术内容。目前，MoCA 联盟并没有计划将适用于最后几百米接入场景的技术进行标准化。

2007 年年底，MoCA 联盟批准通过了 MoCA 1.1，可为多媒体业务提供更好的 QoS，并且把有效数据速率提高到 175Mbps。

MoCA 联盟于 2010 年 6 月发布 MoCA 2.0，其技术特性如下：

- 基于家庭内部同轴电缆的物理层和 MAC 层规范；
- 在信道绑定模式下，6 节点网络的最大吞吐量在 800Mbps 以上，2 节点网络的最大吞吐量在 1Gbps 以上；
- 支持组播媒体流，支持优先级 QoS 和参数化 QoS；
- 支持休眠、待机等节能模式。

除技术标准之外，MoCA 还发布了认证测试计划和程序，用于设备互操作认证。目前，已经有来自 Actiontec、Alcatel、Entropic、D-LINK、Hitachi、Linksys、Motorola、Mototech、Panasonic、Tellabs、2Wire、三星、中兴、Westell 等公司的 80 余款产品通过了 MoCA 认证。

2. 智能家居控制国际标准化情况

（1）DLNA 标准化工作。

DLNA（Digital Living Network Alliance）由索尼、英特尔、微软等发起成立、旨在解决家庭内部各种电子产品之间的互相发现、连接以及互相操作方面的问题，使得数字媒体和内容服务的无限制的共享和增长成为可能，目前成员公司已达 280 多家。

DLNA 并不是创造技术，而是形成一种解决的方案。DLNA 设备互操作指南采用成熟、公开的行业标准组织制定的标准，这些标准可以方便 CE、PC 和移动设备制造商提供建立互操作数字家庭平台、设备和应用软件。

为了实现家庭数字互操作，DLNA 发布了一套通用的产业设计指南。DLNA 互操作指南定义了互操作性平台和软件构架。该指南侧重于网络娱乐和个人媒体设备之间的互操作性，个人媒体设备为个人提供图片、音频和视频。随着新技术和新标准的发展，该指南可能会涵盖更大的范围，如家庭控制、通信和先进的娱乐方案。

设备、服务发现和控制使家庭网络设备具有实现自动配置的网络特性（如 IP 地址），发现网络上其他设备能力，并对其他设备进行控制和协作。《UPnP 设备控制协议框架》（DCP 框架）第一版规定了所有关于家庭网络设备互联的需求，且已经成为数字家庭设备发现和控制的解决方案。

（2）ZigBee 智能家居标准工作。

ZigBee 是一种低速短距离传输的无线网络协议，底层是采用 IEEE 802.15.4 标准规范的 MAC 层和 PHY 层。ZigBee 协议从下到上分别为 PHY 层、MAC 层、网络层（NWK）、应用层（APL）等。ZigBee 联盟技术的特点是低速、低耗电、低成本、支持大量网络节点、支持多种网络拓扑、低复杂度、可靠和安全。

ZigBee 在 2007 年发布家居自动化（Home Automation，HA）V1.0 的应用规范，这也是 ZigBee 联盟正式发布的第一个商业应用规范。在第一版本的标准当中，主要定义了各种家电控制开关、旋钮、遥控器、灯光、窗帘、冷热设备、安防等设备及控制功能。在 2010 年，V1.1 的标准发布，增加了门锁、传感器、简单配置等新的功能。到 2012 年上半年，V1.2 的标准还在制定当中，这一版的标准新增的内容主要是家庭能源应用和简化配置管理操作。另外，还有一些以往应用的扩展，如门锁、恒温器、开关、空中固件升级，等等。值得注意的是，家庭能源应用在 ZigBee 第一次把 HA 跟 SE（智慧能源，Smart Energy）两个应用规范真正联系到一起，为此，不同应用规范的共存和互操作的标准也开始在制定当中。

（3）LonWorks 标准化工作。

LonWorks 为 20 世纪 80 年代美国 Echelon 公司所提倡，并由世界各地 LonMark 协会推动，由于其技术的先进性获得广泛支持，LonWorks 总线已成为美国国家标准。

LonWorks 是家庭自动化控制规范，最基本的部件是同时具有通信与控制功能的 Neuron 芯片。EIA 于 1998 年提出了基于该技术的家庭控制网络标准（EIA-709）。Echolon 与 Motorola 和 Toshiba 合作开发了支持其协议 LonTalk 的系列神经元芯片，用于开发专用的网络设备节点，同时也提供了面向对象的开发语言（Neuronc）、节点开发器（NodeBuilder）和网络开发器（LonBuilder）。另外，Echolon 还提供了基于 Windows 操作系统的内嵌 Visio 绘图功能的图形开发环境（LonMaker）。LonWorks 的支持率可达 1.25Mbps，网上可以连接 32kb 设备节点，通过使用网桥、路由器等手段可以组成较大型的网络系统。其支持媒体有电力线（PL）、双绞线（TP）、红外线（IR）、无线电（RF）、电缆线（CX）、光纤（FO），并开发了支持多媒体的收发器（Transceiver）。

LonWorks 网络是采用神经元芯片技术，在 OSI 七层协议上实现的控制网络。其神经元芯片和 LonTalk 网络协议是 LonWorks 技术的核心。

LonWorks 总线的一个重要特点就是它对多通信介质的支持。可以根据不同的现场环境选择不同收发器和介质。主要包括双绞线收发器、电源线收发器、电力线收发器、无线收发器、光纤收发器。目前双绞线是使用最广泛的一种介质。

LonWorks 技术在家庭控制网络中的应用为小区住宅智能化提供了解决方案。采用 LonWorks 网络使得从封闭的依赖于单个厂商的控制系统到完全可以互操作的家庭智能控制系统的转变成为现实，可以 LonWorks 技术为依托，开发 LonWorks 兼容的能用智能控制节点，各种专用节点，以及各种智能传感器、执行器，搭建新一代的家庭控制网络。

3．国内智能家居标准化情况

（1）国内闪联（IGRS）标准化工作。

闪联（IGRS）全称为"信息设备资源共享协同服务"标准工作组。在 2003 年由联想、TCL、康佳、海信、长城五家企业发起，目前闪联有 150 个会员，电信、中兴、华为都在其中。闪联主要制定信息设备资源共享协同服务标准，实现"3C 设备 + 网络运营 + 内容/服务"的全新网络架构，注重设备之间的互联与信息共享。

闪联的协议架构如图 4-8 所示。IGRS 已经完成了标准 1.0 版本，包括两个基础部分：基础协议标准和智能应用框架标准。此外，基于闪联标准的各项开发工具和测试认证工具也已经基本完成，并在逐渐完善和更新中。

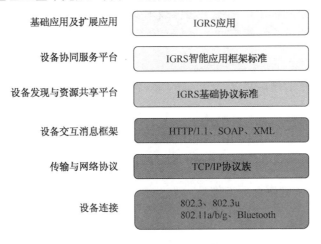

图 4-8　闪联的协议架构

闪联目前正在制定 2.0 标准并已初步提出系统架构。闪联 2.0 标准中，从家庭、办公场合，扩展到移动和远程访问场合，从局域网应用扩展到互联网领域与移动网络（3G）的应用，并将设备引入了内容与在线服务。IGRS 2.0 标准将包括设备端协议栈和服务平台协议栈两大部分。设备端协议栈中，包含核心基础协议、基础应用、智能应用框架和网络传输协议；服务平台协议栈中，包含核心基础协议、内容与应用、服务集成框架和网络传输协议。

（2）国内 e 家佳（ITopHome）。

e 家佳"家庭网络标准产业联盟"，偏重于研究家庭网络中消费电子、音/视频交互、家庭控制网络方面的标准。e 家佳以海尔等家电厂商为主要推动者，在制定标准的基础上，推动网络家电、网络媒体娱乐等家庭网络产品的产业化发展。已完成以下几项标准：

- 家庭主网通信协议规范；
- 家庭主网接口一致性测试规范；
- 家庭控制子网通信协议规范；
- 家庭控制子网接口一致性测试规范；
- 家庭网络系统体系结构及参考模型；
- 家庭网络设备描述文件规范；
- IEC 标准《家庭多媒体网关通用要求》。

物联网发展起来后，e 家佳在家庭控制网络方面的标准和产业化上将会有进一步发展。

（3）中国通信标准化协会（CCSA）。

CCSA 在智能家居标准化方面侧重"公共网络提供的信息类业务"，并开展"基于公用电信网的家庭网络系列标准"的研究工作。目前制定了"基于公用电信网的宽带客户网络"系列标准，涵盖了总体技术要求、QoS、安全、远程管理、联网技术、设备要求和测试方法等方面。另外，在公用电信网与家庭网络的联结方面标准已经比较完善。

4.2.4.4　电子健康

国际上电子健康涉及的标准化组织主要有 ITU-T、ETSI、ISO/TC 215、HL7、DICOM、CEN/ TC251、ISO/ IEEE11073，国内目前主要涉及国标委全国保健服务标准化技术委员会（SAC/TC 483）、CCSA。

1．ITU-T 电子健康标准工作

在 ITU-T Q28/16 展开有"e-Health 应用多媒体框架"标准化，在 IOT-GSI 上由中国联通牵头提出《电子健康监测业务需求及能力要求》（Y.EHM-reqts），成立由 FG M2M 推进 e-Health 的标准化，目前正在推进的标准有四个：电子健康（e-Health）标准化情况及缺口分析、电子健康生态系统、支持电子健康的 M2M 应用场景、M2M 业务层需求和功能框架。

2．ETSI 电子健康标准工作

ETSI 成立的 e-Health 工作组对 e-Health 进行研究并有以下研究成果：ETSI ETSI ES202 642 《Personalization of eHealth Systems by Using eHealth User Profiles》、ETSI SR 002 564 《ETSI/3GPP Deliverables to eHealth》，ETSI 的 e-Health 于 2007 年完成，目前并没有更新。

3．ISO/TC 215 电子健康标准工作

ISO/TC TC215 是负责卫生信息领域标准（Health Informatics）的技术委员会。

它的职能范围是卫生信息领域的标准化、卫生信息和通信技术（ICT），其目标是达到在不同的系统中实现兼容性及互用性，保证数据在统计上的兼容性（比如分类），尽力减少不必要的冗余。

ISO/TC 215 设有主席、秘书处，目前共有 21 个正式成员，15 个观察员国家，中国是 ISO/TC 215 的观察员国之一。秘书处设在美国国家标准化学会（American National Standards Institute，ANSI）。

ISO/TC 215 分为六个工作小组（Working Group）：

（1）第一组：健康记录与模型协调（Working Group 1—— Health Records and Modelling Coordination）。

（2）第二组：消息与通信（Working Group 2——Messaging and Communication）。

（3）第三组：健康概念陈述（Working Group 3——Health Concept Representation）。

（4）第四组：安全（Working Group 4——Security）。

（5）第五组：健康卡（Working group 5——Health Cards）。

（6）第六组：电子药剂学与药物经济（Working group 6——E-Pharmacy and Medicines Business）。

同时，ISO/TC 215 还下设了顾问组和三个特别小组，它们分别是：消费者政策小组（Consumer Policies）、移动卫生（Mobile Health）、Web 应用（Web Applications）。

4．IEEE 电子健康标准工作

IEEE 在电子健康方面的标准化工作包含以下几个方面。

（1）IEEE 802.15.4j 面向美国频段电子健康需求。

IEEE 802.15.4j 于 2010 年年底立项，是对 IEEE 802.15.4 规范的增补，主要在 FCC 规定的 2360～2400MHz 频段上定义满足医疗需求的新物理层，并对相应的 MAC 层进行修改，主要由 Philips、GE 和 AFTRCC 等公司主导。

IEEE 802.15.4j 关键技术主要包括终端信道切换、Coordinator 切换、通过 Proxy 进行关联、GTS 分配管理等。

（2）IEEE 802.15.4n 面向中国频段电子健康需求。

IEEE 802.15.4n 已于 2012 年 5 月立项，旨在定义工作于中国医用频段上的低速医疗体域网，预计 2014 年发布，主导公司为 Vinno，CESI，I2R 等。目前 IEEE 802.15.4n 已完成 PAR 和 5C 文档，正在进行应用场景文稿的征集讨论工作。

IEEE 802.15.4n 可用频段包括 174～216 MHz、405～425 MHz 和 608～630 MHz。

（3）IEEE 802.15.6 面向医疗和健康监护应用。

IEEE 802.15.6 标准项目于 2007 年启动 2012 年发布，是应用于医疗环境的人体局域网（BAN）标准。参与厂商包括芯片供应商 Broadcom、Freescale、Intel、NXP、Qualcomm、Renesas、TI，以及消费电子与医疗设备业者，如 GE、Medtronic、HP、Philips 与 Samsung 等。

IEEE 802.15.6 传输速率最高可达 10Mbps，最长距离约 3 m，特别考量了在人体上或人体内的应用，可主要应用于人体穿戴式传感器、植入装置，以及健身医疗设备中。其高频宽版本可支持视网膜植入装置的数据传输，低频宽版本可运用于追踪义肢上的压力数据或 连接测量心律等数据的传感器。

5. 国际上其他电子健康标准工作

电子健康标准化组织还涉及 HL7、DICOM、CEN/TC251、ISO/IEEE11073 等。其中 HL7 于 1987 年成立，是开发医疗卫生领域电子数据交换标准的非盈利组织，主要职责是开发和研制医院数据信息传输协议标准，优化临床及管理数据的程序，降低医院信息系统互联的成本，提高医院信息系统之间的数据共享度，目前有 12 个工作组，涉及电子健康记录、基础设施和消息接发、图像整合等；DICOM 由美国放射学会（ACR）和全美电器厂商联合会（NEMA）联合组成的委员会，侧重医学图像转换标准；CEN/TC251 欧洲标准委员会，工作集中在内容处理，设备和信息系统数据的互操作，也涉及一些通信技术；ISO/IEEE11073 医药/健康设备通信标准是联合 ISO、IEEE、CEN 研究医药设备互操作性标准；此外还包括蓝牙联盟推进的蓝牙 4.0 标准。

另外，产业联盟也在积极行动推进电子健康标准化，主要侧重健康方面，主要有 GSM 协会（GSMA）和康体佳健康联盟（Continua Health Alliance）。GSMA 提出了移动医疗（m-Health）的架构，并开展了相关技术研究和市场调研；康体佳健康联盟是一个国际非盈利、开放性行业组织，由 230 多家公司组成，目的是处理和解决远程医疗产品和服务在应用和部署时出现的通用性问题。他们的任务就是要建立起一个个人医疗保健的生态系统，让广大消费者和各种组织都能够更好地管理健康。该联盟并不负责具体的新通信标准的开发，而是选择一些已有的标准，然后制定出通用性指导原则。主要涉及三个方面的细化工作：

- 慢性病健康状况管理；
- 医疗与健康；
- 个体寿命的延长。

6. 国内电子健康标准工作

（1）卫生部。

卫生部下设 20 个卫生标准专业委员会，其中与电子健康相关的标准专业委员会为"卫生部卫生信息标准专业委员会"挂靠"卫生部统计信息中心"负责医疗卫生领域卫生信息相关处理技术、管理体系、信息处理相关设备、信息技术、管理认证和网络安全等卫生标准。

（2）国标委：全国保健服务标准化技术委员会（SAC/TC 483）。

全国保健服务标准化技术委员会（SAC/TC483）（简称健标委）经国家标准化管

理委员会（国标委综合函[2008]125 号）批准，由中国保健协会休闲保健专业委员会组织筹建，负责保健服务国家标准的归口（解释）管理工作，侧重健康卡、安全、电子健康记录相关标准的制定，目前已制定并发布多项国家标准。

另外，信息通信相关的标准化组织也在开展电子健康相关的标准化工作。

（3）中国通信标准化协会（CCSA）。

目前在 TC10（泛在网）展开了有关电子健康和移动健康相关的课题，其中包括《基于泛在网的医疗健康监测业务场景及技术要求》、《基于物联网的健康监测系统架构和技术要求》、《无线体域网技术研究》、《泛在物联应用 医疗健康监测系统架构和功能要求》、《电子健康业务分类》、《基于物联网的移动健康需求》等研究。

（4）中国标准化研究院。

中国标准化研究院提出了有关健康信息学相关的国家标准，主要包括患者健康卡数据格式，公钥基础设施、电子健康记录等。相关标准由国家质量监督检验检疫总局及中国国家标准化管理委员会发布。

4.3　小　　结

国内外物联网标准化逐步呈现出加快的趋势：ITU-T、3GPP、IETF、IEEE 等都将物联网作为标准化推进重点，全球性国际标准组织 OneM2M 的成立标志着物联网标准化力量正在逐渐形成合力；随着各个行业与信息通信技术融合的深化，一些先导行业在物联网发展政策和技术的推进下，也加快行业专属物联网标准的制定；新的标准化组织和机构也不断出现。

物联网标准化总体态势如下所述。

（1）感知延伸层标准受关注度较高，影响也比较大，特别是传感器网络方面，呈现出端到端 IP 化的趋势，IETF、ZigBee 等都在推进，但目前 IP 化传感器整体产业还不成熟，并且缺乏实际的应用和部署。

（2）公共物联网（M2M）方面，目前主要侧重移动网络的增强和优化，以及水平化业务支撑平台的推进和研究。根据 3GPP 和 OneM2M 标准计划，3GPP R12 版本和 OneM2M R1 版标准都将于 2012 年年中发布，对推动 M2M 相关设备研发和系统部署具有重要的意义。

（3）应用层中应用传输协议和数据描述标准受到广泛关注，多个标准化组织都在积极推进。应用传输协议作为解决底层异构物理介质实现应用层互联的关键，目前存在多个协议，典型的如 IETF 的 COAP、XMPP 协议，美国由思科、IBM、Cimetrics、Cirrus Link 等 20 多家公司成立的物联网标准技术委员会推进制定的消息队列遥测传输协议（MQTT）。数据描述标准作为实现数据跨系统使用和共享的关键，OneM2M 和 ITU-T 都在积极推进物联网语义标准的制定，另外 W3C SSN-XG（Semantic Sensor

Network Incubator Group）已经基本完成对传感网本体的定义，包括对传感器感知数据、传感器节点本身、处理进程等的描述，为物联网语义发展奠定基础。

（4）国内物联网标准研制方面，我国对传感器网络、传感器网络与通信网融合、RFID、M2M、物联网体系架构等共性标准的研制不断深化。物联网应用标准推进速度不断加快，开展了智慧城市、农业信息化、医疗健康监测系统、智能交通、汽车信息化、绿色社区、智能家居、智能安防、电动自行车等标准起草工作。

第 5 章
物联网产业

本章要点

- ✓ 物联网产业范畴
- ✓ 物联网产业体系构成
- ✓ 物联网关键产业发展现状
- ✓ 我国物联网产业发展现状
- ✓ 我国物联网产业发展面临挑战

本章导读

　　我国物联网整体处于起步阶段，物联网产业的发展近年来取得一定进展，但在产业划分、关键技术研发、重点产品突破等方面面临一些问题。本章全面介绍物联网产业的范畴、体系构成、关键产业发展现状，以及我国物联网产业发展现状和面临的挑战。

5.1　物联网产业范畴

　　物联网产业范畴是指物联网相关的制造业和服务业，如图 5-1 所示。我国相关部委正在研究制定物联网技术和产品目录以及物联网企业认定办法。对于物联网产业范畴的严格定义，产业界和学术界尚未达成完全一致。但已经明确的是传感器产业、RFID 产业、M2M 产业是物联网产业的核心，其中包括了各种相关的软件、硬件和服务。

　　传感产业包括传感器产业、仪器仪表产业和传感器网络产业。RFID 产业包括了标签、读写器、中间件、集成服务等。M2M 产业主要指支持电信广域网能力的物联网设备和服务产业，特别是基于无线移动通信网络的物联网产业。传感器网络产业、超高频和有源 RFID 产业以及基于无线移动通信的 M2M 产业相对属于新兴产业。

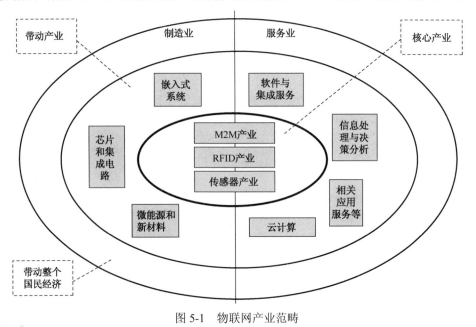

图 5-1　物联网产业范畴

如上所述，物联网产业并非完全新的产业，物联网除了上述核心产业，还要基于现有的基础 ICT 产业并且带动传统产业的发展。物联网带动的产业包括嵌入式系统、芯片和集成电路、微能源和新材料等制造业，以及软件与集成服务、云计算、信息处理与决策分析等服务业。

此外，物联网的价值除了本身的巨大发展潜力，还在于促进整个国民经济的发展，包括通过物联网技术的应用，促进两化深度融合，节能降耗减排；促进农业种养殖精细化管理，推动农资服务现代化，保障农产品安全；提升物流、金融、旅游等服务业智能化水平，推动服务业发展提速、比重提高。

5.2　物联网产业体系构成

物联网产业体系构成还没有官方界定，但随着近年来研究的深入和产业的发展，业界基本形成了比较主流的认识，如图 5-2 所示。

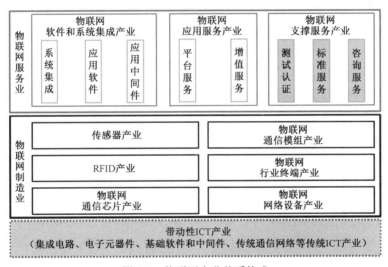

图 5-2　物联网产业体系构成

物联网产业体系主要由物联网制造业和服务业构成。物联网制造业主要包括传感器产业、RFID 产业、物联网通信芯片产业、物联网通信模组产业、物联网行业终端产业、物联网网络设备产业。其中，传感器产业和 RFID 产业界定已经比较明确。物联网通信芯片主要包括用于近距离局域通信和组网的芯片和用于远距离广域通信和组网的 M2M 芯片，如 ZigBee 芯片、2G/3G M2M 芯片等。物联网通信模组产业，是设计和制造以物联网通信芯片为基础，并将其与处理芯片、输入输出接口等相关元件进行集成和进一步模块化的产业，如 ZigBee 通信模组、2G/3G M2M 模组等。物联网行业终端产业是设计和制造满足各种行业应用需求的物联网终端的产业，如智能电表、车联网车载终端、环保监测终端等，由于行业应用的功能需求不同、指标要求不同、部署环境不同等，行业终端产品多种多样。

物联网服务业主要包括物联网软件和系统集成产业、物联网应用服务产业和物联网支撑服务产业。物联网软件和系统集成产业主要指应用于物联网的专用操作系统、软件中间件和各种行业应用解决方案产业，比如工业嵌入式实时终端操作系统、实时数据库以及满足交通、安防、物流等各种应用需求的集成方案。物联网应用服务业是指面向企业、个人和政府提供公共物联网应用平台运营和专业增值服务的产业，如电信运营商的 M2M 平台运营服务、车联网平台和服务、专业的工业装备远程维护服务等。物联网支撑服务产业指为物联网产业发展提供公共服务的产业，如产品测试认证、标准化、知识产权、人才等服务。

5.3 物联网关键产业发展现状

5.3.1 物联网制造业

5.3.1.1 传感器产业

全球传感器市场在不断变化的创新中呈现出快速增长趋势。近十几年来其产量及市场需求年增长率均在 10% 以上。美、日、俄等国实力较强，产品超过 2 万种，大企业的年生产能力达到几亿只。全球传感器市场中，流量传感器、压力传感器、温度传感器的市场规模最大。

我国传感器的产业布局基本形成，产品门类较为齐全，中低档产品基本满足市场需求。我国传感器市场高速增长，增速明显高于世界平均水平，如图 5-3 所示。"十二五"期间将保持需求旺盛，预计保持两位数高速增长。全球 80% 以上知名厂商已经进入中国市场。主要动力来自工业电子设备、汽车电子、通信电子、消费电子。

其中，MEMS 传感器是未来重点之一，传感器集成化、智能化和网络化的需求，使 MEMS 传感器成为市场未来的重要增长点。我国 MEMS 传感器市场增长情况如图 5-4 所示。智能手机、平板电脑、汽车电子等成为最主要的应用领域，未来 MEMS 将全面应用于各类消费电子产品。国内加大了研发力度，美新半导体、元芯微系统、中电科等在加速度传感器、流量传感器、压力传感器等方面具有一定实力。

我国 MEMS 传感器市场与国际市场增速对比如图 5-5 所示。但总体看来，我国传感器在研发、设计、制造等环节与国外差距较大，高端传感器在性能、可靠性等方面不能满足我国物联网应用需求，大量依赖进口，90% 以上的高端传感器和传感器芯片依赖进口。

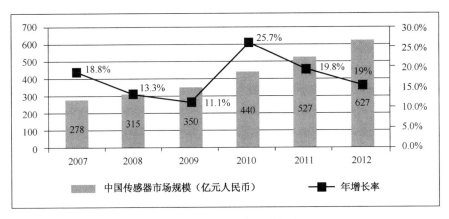

图 5-3　我国传感器市场增长情况

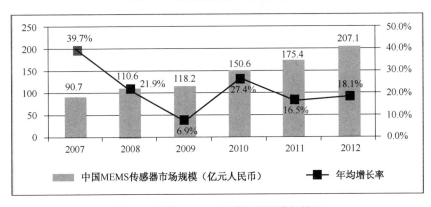

图 5-4　我国 MEMS 传感器市场增长情况

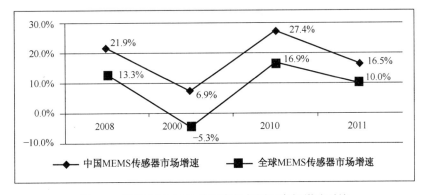

图 5-5　我国 MEMS 传感器市场与国际市场增速对比

我国能批量生产的产品涉及光敏、电压敏、热敏、力敏、气敏、磁敏和湿敏 7 大类，约 3000 多个品种。压力传感器、温度传感器、流量传感器、水平传感器已表现出成熟的市场特征，其中流量传感器、压力传感器、温度传感器的市场规模最大，占一半以上。但整体上来看，我国传感器产业比较落后，企业规模偏小，基础材料、芯片研发生产能力薄弱，产品层次偏低。我国传感器企业 95%以上属于小型企业，综合实力较强的骨干企业很少，外资企业仍占据较大的优势。传感器产品在灵敏度、精度、可靠性等方面与国外仍有很大差距。

我国传感器产业还存在以下几方面的问题。

1. 本土企业规模小，国外产品冲击严重

我国从事敏感元件与传感器研制生产的院校、研究所、企业有 1300 多家，但研制、生产综合实力较强的骨干企业较少，仅占总数的 10%左右。国内市场受到国外产品的冲击十分严重，上百家国外传感器产品的国内代理商，使洋货在国内传感器市场占有主要份额。

活跃在国际市场上的德国、日本、美国等老牌工业国家，传感器的应用范围很广，许多厂家的生产都实现了规模化，有些企业的年生产能力能达到几千万只甚至几亿只。相比之下，中国传感器的应用范围较窄，更多的仍然停留在航天航空以及工业测量与控制上。据有关资料显示，我国最大的传感器公司的年产量也仅有 55 000 只。而且高、精、尖传感器和新型传感器的市场，几乎全被国外品牌或合资企业所垄断。传感器技术居世界领先地位的国家，一方面对我们基本掌握支撑技术的传感器产品实行市场倾销；另一方面对我们未掌握的关键先进技术封锁，控制核心器件，对国内市场进行掠夺性的经济垄断。例如，中日合资企业生产的硅谐振压力变送器的装配在国内，"核心"器件——硅谐振压力传感器只能在日本生产，而卖给中国获得的利润大于整机的利润，国内生产电容式压力变送器和硅压阻式压力变送器企业的市场占有率已因与其相比竞争力不强呈现大幅度下滑。这种局面对我国新兴的技术产业发展冲击很大。

2. 技术重复跟踪，自主技术创新少

我国目前很多企业都是引用国外的元件进行加工，自主研发的产品少之甚少，自主创新能力非常薄弱。甚至许多企业仅停留在代理国外产品的水平上，发展空间捉襟见肘。国产传感器企业按照长期依赖国外技术的惯性发展至今，在技术上形成了"外强中干"的局面，不仅失去了中高档产品市场，而且也直接导致自己能生产的产品品种单一，同质化十分严重。甚至有相当一部分国产产品只能模仿别人的外形，即使这样，由于技术水平低，模仿产品的灵敏度、精度和可靠性也差强人意。

近年来迅速发展的新型传感器，国内还处于发展阶段，现有产品的集成化、阵列化、功能化和智能化等高新技术特征的显示度不高，拥有自主知识产权和新技术含量高的传感器产品更少。由于缺乏协作渠道，多家单位同时跟踪同一水平的技术。科技开发效率低，创新点少，对发展我国传感器产业没有起到高新技术的基础支撑、方向引导和"核效能"的作用和影响。

3．工程化、产业化技术水平低

目前，我国对传感器技术研究开发阶段的资源投入相对比较重视，但却相对忽视了产业化基础性的开发，对产品化、商品化的基础技术的开发严重滞后，材料、制造工艺和装备、测试及仪器等相关和配套的共性基础技术相互脱节，制约产业孵化的进程，与国际水平相比落后 10～15 年。

4．分布不均衡，小型民营资本居多

国内传感器生产企业主要集中在陕西省以及东部、沿海地区，西部其他地区以及内陆地区相对较少。在这些企业中，95%以上均属小型企业，很多还都是大专院校和研究所开办的"校办厂"。由于传感器制造早期的投入无须很多，所以有很多民营等小资本介入。大量小企业的存在使得在低端传感器领域国产传感器的价格竞争进入了惨烈状态，而在高、精、尖领域国产传感器生存惨淡。

5．产品的性能价格比低

我们一贯重视产品的设计水平和技术指标，而忽视材料、制造工艺和生产条件的质量控制，某一环节或几个环节存在"瓶颈"现象，整体上只能以较低的效能运行。生产率、成品率和高档产品产出率低，产品稳定性、可靠性、一致性和外观质量档次低。"高科技、低质量、市场寿命短"现象没有根本改观。

6．科技成果转化率低，新技术实用化进程慢

高校和科研单位只重视新品的研究开发，忽视相应的应用技术及其配套和推广，许多成果没有应用。科技成果大部分是实验室条件下的样品和产物，与产业化阶段相距甚远，多种因素使前沿研究和技术跟踪成果不能持续发展。

7．缺乏专业人才

从大的方面来说，传感器行业涉及物理、化学、生物、电子，甚至计算机网络等多门学科，其应用领域之广在整个电子行业可以说再无其他产品可以超过它，要掌握其基本原理并应用于生产实践难度颇大。由此，虽然传感器行业的发展前景极高，但相对于计算机、网络、半导体集成电路设计、通信等专业来说，传感器技术的专业人才极度缺乏。

另外，从企业层面来看，国外传感器企业非常重视人才培养，从工程师到普通的生产线工人，无论是技术还是个人素质，都拥有极为专业化的培训机制。相对来说，我国的传感器企业在这一方面还做得远远不够。

5.3.1.2　RFID 产业

全球 RFID 应用领域不断拓宽，到 2013 年全球市场将达到 175 亿美元。RFID

市场增长拉动力主要来自政府项目，包括军队证件、身份证、金融卡、护照、动物管理等。内置了 NFC 等 RFID 芯片的手机终端市场不断扩大，高频 RFID（13.56 MHz）设备仍占主流，用于供应链、图书馆和门禁的市场也在持续扩大。未来有源标签市场将快速发展，软件、服务等领域占市场份额比重将快速提高。

我国 RFID 市场增速一直高于世界平均速度，如图 5-6 所示。据 RFID 产业联盟统计，2012 年我国 RFID 产业规模达 262 亿元人民币，预计未来三年增速均将超过 30% 以上，我国市场特点基本与上述全球市场特点相同。

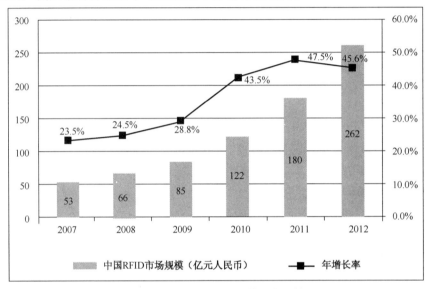

图 5-6　我国 RFID 市场规模和增长情况

我国 RFID 市场与国际市场增速对比如图 5-7 所示。

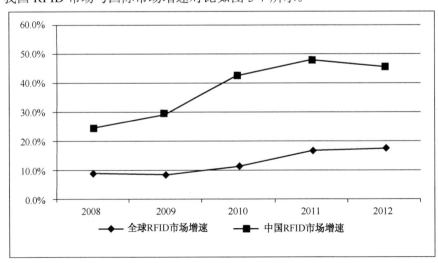

图 5-7　我国 RFID 市场与国际市场增速对比

我国 RFID 的应用从政府主导项目逐步向各行各业扩散。从应用方面看，RFID 已经渗透到社会的很多领域，对改善人们生活质量、提高企业效益、加强公共安全等产生重要影响。其中，证照防伪、电子支付、出入控制、仓储物流、物品追踪等应用已经成为 2012 年 RFID 的主要应用市场，如图 5-8 所示。在智能交通 方面，ETC 系统已得到广泛应用。这些领域的应用多集中于低高频段。高频应用方面，国内厂商的芯片设计、制造和票证制作工艺、封装技术等都呈现出很强的竞争实力和优势，经过这几年的发展，国内 RFID 高频产业链已经赶上国际水平，成为这一市场的新兴力量。

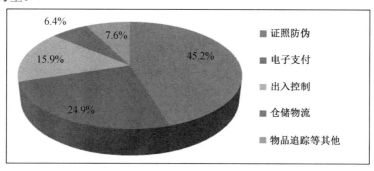

图 5-8 2012 年 RFID 应用领域份额

相对于高频 RFID 应用，目前我国在超高频 RFID 应用上面临的问题较多。首先是在核心技术和产品方面与国外相比有差距，并引起了应用成本的增加，因此也制约了应用的推广。另外，超高频应用是一个体系而不是某个单项技术问题，由于应用规模还较小，配套的产品和解决方案也有待进一步完善。但在经济高速发展、全社会运用信息技术提高效益和质量的形势推动下，政府加大了对 RFID 产业，尤其在超高频段的支持，加之超高频 RFID 的价格逐年下降，它在国内将进入成长期。虽然 2010 年超高频 RFID 在整体市场的占有率仅为 10%左右，但 5 年内它将成为 RFID 市场的主流。从技术创新层面看，随着《800/900MHz 频段射频识别技术应用规定》的正式发布，规划了 UHF 频段 RFID 技术的具体使用频率。2009 年国内一些企业在 UHF 频段 RFID 标签芯片的研制上也取得了重大的突破。从产品与技术的角度，2009 年 RFID 市场与往年相比一个最引人注目的特点就是在 UHF 频段的技术与应用方面，整个市场呈现出加速发展的态势。

我国 RFID 产业链虽初步形成，但技术实力与发达国家仍有明显差距。近几年中国在高频芯片、封装、应用支撑软件、系统集成领域逐渐壮大，但以中小企业为主，整体实力不强。虽然已经在高频 RFID 市场站稳脚跟，但在物联网应用需要最多、利润和增长空间更大的超高频、有源 RFID 等产品领域还没有形成整体产业能力；标签芯片方面的自主知识产权比较贫乏。随着 RFID 技术的成熟和普及，国家意识到应用 RFID 技术给众多行业的发展带来的积极作用，加快了制定相关政策、推动 RFID 产业发展的步伐。

在芯片环节，虽然国内芯片设计产业起步较晚，但随着最近十年来的长足发展，国内芯片设计水平已经在很大程度上缩小了与国际间的差距。国内芯片企业如上海华虹、复旦微电子等在 RFID 中高频市场上，推出了一系列成熟的产品，在与国外芯片大公司的竞争中也取得了越来越多的市场份额。中国的信息化基础比较薄弱，真正发挥 RFID 优势的应用还比较少。软件在简单的 RFID 应用中价格依然比较低，有的甚至是提供给用户的附赠品，集成费用也比较低。随着大规模物流应用及开环方式应用的发展，软件将是 RFID 项目支出中相当重要的部分，在某些应用中，甚至会超过硬件的费用。现阶段我国企业对 RFID 技术的掌握能力还有待加强，国内的芯片只有高频和很少量的超高频产品，未来中国政府及企业，为保证利益一定会加大研发方面的力度，芯片制造能力是其中非常重要的一个方向，中国企业的芯片制造能力将逐渐加强。读写机具是 RFID 硬件的一部分，与标签相比，我国本土企业在读写机具的研发方面取得了较大的突破，在读写机市场上占有一定地位。

当前 RFID 技术在各个领域的应用逐渐兴起，RFID 的企业应用市场面临着快速发展的机遇。在这些行业领域，RFID 中间件要链接众多读写机具，并对读写机具的数据进行管理，同时还要与企业 IT 硬件以及企业应用软件相接口。目前 RFID 中间件的技术含量较高，价格也很昂贵。预计未来几年，中间件在 RFID 产业的份额将会持续提升，它的兴起将对推动中国整个 RFID 产业起到重要的作用。

从产业链几个环节的发展来看，国内的系统集成是发展最快的环节。由于 RFID 产品绝大多数是以系统级应用的形式被应用到各行业中去，因此，在中国 RFID 产业链中系统集成占有优势地位。随着 RFID 应用领域的不断拓展、市场应用越来越多、规模越来越大，标签和读写机具的成本也会随之下降。各行业应用需求的拉动在 RFID 市场发展中将发挥更加重要的作用，而 RFID 市场增长中政府的拉动作用逐渐减弱，RFID 市场发展将进入更加稳定而良性的发展轨道。

随着技术的进一步成熟和成本的进一步降低，RFID 技术必将逐步应用到各行各业中，RFID 的应用领域将进一步得到拓展。未来三年将是 RFID 在中国加速发展的阶段。同时随着相关标准的逐步建立，产品成本进一步降低，RFID 技术越来越成熟，行业应用越来越广，RFID 行业将会快速发展，市场规模将会迅速增长，车辆管理、资产物流、商品防伪等行业都蕴藏着巨大的商机。

整体来看，国内 RFID 的技术发展趋势表现在应用模式从闭环向开环发展，应用环境从常态常温环境向工业级高温高压环境发展，应用技术从高频标签向高频与超高频标签同步发展，应用安全算法从使用国外的 48 位流加密算法逐步转向国家 RFID FS 算法，应用规模从百万级标签向上亿级标签（如世博会门票）发展，应用范围从区域向全国发展。随着 RFID 技术不断发展和应用系统的推广普及，射频识别技术在性能等各方面都会有较大提高，成本将逐步降低，可以预见未来 RFID 技术的发展将有以下趋势。

1. 标签产品多样化

未来用户个性化需求较强，单一产品不能适应未来发展和市场需求。芯片频率、容量、天线、封装材料等组合形成产品系列化，与其他高科技融合，如与传感器、GPS、生物识别结合将由单一识别向多功能识别发展。

2. RFID 读写机具及标签更趋小型化

读写机具和标签尺寸的缩小使得 RFID 比以往任何时候的应用都广泛。现在的技术越来越先进，RFID 可以很容易地集成到现有的设备中，这些在以前都是不可能实现的。便携式 RFID 读写机具的出现是 RFID 技术应用在新市场的动因之一。读写机具的日趋小型化，使得操作更加便捷。以前的 RFID 标签不能用于金属环境，而今天的 RFID 标签不仅可以用于金属环境，还可水洗并能承受极端温度。所有这些技术上的进步都在不同程度上促进了 RFID 的广泛应用。

3. 系统网络化

当 RFID 系统应用普及到一定程度时，每件产品通过电子标签赋予身份标识，与互联网、电子商务结合将是必然趋势，也必将改变人们传统的生活、工作和学习方式。

4. 系统的兼容性更好

随着标准的统一，系统的兼容性将会得到更好的发挥。

5. 与其他产业融合

与其他 IT 产业一样，当标准和关键技术解决和突破之后，与其他产业等融合将形成更大的产业集群，并得到更加广泛的应用，实现跨地区、跨行业应用。

5.3.1.3　近距离通信芯片产业

近距离通信技术是当前无线通信领域的研究热点，也是物联网通信芯片产业的关键核心产业之一。目前使用较广泛的近距离无线通信技术是无线局域网（Wi-Fi）技术，蓝牙技术，基于 IEEE 802.15.4 的 ZigBee 技术，等等。

1. 蓝牙芯片

蓝牙，是一种支持设备短距离通信（一般 10m 内）的近距离通信技术，能在包括移动电话、PDA、无线耳机、笔记本电脑、相关外设等众多设备之间进行无线信息交换。蓝牙目前通常用于点到点的高速数据传输，典型数据速率为 1Mbps。采用时分双工传输方案实现全双工传输。

目前普通蓝牙芯片技术成熟度较高，主要蓝牙芯片厂商如 CSR、Nordic、TI 等生产的芯片性能差别较小：通信距离为 3 m 左右，灵敏度大约为 90dB；带宽在 1MHz 以上；单片集成度的提高也在推动成本不断下降。

成本的降低及主要移动通信设备生产商的大力推动，使得蓝牙技术在掌上电脑、笔记本电脑和移动电话手机等移动通信终端设备中已达到了极高的普及率，超过 70% 的手机具有蓝牙功能，50% 以上的笔记本电脑含蓝牙配置。

在移动终端的普及应用对于功耗提出了较高要求，因而低功耗是蓝牙芯片目前的主要障碍和发展方向；吸引了各大公司的重要研发力量，并不断取得突破。CSR 的核心蓝牙技术芯片 Bluecore 系列将功耗降至较低水平，如今也正在引领低功耗蓝牙的发展，现已推出基于 IC 超低功耗解决方案 CSR8000 和 CSRuEnergy；Nordic、TI 等公司也提供 nRF8001、CC2540 等高质量低功耗蓝牙芯片。

低功耗蓝牙芯片市场集中度相对较高，主要制造商有美国的 CSR、Broadcom、TI，以及挪威制造商 Nordic 等。但其中 CSR 在当前的市场占有率方面或技术方面都具有明显优势，占市场 50% 以上；而如 TI、Nordic 等大厂，由于涉足的芯片种类极多，低功耗蓝牙芯片的研发并没有得到足够重视。

此外，中国台湾厂商也占有一定的市场份额，其中规模较大的有 MTK 等，然而台产芯片主要以低价格取胜，其关键性能以及可靠性、一致性均不及世界先进水平；这些芯片主要用于低价位的各种低端手机、大量山寨机中。

虽然中国大陆规模各异的公司纷纷加入蓝牙应用开发的大军，也取得了一定成绩，但蓝牙芯片的生产却鲜有成功，目前，在此方面中国大陆厂商基本空白。

2. IEEE 802.15.3 系列芯片

工作于 IEEE 802.15.3 协议族下的技术主要有 60GHz 技术和 UWB（超宽带技术）。

（1）60GHz 技术使用毫米波进行通信，作为微波工程的一种，该技术有微波通信的几个基本特点：带宽极大、抗干扰能力强、元件体积小、在空间的长距离传播与大气环境关系密切。

自 2000 年以来，许多国家陆续在 60GHz 附近开放频段，使该技术具有良好的国际通用性。另外，较低频段的拥挤也使 60GHz 技术备受关注。

（2）UWB（Ultra Wideband，超宽带技术）是一种无载波通信技术，利用纳秒至微微秒级的非正弦波窄脉冲传输数据。通过在较宽的频谱上传送极低功率的信号，UWB 能在 10 m 左右的范围内实现数百兆 bps 至数吉 bps 的数据传输速率，具有抗干扰性能强、传输速率高、带宽极宽、消耗电能小、发送功率小等诸多优势，主要应用于室内通信、高速无线 LAN、家庭网络、无绳电话、安全检测、位置测定、雷达等领域。

一些芯片厂商，如 Freescale、INTEL 等已推出了样片和其升级版本，并逐步实现量产。但两种技术均关注提供高带宽服务，功耗依然很高，与物联网应用的融合还需要相当漫长的时期。

3. IEEE 802.15.4 系列芯片

由于产业应用的发展，电子设计人员迫切需要一种适用于低复杂性、低数据速率以及电池供电为主的解决方案，IEEE 802.15.4 标准的出现满足了这一需求，该标准芯片主要对物理层和较低层协议进行了规定，面向家庭自动化、工业控制、农业以及安全监控等领域的应用。

ZigBee，WirelessHART，6LoWPAN，ISA100.11a 等芯片均采用 IEEE 802.15.4 芯片的物理层和数据链路层作为基础。其中应用最为广泛、市场预期最为乐观的当属 ZigBee 技术。

特别需要注意的是，IEEE 802.15.4 标准芯片和 ZigBee 芯片的差异：IEEE 802.15.4 标准芯片仅对物理层和数据链路层等底层协议进行规范，应用于需自由设计高层协议或可自行实现较低的设计开发成本的情况下；而 ZigBee 除了 IEEE 802.15.4 标准的低层协议外，高层也符合 ZigBee 标准，因而具有全面的互操作性，对符合其特性的应用开发要求较低，但可能面临代码量开销过大、需向标准推广组织付一定费用等问题。ZigBee 技术是短距离无线通信的热点，各种芯片、开发系统陆续推出，无论是种类还是出货量上都占了 IEEE 802.15.4 芯片的很大比重。

需要注意区分"IEEE 802.15.4 标准芯片"和"IEEE 802.15.4 芯片"两个概念：前者专指根据 IEEE 802.15.4 协议仅对物理层和数据链路层标准化的芯片；而后者泛指所有以 IEEE 802.15.4 底层协议为基础的芯片，包括 IEEE 802.15.4 标准芯片和 ZigBee 芯片等。

随着 Jennic 公司被 NXP 所兼并，IEEE 802.15.4 芯片市场进一步被各大半导体制造商所控制。其中，如 TI、Atmel、NXP 等公司除 ZigBee 芯片外同时可提供其他多种芯片；而如 Ember、UBEC 等公司专注于 IEEE 802.15.4 芯片生产的公司也逐渐稳固自己的市场地位。一些新兴公司如韩国的 GreenPeak Technologies 也首次进入人们的视线。

4. 低功耗 IEEE 802.11 芯片

无线局域网（Wireless Local Area Networks，WLAN）是一种便利的无线数据传输系统，它利用射频技术取代旧式的线缆构成局域网。WLAN 在家庭、企业、无线接入热点等方面都有着非常广泛的应用。基于 IEEE802.11 标准的 WLAN 允许在局域网络环境中使用未授权的 2.4 或 5.3GHz 射频波段进行无线连接。

部分芯片厂商将低功耗作为 WLAN 发展的新方向，如 Microchip 推出的通信模块 MRF24WB0MA/MRF24WB0MB 可将接收电流降至 85mA 左右，另外 Broadcom 也推出了低功耗 IEEE 802.11n WLAN 芯片。

不过，WLAN 芯片目前的功耗水平与物联网应用的要求仍存在不小的距离，而且 WLAN 对低功耗的追求更多的旨在同时利用多频段传输从而达到更高的传输速率，与物联网的应用场景重合较小。

5. NFC 芯片

NFC（Near Field Communication）即近场通信技术，又称近距离无线通信，是一种短距离的高频无线通信技术，允许电子设备之间进行非接触式点对点数据传输（在 10 cm 内）交换数据。这个技术由免接触式射频识别（RFID）演变而来，并向下兼容 RFID。

NFC 的主要吸引力在于其高度的安全性；随着移动支付、非接触式银行卡支付等应用越来越为人所关注，NFC 的应用前景极其广泛。目前，我国已经明确了近场（短距离）支付采用国际通用的 13.56MHz 标准（2.45GHz 方案仅用于封闭应用环境，不允许进入金融流通领域）。

NFC 芯片的主要性能指标较其他种类芯片有所不同：NFC 芯片是无源芯片，带宽普遍较大，但因为与金融安全有着极其密切的联系，故其安全性、可靠性、抗攻击性成为了核心性能指标。安全等级较低的 NFC 芯片已在公交卡等小额支付领域有了大范围的应用；但与银行账户挂钩的多种支付应用则对芯片的安全性提出了极高的要求。

全球范围内，技术领先、规模较大的 NFC 芯片生产商以 NXP（Philip）为首，还有 Inside Contactless 公司、ST（意法半导体）公司等。

在中国市场，NXP 芯片使用率极高。各大城市推出的公交一卡通多使用 NXP 内芯。目前，中国银联正式决定非接触式银行卡采用与国际标准相同的 13.56MHz，2.4GHz 仅可用于封闭环境。因此，现阶段的非接触式银行卡无一例外使用进口芯片，其中也以 NXP 芯片居多，而称已经掌握 2.45G NFC 技术的中国大陆芯片厂商国民技术的市场推广因此遇到困难。

目前而言，某些国内芯片提供商在较低安全等级芯片已具有一定水平，如复旦微电子、大唐微电子。这些公司正在全力抢占中小城市的公交卡市场。但正如上所述，支付领域是 NFC 技术的最大优势所在，而国产芯片近期内仍无法达到金融支付芯片所要求的安全等级。

5.3.1.4　M2M 通信芯片和模组产业

5.3.1.4.1　概述

近年来，随着信息技术快速发展，M2M 通信芯片产业带来了新的发展契机和平台。M2M 通信芯片凭借所具有的高内存容量及逻辑运算能力，应用于电信领域的同时，正在被广泛应用于金融、社会保障、交通、物联网等新的领域。现在的通信发展形势和势头给予 M2M 通信芯片的发展提供了很多的机会，将 M2M 技术推向一个新的发展创新之路。

目前 M2M 通信芯片主要包含物联网专用 SIM 卡、RFID-SIM 卡、2G/3G 芯片等产品，这些产品应用在不同的领域，其发展趋势有着各自的特性。M2M 通信芯片提供商提供最底层的通信芯片。这类芯片往往并不是专门针对 M2M 应用而开发的，任何希望通过无线方式连入通信网络的机器，比如手机、笔记本，都需要这种芯片。可以说，该类通信芯片是整个通信设备的核心，是物联网应用中不可或缺的环节。基于物联网理念的一些初级应用，如 M2M 应用就已经给 M2M 通信芯片产业带来了不小的市场。这些看来都是 M2M 通信芯片摸得着的、看得见的发展机遇。

M2M 通信芯片的市场的应用领域分析如下所述。

（1）在移动电话领域：移动电话卡仍将是市场的主流产品之一。未来五年至少将会有 20 亿张的市场数量，而发到最终用户手中的卡片也将呈现增长的趋势。特别是随着 3G 时代的发展、4G 时代的来临，将会有大量的增长。

（2）社会保障领域：人力资源和社会保障部在 2010 年向社会发放 1 亿张社保卡，"十二五"期末全国发卡将突破 8 亿张。

（3）在银行与金融服务业：我国银行磁卡已发卡 22 亿多张，符合 EMV2000 标准的发卡在 5 年内仍旧会有突破性地增长，数量将以千万计。增加更多增值的服务，如支付等。

（4）教育系统学生管理方面：目前教育部和各级地方政府正在探讨教育系统学生证件卡及校园统一标准问题。如果一旦实现统一标准，将进一步推动教育事业的发展，其用户将数以亿计。

（5）在城市、智能交通方面：城市智能交通将向区域性联网方向发展，如从长三角地区、珠江三角洲向周边地区延伸。

（6）移动支付领域：目前 8 亿用户，产值 2013 年全球移动支付额达到 6000 亿美元，移动支付已经成为焦点之一。

5.3.1.4.2　RFID-SIM 产业

RFID-SIM 是一种典型的 M2M 芯片，以下予以重点介绍。RFID-SIM 是将 RFID 芯片内置在手机或手机 M2M 通信芯片（SIM/UIM）中，实现手机功能与 RFID 功能的集成，用户可刷手机实现金融服务、购物消费、乘车服务、身份认证等诸多应用。

RFID-SIM 卡正是 CPU 卡应用扩展的一种形式，是 CPU 卡与 SIM 卡的完美融合。它支持双向认证，具有高安全性的移动通信网络支持，可实现空中发卡和空中充值等便民功能，提升管理效率。通过它客户将会更好地支持在线消费、离线消费。RFID-SIM 卡还可提供考勤、消费的短信账单提醒等增强型服务手机用户的随身行功能，从而有效杜绝代打卡或卡转借他人的管理漏洞。RFID-SIM 卡数据采用空中传输并自动 TDES 加密技术，能有效防止数据窃听，刷卡时的双向认证，有效地保护了用户信息。

在国际上，主要以 eNFC 为标准，但由于需求不旺盛，支持 eNFC 的手机终端很少，使用 eNFC 方案进行手机现场刷卡的商用案例很少。日韩手机现场刷卡应用多，但由于其移动终端采用机卡合一模式，不属于手机 RFID-SIM 通信芯片应用模式。在国内，手机 RFID-SIM 通信芯片经过几年的研究、试点，从 2010 年以来，进入了试商用阶段。手机 RFID-SIM 通信芯片主要应用于移动支付、校企一卡通、电子票据三大应用领域。

我国运营商的应用情况简述如下。

1. 中国移动发展情况

中国移动对手机 RFID-SIM 通信芯片进行了多年深入的研究，从 2007 年开始，中国移动先后在重庆、湖南、广东等省对 13.56MHz 双界面卡方案、433MHz SIM 方案、2.4GHz RFID-SIM 卡方案进行了多模式的试点。2009 年 4 月，确定以 2.4GHz RFID-SIM 卡全卡方案作为中国移动手机支付的 M2M 通信芯片解决方案。经过不到一年时间的试商用，发展了超过 40 多万手机支付用户，包括手机钱包发卡用户超过 28 万个，企业一卡通用户数超过 15 万个，世博手机票用户共 3 万多个。2010 年 5 月，中国移动重新考虑其手机 RFID-SIM 通信芯片解决方案，决定以 13.56MHz 方案为主导成为移动支付国家标准。

2. 中国电信发展情况

中国电信 2009 年下半年以来发力移动支付业务，开始对手机 RFID-SIM 通信芯片进行研究和试点，与中国移动明确一种解决方案不同，中国电信的策略是远期以 eNFC 为目标，近期以 13.56MHz 双界面卡方案为主，选择性地使用 2.4GHz 方案，采用多种模式并存的策略进行应用推广。到 2010 年 6 月，中国电信的手机 RFID-SIM 通信芯片在电信手机支付业务（翼支付）、翼机通、银行联名卡、公交联名卡、行业合作卡等多个产品中得到了应用，全国约发卡 20 万张。

3. 中国联通发展情况

中国联通在手机支付方面处于跟随者，其在手机 RFID-SIM 通信芯片的研究相对较少，主要是应用业内已有的技术进行了少量的业务试点，中国联通的基本态度是以 eNFC 为目标，并跟踪业内技术发展状态，没有投入太多资源推动产业链的发展。截至 2010 年 6 月，中国联通发展了几千个手机支付试点用户，包括 eNFC/SWP 卡、2.4GHz 卡、双界面卡多种方案。

4. 中国银联发展情况

中国银联对应用于手机支付的 RFID-SIM 通信芯片也进行了深入的研究，中国银联目前选定 13.56MHz 为手机支付的射频工作频率，由于金融机构对手机

SIM/UIM 卡没有发卡权，因此除了选用双界面卡方案外，中国银联还对 SDM2M 通信芯片、贴膜卡方案进行了试点。

5.3.1.4.3　M2M 通信模组产业

M2M 通信模组（模块）作为物联网整个价值产业链的一个关键环节起着重要的作用，基于物联网的各种应用提供商通过 M2M 通信模块使能互联互通。本节讨论的 M2M 通信模块定义为基于蜂窝制式的无线通信模块，它主要指 M2M 通信模块提供商提供的集成基带和射频功能的无线模块，通过无线模块可以使能物联网应用（如车载、表计、自动售货机等）互联互通。

全球 M2M 通信模块产业的市场仍然处于蓬勃发展阶段。从目前的规模来看，整体物联网市场增长较快，按照年增长率 21% 来计算，2015 年全球 M2M 通信模块市场将达到 1.15 亿万片的需求量。从应用市场来看，车载、表计以及安全仍然是主要需求应用。从发展模式来看，M2M 通信模块的欧美的运营商更多仍然依靠无线蜂窝网作为管道在保持 M2M 的收入，整体物联网产业仍然属于新兴市场，需要逐步的培育。

从现在的 M2M 通信模块的平均价格以及产业产值来看，物联网市场虽然仍然处于发展阶段，正在逐步迈入成熟期，但产业链的众多参与者均看好物联网未来的潜力，物联网未来发展的广阔前景。因为就数量而言，全球可用于联网的机器和传感器数量远远大于人口数量，且随着全球经济和信息科技的快速发展，生产资料及机器的远程控制越来越重要，这也将给物联网产业通信模块产业带来巨大的发展空间。芯讯通无线科技作为国内 M2M 通信模块的行业龙头，早在五年前即积极参与物联网的研究与实践，并积极与产业链上的一些合作伙伴共同拓展和培育市场，目前在车载、表计以及医疗等领域拥有领先的物联网解决方案。

现有的移动运营商基于蜂窝的技术制式很多，包括 2.5GHz 的 GSM/GPRS、CDMA-1XRtt，2.75GHz 的 Edge 以及 3G 技术的 TD-SCDMA、WCDMA、CDMA-EVDO，另外未来还有 4G 技术的 LTE。从统计的数据来看，目前 GSM/GPRS 仍然占据了最大的出货份额，紧随其后的是 WCDMA、EDGE 以及 CDMA-1XRtt。M2M 通信模块的部署主要还是以 2G 制式为主，主要的原因是绝大部分的物联网应用对数据业务的要求特点是低带宽和高偶发。

总体来看，M2M 通信模组具有以下发展趋势。

1. 3G 制式的需求越来越大

虽然目前绝大多数物联网应用还只是停留在 2G 的制式，但 3G 技术发展对 M2M 通信模块市场有几点重要的影响，一是部分特殊的应用需要 3G 制式提供宽的带宽，如车载娱乐、高速带宽可以让体验者享受更多的类似地图升级、音乐下载等应用；视频监控应用也需要 3G 制式来提供更高的带宽，以提供更清晰流畅的视频服务。二是一些部署后服务时间较长的应用，其中的一些可能要服务十几年乃至二十年，考虑到 2G 网络的服务年限，这些服务会更倾向于 3G 制式。三是一些网络运营商为了推广 3G 业务的发展，在数据管道的收费上会给予一些相应的优惠政策，这也会促使一些应用选择 3G 制式。

2．短距离以及 GPS 功能的集成

M2M 通信模块的主要功能是使能物联网应用通过蜂窝网络接入 Internet，但最新的调研显示越来越多的模块供应商在 M2M 通信模块内部试图集成更多的功能，包括集成 GPS 信号接收、短距离通信（包括 Sub-1G、ZigBee 以及 Wi-Fi 等）。对于终端产品厂商来说，集成这些功能后的 M2M 通信模块对于某些应用来说性价比更高，它可以减少终端设备的整体 Bom 成本，简化设计难度，提高供应链效率。对于 M2M 通信模块提供商来说，集成这些功能后的 M2M 通信模块能够使其在行业中通过提供差异化的产品来夺取更多的细分市场，同时也能够获得整个物联网系统的更多价值。

3．Embedded SIM 的集成

在传统基于蜂窝制式的移动通信市场里，SIM 卡通常体积小、塑料材质、可拆卸，但 SIM 卡的这些特点在 M2M 行业应用里面却面临一系列的挑战。

（1）缺乏鲁棒性。传统 SIM 卡通常在手机里使用，其使用的环境和 M2M 行业应用相比在温度，振动以及湿度等要求上相对来说比较低，所以传统的 SIM 卡经常在 M2M 行业使用中失效。

（2）容易被盗窃。一些 M2M 应用（如表计）都是远程部署，而且在一段时间内没有人看管，如果不增加一些防盗措施很容易让 SIM 卡被盗窃。

（3）完善供应链。在模块内部集成 Embedded SIM 可以减少 SIM 卡在卡商到运营商，运营商到服务提供商之间的流通环节，节约成本以及减少部署时间。

Embedded SIM 在模块生产的同时被集成在模块内部，它是用一个纯硬件的芯片来代替 SIM 卡，没有任何软件寄生在模块的软件里，也不存在安全问题。

4．模块二次开发功能

鉴于很多的 M2M 应用程序相对比较简单，对 MCU 的处理能力要求不大，在考虑成本的情况下，部分模块厂商提供了在 M2M 通信模块的基础上二次开发的功能，这样可以节约成本。芯迅通无线科技在其模块上就提供基于 Lua 脚本语言、Java 语言以及 Embedded AT 的二次开发功能。

5.3.1.5　M2M 终端产业

物联网智能终端满足了物联网的各类智能化应用需求，具备一定数据处理能力

的终端节点，除数据采集外，还具有一定运算、处理与执行能力。智能终端与应用需求紧密相关，随着物联网产业的持续发展，物联网终端应用日益广泛，功能逐步集成化和深入化。

我国运营商主导下，研发和部署的物联网 M2M 终端规模不断加大。例如，截至 2010 年年底，中国电信已在十一大类行业提供了 30 多项物联网融合行业应用，包括交通物流、能源、城市基础设施、政务监管、金融服务、安防、工业制造、医疗卫生、环境保护、现代农业等，物联网终端数已突破 300 万个。以中国电信"翼机通"业务为例，介绍 M2M 智能终端的产业发展情况。

中国电信"翼机通"是电信专利产品，其主要是利用手机 RF-UIM 卡（射频手机卡）实现门禁系统、车库管理、考勤系统、消费系统等各项应用。翼机通是以手机终端为载体的物联网技术的具体应用，是中国电信面向社会翼机通提供的综合信息服务。该产品自 2009 年开始研发，2010 年 4 月即在全国范围内正式商用。翼机通不仅为用户提供传统的手机通信服务，还可通过手机实现门禁、考勤、食堂就餐、超市消费、信息发布等多种服务，如图 5-9 所示。

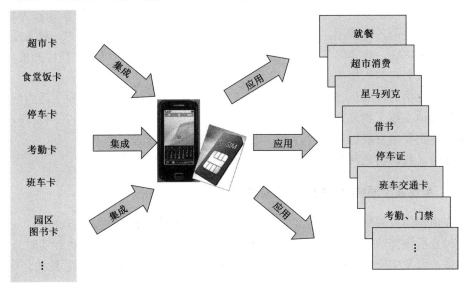

图 5-9　中国电信"翼机通"功能示意图

（1）手机门禁功能：指通过对手机用户配置密码和权限，手机用户可持手机刷卡开门。

（2）车库管理功能：利用射频感应功能，可实现不停车远距离识别并自动实施道闸控制。

（3）餐卡系统是指，通过从后台为员工手机充值后，员工可持手机在食堂消费终端机上刷卡消费，并可通过管理平台对员工的消费充值记录进行实时统计和查询。

（4）考勤功能："翼机通"比普通的刷卡签到更方便，系统会自动从手机上读取员工到达单位时间并精确到秒，后台自动统计员工考勤信息，生成考勤报表。

（5）身份识别功能：当员工携带手机经过识别器时，显示设备能自动显示该员工姓名、照片、职位、部门等信息；同时，还可对来宾自动展现欢迎图案，播放欢迎词，充分展示公司的良好形象。

（6）支付消费功能：企业员工可持手机在消费终端机上进行刷卡消费，支持企业内部批量充值或者通过充值机单独充值，可通过 WEB 管理平台对员工的消费充值记录做统计和查询。通过与更多的银行、商家合作，可在外部的电信联盟商家刷手机实现消费支付，随着该业务内容的不断丰富，使用"翼机通"支付消费将成为一种趋势。

中国电信推广翼机通，特别是发展校园翼机通，顺应了校园信息化潮流，对帮助学校提升教学科研管理水平，方便学生学习生活，具有重要意义。

校园翼机通将饭卡、学生证、借书证、门禁卡等多卡合而为一：通过持机人权限控制，实现对校门、实验室等重要场所的安全管理；通过与图书管理系统结合，不用借书卡即可实现借阅、归还，还可享受短信查询、预约、到期提醒、续借等服务，为学生和教职工的工作、学习和生活提供了极大的方便。校园翼机通作为物联网技术在高校的具体应用，将使学校、学生充分体验到高新技术的魅力，对激发教、学、研创新热情，培养各学科人才，具有重要意义。同时，翼机通在高校的推广应用，将对社会起到积极的引领和示范作用。

中国电信通过翼机通的推广，不仅为广大用户带来了工作、学习和生活的便利，同时有力地支撑了物联网相关业务的规模商用，带动了上下游企业的共同发展，对我国抓住物联网发展机遇，提升国际竞争力，具有重要的推动作用。

此外，我国物联网 M2M 终端在其他行业同样具有广泛的应用。

1. 电梯监控领域应用的智能监控终端

在电梯监控领域应用的智能监控终端，除具备电梯运行参数采集功能外，还具备实时分析预警功能，智能监控终端能在电梯运行过程中对电梯状况进行实时分析，在电梯故障发生前将警报信息发送到远程管理员手中，起到远程智能管理的作用。

2. 智能全球眼终端

智能全球眼将是中国电信物联网的重点开发应用之一，目前全球眼已发展 40 万个监控点，是视频传感的最成功应用。在全球眼的基础之上，智能全球眼更好地衔接了物联网，它利用智能图像识别、智能化数据分析技术，对视频图像资源中的对象和事件信息进行充分挖掘，并利用这些信息为用户提供更高价值的服务，具备行为分析、数据获取、画面异常分析三大类功能。

行为分析类功能目前可实现针对视频画面中人、车辆、其他任意物体的行为分析；数据获取类功能目前可实现针对车牌、集装箱号等的号码识别、人或车的流量计数等；画面异常类功能目前可实现对视频图像出现的画面冻结、增益失衡等常见监控点故障进行分析、判断和报警。

3．智能车载终端

汽车信息服务是另一个智能交通应用，它利用无线通信技术和 GPS 卫星导航技术给乘车人提供所需的各类信息服务，主要包括位置、交通、娱乐、互联网、车辆诊断、安保等服务，并可通过设置门户网站及与内容提供者合作的方式，从事移动电子商务等增值服务，现已与通用 Onstar 合作且已发展 12.45 万部，丰田 G-BOOK 发展 4.7 万部。

4．工业设备检测终端

工业设备检测终端主要安装在工厂的大型设备上或工矿企业的大型运动机械上，用来采集位移传感器、位置传感器（GPS）、振动传感器、液位传感器、压力传感器、温度传感器等数据，通过终端的有线网络或无线网络接口发送到中心处理平台进行数据的汇总和处理，实现对工厂设备运行状态的及时跟踪和大型机械的状态确认，达到安全生产的目的。抗电磁干扰和防暴性是此类终端考虑的重点。

5．设施农业检测终端

设施农业检测终端一般被安放在设施农业的温室/大棚中，主要采集空气温/湿度传感器、土壤温度传感器、土壤水分传感器、光照传感器、气体含量传感器的数据，将数据打包、压缩、加密后通过终端的有线网络或无线网络接口发送到中心处理平台进行数据的汇总和处理。这种系统可以及时发现农业生产中不利于农作物生长的环境因素并在第一时间内通知使用者纠正这些因素，提高作物产量，减少病虫害发生的概率。终端的防腐、防潮设计将是此类终端的重点。

6．物流 RFID 识别终端

物流 RFID 识别终端设备分固定式、车载式和手持式。其中，固定式一般安装在仓库门口或其他货物通道，车载式安装在物流运输车中，手持式则由使用者手持使用。固定式一般只有识别功能，用于跟踪货物的入库和出库；车载式和手持式一般具有 GPS 定位功能和基本的 RFID 标签扫描功能，用来识别货物的状态、位置、性能等参数，通过有线或无线网络将位置信息和货物基本信息传送到中心处理平台。通过该终端的货物状态识别，将物流管理变得非常顺畅和便捷，大大提高了物流的效率。

目前智能手机的快速发展以及手机 SIM/UIM 卡的存储能力、运算速度不断提升，使得在手机上集成 RFID 芯片以及提供更为复杂的硬件设备成为可能，特别是集成有 RFID 芯片的智能手机，将是未来发展的趋势。目前的手机支付就是 RFID 的一个基础应用，手机卡可集交通卡、超市卡和银行卡于一身，以后 RFID 手机的应用范围会越来越广。在交通运输、金融、野外数据采集、医疗、农业、公共基础设施监控等领域，中国电信建成一批具有较强实用性的物联网终端，以探索中国电信应用物联网技术为相关领域提供智能化服务的有效路径。

5.3.2　物联网服务业

物联网应用服务主要由电信运营商和专业物联网应用服务提供商推动。M2M 方面，据 GSMA 数据显示，我国预计到 2016 年，M2M 市场规模将达 3650 亿，如图 5-10 所示。

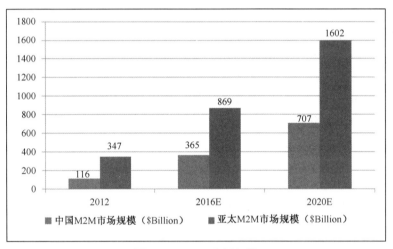

图 5-10　M2M 市场规模

我国 M2M 终端数量从 2009 年的 500 多万部，2011 年超过 2000 万部，年增长率超过 100%。2012 年中国移动一家运营商超过 1400 万部终端，成为全球最大的 M2M 运营商。安防、交通、电力是现在最大 M2M 市场，运营商全球眼、家居通、电梯卫士运营车辆管理、Telematics、远程抄表等都获得较快发展。

国外方面，目前欧盟 M2M 应用也保持高速增长，Orange 在车队管理业务中拥有 100 万部基于 SIM 卡的终端，沃达丰推出了 M2M 服务平台，在汽车救援报警、服务托管等领域开展物联网业务。

美国重点以智能电网、建筑节能、公用基础设施建设等领域推广开展物联网应用 IBM 将软件和服务器应用到智能电网系统之中，思科主攻链接计量器、转化器、数字化电站、发电厂之间的网络系统。

韩国 SK 电讯将物联网（如 M2M，机对机）确定为其未来事业战略"产业生产力提升战略"的中心。提供包括远程抄表和车辆管制等在内的各类 M2M 应用。目前，SK 电讯依托其 12 万个电路的 CDMA 传感器网络，与韩国电力公司合作开展"高压电量远程抄表"项目。

日本聚焦在三大公共事业：电子化政府治理、医疗健康信息服务、教育与人才培育，提出到 2015 年，透过数位技术达到"新的行政改革"，使行政流程简化、效率化、标准化、透明化，同时推动电子病历、远程医疗、远程教育等应用的发展。KDDI 已售出 200 万台物联网通信模块，其中 50% 已在用；主要行业市场为：车辆管理，占到总量的 50%，主要销售给汽车制造企业；儿童定位，占到总量的 10%，销售给保安服务公司，不面向最终用户。

物联网服务产业的总体趋势，可以看出，物联网发展战略与本国经济和社会发展战略紧密结合，确立以科技创新改变本国的经济和社会发展模式，获取竞争优势为核心目标；通过完善法律和制度环境、抢占产业技术标准，积极投资基础设施产业，鼓励物联网相关基础技术和应用发展成为各国推进物联网战略的一致行动框架。中国运营商的物联网应用主要集中在电力抄表、动物溯源、电梯卫士、智能交通、智能家居、医疗卫生、环境保护等领域，服务中国两化融合战略。

5.4　我国物联网产业发展现状

我国物联网产业总体还处于起步阶段，已经上升为我国国家战略新兴产业，得到了政策有力扶持，产业链及产学研联合框架初步形成。近年来，我国经济发展、社会民生、国家安全、国防军事等领域对物联网的需求不断增长，为物联网企业提供了广阔的市场。特别是在中央和各级地方政府的培育和推动下，物联网正在不断应用到越来越多的领域。

物联网是世界各国的技术和产业战略竞争的制高点之一，具有发展潜力大、产业带动性强的特点，现物联网已经上升为我国的战略新兴产业。我国物联网发展与世界同期起步，但在技术和产业能力方面仍有一定差距。2011 年物联网"十二五"发展规划发布，2013 年初国务院又发布了《国务院关于推进物联网有序健康发展的指导意见》，物联网发展逐步理性，发展环节逐步优化。未来，随着物联网技术的不断突破和产业逐渐成熟，在物联网应用的带动下，物联网产业将保持较快速度发展。

从 2010 年以来我国物联网产业规模一直保持高速增长态势，年增长率超过30%，如图 5-11 所示，预计未来三年将一直保持 30% 以上的增长速度，2015 年将超过 8000 亿元人民币。

目前安防物联网是最大的纵向应用市场，预计到"十二五"期末仍将是物联网最大的应用市场。安防领域在我国是启动最早的物联网市场之一，政府、企业、个人需求均十分旺盛。安防物联网主要的应用包括安全生产、应急管理、重点区域防入侵、公共场所视频监控、特种设备安全、危险品储运、食品药品安全、家庭安防等。

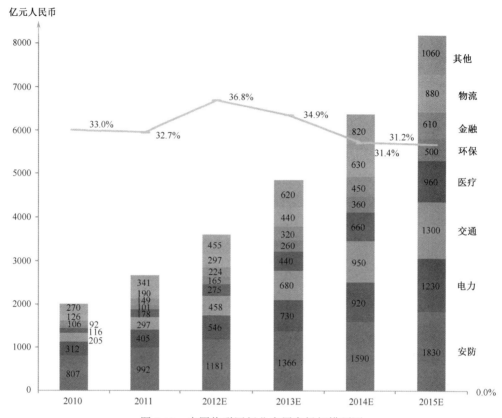

图 5-11　中国物联网行业应用市场规模预测

电力领域是我国有组织有计划推动的应用市场，我国两大电网企业国家电网和南方电网都十分重视电力物联网的研发和应用，提出了"坚强的智能电网"的发展口号，已经出台了电力物联网的"十二五"规划，并且开展了一系列的关键技术研发、标准化和应用示范，主要应用领域包括智能计量、电动汽车、智能变电站、智能输配电等。

交通领域是在政府主导和用户需求双重驱动的市场，也是现在和未来规模最大的三个市场之一。其需求一方面来自城市交通管理和高速公路电子不停车收费，这两类应用已经经过多年的发展，市场需求非常大，未来几年所有地市级以上城市和高速公路都将大规模部署上述物联网应用系统。另一方面需求来自最终用户，主要是车辆信息服务和车联网应用，大部分车企、电信运营商等都开始在这个方向投入，我国是世界最大的汽车市场，在汽车物联网应用方面未来也有希望成为最大的市场。

医疗和环保领域将是两个增长最快的物联网市场，预计年均增速将达到 50% 左右。"十二五"期间，国家将更加重视以人为本，进一步加大在医疗信息化、社区卫生服务等医疗卫生领域的财政投入。随着收入水平的提高，我国居民也越来越重视身体健康，越来越多的慢性病人、出院病人以及健康人群，开始在病情监控、医疗康复和健身过程中，使用智能化个人医疗和健康产品和服务。医疗领域的物联网应用主要包括医院资产管理、药品和血液管理、病人定位和监控、医疗垃圾管理、远程医疗和远程健康监护等。

其他重点方面，环保将是增速最快的领域，十八大提出"美丽中国"，未来对环境生态的重视将为环保物联网带来广阔市场。电子支付领域的标准之争已经结束，中国人民银行将大力推动物联网在金融领域的应用。作为制造大国和高速增长的消费大国，物流物联网也是增速最快的领域之一。

5.5　我国物联网产业发展面临挑战

我国物联网发展起步时间差距不大，但产业差距不容乐观，虽已初步形成涵盖主要门类的产业体系，但产业发展尚面临一系列挑战。

1. 缺乏统筹协调和统一的顶层设计和总体布局

国家和地方都没有整体布局，各地联盟和基地林立，统筹规划不足，重复建设问题较为突出。

2. 我国物联网产业规模化发展能力仍然不足，核心技术不强

大部分领域落后国际先进水平，处在产业链低端。产业有三大短板，一是在感知产业中芯片研发制造为最大短板。产业技术能力不能满足应用规模化发展所需低成本、低能耗和高性能要求。二是在处理产业中，信息处理与决策分析是一个短板，在软件产品与服务中占比极小。处理产业目前的体现形式是数据库和商业智能，我国本土企业在这方面与国外企业实力悬殊，企业量少规模小。三是缺乏大型综合性系统集成商，没有像 IBM 那样从底层硬件设备到上层软件及应用服务的具备综合集成能力的企业。

3. 高技术成果产业化的环境有待进一步完善

技术研发与产业化相对脱节，成果不能及时转化。高校孵化的企业，技术优势明显，但产业化经验不足，可持续发展面临难题。

4. 核心技术企业普遍规模较小，缺乏骨干企业和龙头企业

注册资金上亿元的企业少，大部分为注册资金 2000 万元以内、人员在 200 人以下的中小企业，占比 90% 以上。一些产值过亿元号称物联网的企业，基本是传统电子制造或信息服务企业，产业统计标准有待完善。

第 6 章

物联网评测

**本章导读**

　　随着物联网从概念规划逐渐步入落地实施，在各地、各行业都有了一定规模的部署，随着物联网部署规模的扩大，业界需要客观评价物联网的发展水平，对物联网相关的技术进行测试，保证产品质量并提高产品兼容性，开展安全评估，保障系统和应用的安全性。

　　由于物联网综合应用了各类信息通信技术，对物联网的评估很大程度上可以各类信息通信评估指数为基础，充分考虑物联网前端感知采集、后端应用协同的特点，针对不同评估目的和评估对象，灵活确定评估方法和评估指标。

　　物联网产品种类繁多，涵盖了从感知层、网络层到应用层的各种产品、系统和行业应用方案，目前对物联网的测试主要集中在行业应用测试、标准一致测试和通用性能测试三个方面。测试指标集中在功能、性能、抗毁性、生存性、安全性、完成性和可用性七种检测指标。

　　物联网的架构是在传统网络基础上在纵向及横向上都进行了扩展，传统网络的安全措施将不足以为物联网提供可靠的安全保障，各类跨各行各业将导致物联网面临的安全问题更加复杂，现有的安全评估方法将不能完全适应物联网安全评估的需求。本章将首先分析物联网面临的安全风险，进而提出一种适用于物联网的安全评估方法，并借鉴信息系统安全等级保护的概念，探讨物联网环境下如何实施安全等级保护。

6.1　物联网评估

6.1.1　物联网发展评估

6.1.1.1　物联网发展评估方法

　　物联网经过多年的炒作、技术研发、应用推广，已经在全球范围内形成了一定规模的部署。物联网在各地、各行业发展水平如何，可以通过一定的方法、一系列指标加以客观的衡量和评估。

　　由于物联网综合应用了各类信息通信技术，对物联网的评估很大程度上可以各类信息通信评估指数为基础，充分考虑物联网前端感知采集、后端应用协同的特点，针对不同评估目的和评估对象，灵活确定评估方法和评估指标。

　　物联网发展水平与实际应用和部署非常相关，根据评估目的和评估对象不同，对物联网的评估存在两种方法，一种是满足性评估，另外一种是对比性评估。

1. 满足性评估

满足性评估通常只有一个评估对象,用于衡量某个对象是否达到了设定的标准,如某个城市的智慧城市评估,在某些指标达到规定的数额后,就达到智慧城市的标准。这种方法通常由评估对象自己发起,目的是分解各项指标,为其自身物联网的发展设定阶段性目标。例如,某市从智慧城市基础设施、公共管理和服务、信息服务经济发展、人文科学素养、市民主观感知 5 个维度并通过具体指标开展智慧城市评估,设定"十二五"期间传感网络建设水平(占社会固定资产总投资)≥1%、城市道路传感终端安装率达到 100%等,这种评估属于满足性评估。

2. 对比性评估

对比性评估通常有多个评估对象,通过对比分析,横向比较各个评估对象当前发展水平。例如,多个城市的智慧城市分类与排名,这种方法通常由第三方发起,目的是横向对比几个不同评估对象的当前发展水平。又如国脉物联在 2012 年依据智慧基础设施、智慧应用、智慧产业、智慧治理、智慧保障能力 5 个一级指标开展智慧城市评估,将国内城市划分为领跑者、追赶者、准备者,加以对比分析,这种评估属于对比性评估。

6.1.1.2 物联网发展评估指标

无论满足性评估还是对比性评估,均需要确定一套科学合理的评估指标,以便客观评价物联网的发展水平。

通过前面几章对物联网关键要素、技术体系、应用领域的解读,可以看到物联网是各类信息通信技术综合应用的产物,对物联网的评估可以借鉴业界已有各类信息化评价方法,如世界经济论坛与哈佛大学"网络化准备指数/网络就绪指数"评估体系、联合国贸发会议"信息化扩散指数 ICT-DI"和国际电信联盟(ITU)"数字机遇指数(DOI)"等。

1. 世界经济论坛与哈佛大学"网络化准备指数/网络就绪指数"评估体系

世界经济论坛与哈佛大学"网络化准备指数/网络就绪指数"评估体系在 2002 年由世界经济论坛与美国哈佛大学的国际发展中心(CID)合作完成,从环境指数、就绪指数、使用指数三个方面、采用数十个指标衡量各个国家(地区)对信息科技的应用为分析各国信息化的优劣因素、评价 ICT 政策和制度环境提供了一套量化的参考指标,具体指标参见表 6-1。

表6-1 世界经济论坛"网络就绪指数"

	分类指数	具 体 指 标
环境指数	市场环境	风险投资可获得性、金融市场成熟度、最新技术的可获得性、集群发展状态、专利的使用、高技术出口、政府监管的负担、税收规模和效果、总税率、开办公司所需时间、出版自由、开办公司所需程序数、市场竞争强度、数字产品的接入程度
	政治环境	立法机构的效力、与 ICT 有关的法律、司法独立性、知识产权保护程度、法律解决争端的效率、财产权、ISP 部门的竞争质量、强制执行合同的程序数、强制执行合同的时间
	基础设施	电话线长度、互联网安全程度、发电量、科学家和工程师的可获得性、科研机构的水平、大专录取情况、教育支出
就绪指数	个人就绪	数学及其他理科教育的质量、教育体系的质量、学校上网程度、购买者成熟度、国内电话连接收费、国内电话月租费、高速宽带月租费、宽带的最低成本、手机通话费用
	商务就绪	员工培训程度、专业研究和培训服务的可获得性、管理学院的质量、公司在研发上的投入、高效和产业的研究合作、商务电话连接收费、商务电话月租费、国内提供商的质量、国内提供商的数量、计算机-通信和其他服务的进口
	政务就绪	政府对 ICT 的优先权、政府对高技术产品的采购、ICT 对政府未来远见的重要性、电子政务就绪指数
使用指数	个人使用	移动电话用户数、个人计算机、互联网宽带用户数、互联网用户数、互联网带宽
	商务使用	外国电信执照的发放、企业的技术吸收、创新能力、新电话线的可获得性、商务互联网的使用
	政务使用	政府在 ICT 推广方面的成就、政府网上服务的可获得性、ICT 的使用和政府效率、政府办公室的 ICT 配置、电子参与指数

2. 联合国贸发会议"信息化扩散指数 ICT-DI"

联合国贸发会议在创建 ICT-DI 时，考虑到经济发展水平等因素对信息通信技术应用水平的影响，选取指标的范围比较宽泛，包含以下四个分类：

（1）连接分类指数反映一个国家的基础设施建设状况；

（2）获取分类指数从人们使用水平和制约因素状况描述信息通信技术的应用；

（3）政策分类指数主要侧重于描述电信市场的竞争环境；

（4）应用分类指数侧重描述一个国家与世界其他各国之间的国际通信交流程度。

联合国贸发会议"信息化扩散指数 ICT-DI"具体指标参见表6-2。

表6-2 联合国贸发会议"信息化扩散指数 ICT-DI"

总 指 数	分 类 指 数	指 标
信息化扩散指数	连接指数	（1）人均互联网主机数；
		（2）人均个人计算机拥有量；
		（3）人均电话主线数；
		（4）人均移动电话用户数

续表

总 指 数	分类指数	指 标
信息化扩散指数	获取指数	（1）互联网用户数； （2）成人识字率； （3）本地电话通话费； （4）人均 GDP（根据购买力评价法折算成美元）； （5）互联网交换点
	政策指数	（1）本地电信竞争程度； （2）国内长途电话竞争程度； （3）互联网服务提供市场竞争程度
	应用指数	（1）国际电话呼入（分钟/人）； （2）国际电话呼出（分钟/人）

3. 国际电信联盟（ITU）"数字机遇指数（DOI）"

1）ITU 数字机遇指数

数字机遇的含义是所有人在可以接受的价格水平上能够方便接入信息通信技术（ICT），所有的家庭装有信息通信技术设备，所有居民拥有移动信息通信设备并且使用宽带。越接近于这一理想状态，数字机遇指数就越高。数字机遇指数包括机遇（Opportunity）、基础设施（Infrastructure）和使用（Utilization）三个方面。ITU 数字机遇指数（DOI）具体指标参见表 6-3。

表 6-3 ITU 数字机遇指数（DOI）

因 素	指 标
机遇	（1）移动蜂窝电话覆盖的人口百分比； （2）互联网接入费占人均收入之比； （3）移动蜂窝电话费占人均收入之比
基础设施	（1）拥有固定电话的家庭比例； （2）拥有计算机的家庭比例； （3）拥有互联网接入的家庭比例； （4）每百人移动蜂窝电话用户数； （5）每百人移动互联网用户数
使用	（1）使用互联网的个人用户比例； （2）固定带宽用户占互联网总用户数之比； （3）移动带宽用户数占移动电话用户数之比

从上述指标体系可以看到：

（1）国际上对信息化发展水平评估主要涉及如下几个方面：社会环境、政策法律环境和市场环境等环境因素；信息基础设施及相关设备的普及应用情况；信息通信技术接入成本、质量与安全情况；人力资源建设情况；数字鸿沟情况；电子政务发展水平；电子商务发展水平；企业信息化进展情况；信息技术在医疗、教育、文化等公共领域的应用情况。

（2）在保证全面评估的基础上，评估指标通常尽可能简单、易懂、可衡量、数据可获得。

对物联网的发展水平进行评估，也需要充分考虑政策、经济、社会、人文、技术等各类因素，因为物联网的发展不仅仅是个技术手段问题，还需要有良好的政策环境、适宜的社会需求。

目前存在一些与物联网相关的评估，如对传感器网络的评估、智慧城市的评估。对传感器网络的评估已经在工厂、生产线等工业领域存在相当长一段时间，评估通常集中在网络的具体方面或整个网络。智慧城市是最近几年新兴的热点，由于城市面临可持续发展、住房、交通、能源、安全等主要挑战，物联网被认为是解决这些问题的技术手段，因此，陆续出现了一些智慧城市的评估。传感器网络作为物联网基础设施很重要的一部分、智慧城市作为物联网典型应用之一，对它们的评估工作都可以给物联网评估提供一些基础和参考。

2）欧盟 PROBE-IT 项目

欧盟 FP7 下的支撑项目 PROBE-IT（Pursuing ROadmap and BEnchmark for Internet of Things，探索物联网发展的路径和基准）开始尝试开展物联网评估的研究和实践。PROBE-IT 项目由来自欧盟、亚洲、非洲、拉丁美洲的咨询公司、研究院所、大学等共 10 家单位共同完成。

评估指标是开展评估工作的核心。从各类 ICT 指标及全球所做的成功及失败评估案例可以看到，指标确定应遵循如下原则：

（1）指标易简单明了，过多、过于技术的指标将导致评估工作无法开展；

（2）指标具有可采集性，历史和当前数据采集是可靠方便和科学的；

（3）指标具有代表性，可较全面反映某个方面的总体发展水平；

（4）指标具有可比性，不同地区、不同阶段可根据指标进行科学比较；

（5）指标具有可扩展性，可根据实际发展情况对指标体系内容进行增减和修改。

借鉴已有的各类 ICT 评估指标，结合物联网发展的特点，经过系统分析，PROBE-IT 项目计划从 5 个维度，对物联网发展水平开展评估。

（1）技术：从物联网业务和应用、物联网基础设施、物联网数据、物联网标准/互操作性和测试几个方面，衡量物联网技术发展水平。

（2）经济和财务：包括投资模式、开发运营维护模式、风险管理、数据管理、投资回报、盈利模式等。

（3）社会和环境：包括物联网的部署是否涉及社会或环境问题、期望时间表、预期程度、是否考虑用户需求、用户认知度、对能耗/废品/设备生命周期等环境因素的影响等。

（4）法律法规：包括部署物联网时需要考虑哪些法规、是否需要法律体系一致性验证、在物联网部署角色之间是否要定义法律体系、哪些方面哪些角色应纳入法律体制、用户需要同意哪些条款等。

（5）人文伦理：在物联网部署中交换了哪些数据、谁记录/拥有数据、谁可以访问数据、是否有数据管理委员会、是否有合适的机制保障用户安全和隐私等。

数据收集是开展评估工作的首要环节，目前存在三种数据收集方式：

（1）第一种方式是通过技术手段获得数据。例如，传感器网络评估，通常通过特定技术手段获得一些技术指标，从而提供网络行为的定量测量。

（2）第二种方式是从公共数据库中选择一些指标。通常这些指标都比较宏观，不一定是针对物联网的指标，需要加以调整。

（3）第三种方式是通过访谈和调查收集特定数据。这种方式可以获得定量信息，也可以通过访谈获得定性信息，更有助于理解内在、实质性内容。

综合分析物联网的特点，欧盟 PROBE-IT 项目将采用第三种方式来获得数据。对于上述 5 个维度，设定具体问题，通过访谈、提问的方式，开展评估工作。

从全球范围看，智慧城市已经成为使用物联网技术、部署物联网应用的主要驱动力，涵盖了传感器等基础设施、交通、医疗等各类应用。由于智慧城市浓缩了各类物联网基础设施和行业应用，作为物联网的典型综合性应用，通过评估智慧城市可以全面反映物联网的发展水平。欧盟 PROBE-IT 项目后续将根据应用领域、部署规模、项目进展、所使用的技术、所涉及的参与方、数据可用性等因素，在全球选择 10 个智慧城市案例，进行评估实践，从而进一步修正评估指标。

从全球范围看，物联网评估并没有、也不需要形成统一的方法和指标。评估的目的是为了使政策决策者、技术实现者、应用开发者获得一些参考，更好推动物联网的发展。对物联网的评估需要结合评估目的、评估对象，选择合适的方法和指标。

6.1.2 物联网安全评估

如前所述，物联网的架构是在传统网络基础上在纵向及横向上都进行了扩展：从纵向上看，物联网相对于传统网络增加了感知延伸层和应用层，传统网络的安全措施将不足以为物联网提供可靠的安全保障；从横向上看，物联网的应用将跨各行各业，由于行业应用技术特点不同，将导致物联网面临的安全问题更加复杂。

物联网面临的安全问题的复杂性也给物联网安全评估提出了新的挑战，现有的安全评估方法将不能完全适应物联网安全评估的需求。本节将首先分析物联网面临的安全风险，进而提出一种适用于物联网的安全评估方法，并借鉴信息系统安全等级保护的概念，探讨物联网环境下如何实施安全等级保护。

6.1.2.1　物联网安全风险分析

物联网的出现，不可避免地会伴随着安全问题。物联网承载的信息内容与行业应用、社会生活息息相关，很多系统都应用在关系国计民生的重要行业，如电力、交通、水利、石油等，信息内容更加丰富，信息的私有性、保密性等更加敏感，是恶意攻击者更具"价值"的攻击目标。因此，实现信息安全和网络安全是物联网大规模应用的必要条件。以下列举了一些典型的物联网环境下会面临的安全风险。

1.　业务逻辑和协议

物联网业务多样化，将引入更加多样的业务平台、更加复杂的业务逻辑以及协议，也相应地不可避免地引入更多的安全漏洞及威胁，应用层面安全风险突出。

2.　信息交换

物联网系统中保存大量用户数据和行业数据，信息更加敏感，且业务平台之间存在信息交互需求，可能导致敏感信息泄露。

3.　物（机器）数据

现有通信网络的安全架构都是从人通信的角度设计的，并不适用于机器的通信，如基于物的消息特征、信令特征、安全特征等差异，对网络带来冲击。

4.　跨网攻击

物联网的网络层进行异构网络融合和异构网络信息交换，随时都会面临着新的跨网攻击。

5.　需求差异

物联网所连接的终端设备性能以及对网络需求存在巨大差异，使其对网络攻击的防护能力也会有很大差别，应针对不同网络性能和网络需求制定不同的防范措施。

6.　传感器网络节点

传感器网络节点由于受限于节点能力，许多先进技术无法采用，安全强度总体不高，缺乏有效的密钥管理，通常使用的非对称密钥，安全强度不足。

6.1.2.2　物联网安全评估方法

本节将结合物联网的特点，介绍一种适用于物联网的分层次、分安全域划分安全评估方法，以保证物联网安全风险评估建立在恰当的对象颗粒度之上，提升物联网系统安全风险评估结果的准确性和实施的可操作性。

层次化分析方法的核心思想是对复杂系统划分层次，将大系统逐步拆分为较细颗粒度子系统或设备，通过细颗粒度分析结果综合得出整体系统的分析结果。从功能角度看，物联网安全评估采用层次化分析方法可有效缓解物联网应用系统形式多样、行业应用差距大等问题。

　　物联网可划分为感知层、网络层、应用层三个层面，感知层实现对物理世界的智能感知识别、信息采集处理和自动控制，通过通信终端模块直接或组成延伸网络后将物理实体连接到网络层和应用层。网络层主要实现信息的传递、路由和控制，包括接入网和核心网，网络层可依托公众电信网和互联网，也可以依托行业专用通信网络。应用层包括应用基础设施/中间件和各种物联网应用。应用基础设施/中间件为物联网应用提供信息处理、计算等通用基础服务设施、能力及资源调用接口，以此为基础实现物联网在众多领域的各种应用。

　　参照物联网架构，可以将物联网被评估对象进一步细化，逐步按照网络层面、安全域边界将物联网系统划分为感知节点、网络节点和应用节点三个层次，感知节点、网络节点和应用节点是安全评估的实施单元。这里，节点的概念是指物联网中提供服务的独立单位，在物联网系统中可以当作独立的功能单元看待，是由一整套软件、硬件组成并能实现一定功能的实体。安全风险评估实施的基本过程如图 6-1 所示。

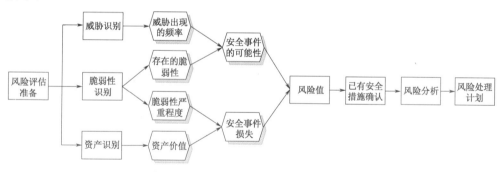

图 6-1　安全风险评估实施的基本过程

　　安全风险分析中要涉及资产、威胁、脆弱性等基本要素，每个要素有各自的属性。资产的属性是资产价值；威胁的属性可以是威胁主体、影响对象、出现频率、动机等；而脆弱性的属性是资产弱点的严重程度等。

　　单个节点安全评估完成后，根据节点的类型以及节点在系统中的位置，可对不同的节点在系统中的重要性进行权重分配，整个被评估对象的安全状况可以通过与之相关联节点安全水平进行计算，通过权重比例综合分析得出系统的总体安全水平，物联网安全评估分层模型如图 6-2 所示。

6.1.2.3　物联网等级保护

　　安全评估的目的之一是有效地分析系统面临的风险，对系统实施事前保护，以避免安全事件的发生。任何系统的安全保护都应遵循适度的原则，这是安全防护工作的根本性原则，系统安全保护工作应根据系统的重要性等要素，平衡效益与成本，采取适度的安全技术和管理措施。过度保护以及缺乏防范措施都是不可取的。

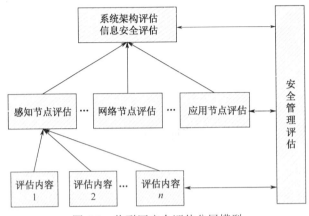

图 6-2　物联网安全评估分层模型

因此，等级保护是目前安全领域比较推崇的系统保护实施方法，目前已普遍应用于信息系统及电信网和互联网。所谓等级保护就是通过对网络及相关系统进行安全等级划分，按照相应等级保护要求进行规划、设计、建设、运维等工作，加强网络及相关系统的安全防护能力，确保其安全性和可靠性。

物联网等级保护需要根据物联网的特性来确定将来用于等级保护的定级对象，并找出决定定级对象重要性的定级要素，通过对定级对象的定级要素进行赋值进行计算，最终得出物联网相关应用系统的安全等级。

1．确定定级对象

等级保护的目的就是要区分保护对象的重要性，按照不同的重要性实施不同的保护措施。确定定级对象应从以下几个方面考虑。

（1）具有唯一确定的安全责任单位。

作为定级对象的物联网系统应能够唯一地确定其安全责任单位，这个安全责任单位就是负责等级保护工作部署、实施的单位，也是完成等级保护备案和接受监督检查的直接责任单位。

（2）具有物联网系统的基本要素。

作为定级对象的物联网系统应该是按照一定的应用目标和规则组合而成的有形实体，应避免将某个单一的系统组件，如单台的服务器、终端或网络设备等作为定级对象。

（3）承载单一或相对独立的业务应用。

定级对象承载"单一"的业务应用是指该业务应用的业务流程独立，与其他业务应用没有数据交换，并且独享所有信息处理设备。定级对象承载"相对独立"的业务应用，是指其业务应用的主要业务流程、部分业务功能独立，同时与其他业务应用有少量的数据交换，定级对象可能会与其他业务应用共享一些设备，尤其是网络传输设备。

2. 确定定级要素并对其进行赋值

根据物联网的特性，找出决定物联网系统安全的关键影响因子，即定级要素，根据定级对象受到破坏后，对定级要素造成的影响的大小，综合计算得出定级对象的安全等级。

因此需要对关键影响因子（定级要素）根据定级对象受到破坏后，对定级要素造成的影响的大小进行赋值。

3. 等级计算

通用的确定等级的算法包括矩阵法和对数法。

（1）矩阵法：建立一个定级要素的对应矩阵，预先根据一定的方法确定了安全等级，核查矩阵获得定级对象的安全等级。

（2）对数法：通常用以下公式表示为

$$k = \text{Round1}\{\text{Log2} \sum (\alpha \times 2X)\}$$

式中　k——安全等级值；

　　　X——定级要素；

　　　Round1{}——四舍五入处理，保留 1 位小数；

　　　Log2[]——取以 2 为底的对数；

　　　α——定级要素所占的权重。

根据我国信息系统以及电信网和互联网等级保护实践经验，对数法是普遍采用的通用方法。

6.2　物联网测试

6.2.1　物联网测试范围

随着物联网概念的逐渐清晰和标准化进程的加快，物联网产品和方案逐渐增多，物联网领域的测试需求也逐渐明确。物联网产业链从原型、实验、初试、中试、终试、产品到市场的各个阶段都需要有效的测试验证手段，通过科学的测试验证来保证物联网产品的质量，提高产品的兼容性，为大规模推广提供条件。

物联网产品种类繁多，涵盖了从感知层、网络层到应用层的各种产品、系统和行业应用方案，测试范畴很广。随着各物联网标准化组织的标准工作的推进，以及各国对物联网发展侧重点的不同，物联网测试包含的范围也进一步拓展。综合考虑目前物联网各层特点、产品特性、不同主体的测试需求，物联网涉及的测试范围大致如图 6-3 所示。

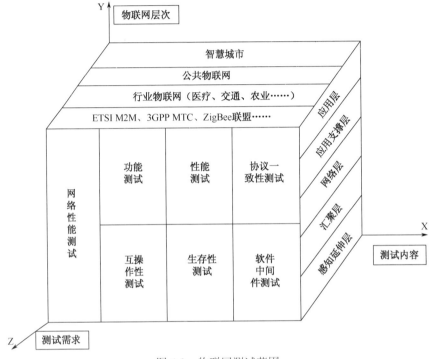

图 6-3　物联网测试范围

6.2.2　物联网测试指标

根据物联网的发展情况和目前主要测试领域，物联网测试主要指标集中在功能、性能、抗毁性、生存性、安全性、完成性和可用性七种检测指标，其中可用性包含故障率、可恢复性和鲁棒性。

1. 功能测试

功能是描述和实现系统的外部行为，全面地对用户所要求的服务给出准确地描述和实现，物联网系统功能测试指标体系参见表 6-4。

表 6-4　物联网系统功能测试指标体系

测 试 层 次		检 测 指 标
感知系统	RFID	识别、读取、数据传输、数据存储、标签解调、标签反向散射等
	传感器节点	信息采集、数据处理、数据存储、通信、时间同步、定位、路由、能量管理、协议支持等
	视频采集节点	视频采集、数据处理、数据压缩、数据传输、自动聚焦、光学变焦等

续表

测 试 层 次		检 测 指 标
网络系统	无线传感器网络	路由、信号覆盖、自组网、网络协同、通信协议一致性、数据融合
	通信网络	路由、带宽分配、QoS、VLAN、网络管理、协议一致性、IP 子网划分
应用系统	数据库	数据存储、数据查询
	操作系统	进程管理、任务调度、设备管理、文件系统管理、存储管理
	中间件	消息处理、事务处理、编程支持、系统管理
	应用软件	任务管理、预测、预警、查询

2. 性能测试

性能是描述系统在指定条件下使用时,提供满足明确和隐含要求的功能的能力。对物联网各系统性能测试指标体系描述参见表 6-5。

表 6-5 物联网系统性能测试指标体系

测 试 层 次		检 测 指 标
感知系统	RFID	工作距离、读取角度、通信速率、发射功率、标签返回时间、标签反应时间等
	传感器节点	能耗、启动时间、采样时间、节点电池寿命、存储能力、计算能力、通信距离、传输速率、刷新频率、定位精度、时间同步、资源占用率等
	视频采集节点	刷新频率、采样时间、存储能力、视频实时性、视频输出幅度、图像信噪比、图像防抖和稳定等
网络系统	无线传感器网络	吞吐量、延迟、丢包率、分组成功传输概率、单跳传输时的分组延迟、基于路由策略的多跳成功传输概率、基于路由策略的多跳传输延迟、端到端延迟、衰减、抗干扰特性、端到端成功传输概率、QoS 下的网络性能、数据处理时间、排队延迟、能耗(单位能耗下所支持的平均数据速率)、可扩展性等
	通信网络	端到端吞吐量、端到端延迟、抖动、丢包率、背对背、新建会话速率、并发会话数量、服务质量、最大并发隧道数量、最大新建隧道数量(可选)、隧道加密速率等
应用系统	数据库	响应时间、并发事务、执行效率
	操作系统	数学运算、系统调用测试、系统负载测试、I/O 性能测试、编译器性能测试、图形系统性能测试、系统性能测试、应用基准测试、内存文件系统支持、页面动态尺寸支持、内核线程支持能力、事件端口支持能力、负载管理能力、资源管理能力、数据库支持能力等
	中间件	执行效率、并发事务、系统响应时间、系统资源占用率
	应用软件	并发用户数、吞吐量、响应时间

3. 抗毁性测试

抗毁性描述了物联网在人为或自然灾害破坏作用下的可靠性,是破坏一个物联网的困难程度。抗毁性的概念来源于通信网络可靠性的研究,描述网络拓扑结构对通信网可靠性的影响,与网络部件的可靠性无关,主要测试指标包括:拓扑连通度、容错度、抗攻击度等。对于无线传感器网络来说，面对随机性的失效，比随机网络有着更好的抗毁性，但面对蓄意攻击，具有无标度网络特征的传感器网络就显得异常脆弱。因为，当网络结构发生改变，如节点的加入、移除，网络上的负载将重新分配。一般来说，网络中节点承受负载的能力是有限的。有限的负载容量和负载的重新分配使得网络的抗毁性问题变得更加复杂：一个节点的失效导致网络负载的重新分配，负载的重新分配使得某些节点上的负载超过其负载容量而失效，这些节点的失效又可能导致其他节点的级联失效。如果开始失效的是一个关键节点，它的失效可能触发整个网络的级联崩溃。因此，测试物联网系统的抗毁性尤其是感知层网络的抗毁性对于保证整个系统的可靠性具有重要的意义。这里需要说明的是，由于目前软件使用受工作环境影响较小，因此抗毁性的测试内容不包含软件方面的检测。

4. 生存性测试

生存性描述指的是系统在部件随机性失效的情况下的可靠性。在军用环境中，随机性破坏表现为：破坏者只有关于系统结构的部分资料，采用一种随机的破坏策略；在商用环境中，随机性破坏则表现为系统部件（模块、节点、链路、软件）的自然失效。与抗毁性相比，生存性加入对系统部件可靠性的考虑，但是抗毁性和生存性的研究方法不考虑网络所提供的业务，以及业务的各种特性。生存性它不仅和系统的拓扑结构有关，也和系统部件的故障概率、外部故障以及维修策略等因素有关。

5. 安全性测试

安全性是指对于合理的一组输入物联网系统会给出正确的结果；对于用户或非法用户的有意或无意的不合理性输入，系统应该拒绝这种输入，并指出输入的不合理性，并提醒用户；以及系统抗搜索、抗截取、抗定向分析、抗欺骗等抗外界入侵的能力，具体包括物理安全、数据安全、网络安全和应用安全。

6. 完成性测试

完成性是指系统在任务开始时可用性一定的情况下，在规定的任务剖面内的任意随机时刻，系统正常运行或降级完成服务要求的能力。完成性主要由系统设备的可靠性水平、网络拓扑结构和系统设备的服务能力、网络流量分布等因素决定。网络完成性的概念最早由美国密歇根大学电子工程与计算机系的 John F Meyer 教授在1978 年的论文中提出。Kyandoghere 等研究了网络故障在路由策略上对网络的影响问题，提出了网络完成性指标框架。现在国际上每两年召开与完成性相关的学术会议，主要讨论完成性模型构造与求解问题。

7. 可用性测试

可用性指在规定的条件下，在规定时间内的任意时刻，网络系统保持可工作或可使用状态的能力。此指标是一种基于网络业务性能的可靠性指标，它指出了网络在系统部件失效条件下满足业务性能要求的程度，它又包括故障率、可恢复性和鲁棒性。

（1）故障率是指不影响系统正常运行情况下，允许系统组件发生故障的最大故障数。

（2）可恢复性是指系统从运行影响状态恢复到正常运行状态的能力。

（3）鲁棒性指系统在系统部件失效条件下满足系统性能要求的程度。满足系统性能要求是系统完成规定功能的体现。提出的主要基本测度参数包括：信息采集率、误码率、堵塞率、传输延时、吞吐量、并发用户数量、软件的容错性等。鲁棒性研究更加面向业务性能，更加针对最终用户，也反映了系统的服务性能，是网络可靠性测度的较高层次。

6.2.3　物联网测试现状

6.2.3.1　国外物联网测试现状

物联网标准是物联网技术竞争的制高点，各国都在推进物联网技术的标准化工作。依托物联网标准组织开展测试工作是目前很多国家开展物联网测试的主要方式。另外，由于物联网技术涉及的领域众多，导致物联网标准分布比较分散，各个标准化组织都在进行着相关标准化和相关的测试工作。

除了较为熟悉的 ITU-T、ISO/IEC、ETSI、IEEE 等老牌标准化组织开展物联网标准化之外，2012 年 7 月，为了推动全球物联网标准工作，在欧洲成立物联网通信标准组织 OneM2M。OneM2M 由中国通信标准化协会（CCSA）、日本的无线工业及商贸联合会（ARIB）和电信技术委员会（TTC）、美国的电信工业解决方案联盟（TIS）和通信工业协会（TIA）、欧洲电信标准化协会（ETSI），以及韩国的电信技术协会（TTA）等七家标准组织构成，致力于全球物联网标准的制定。OneM2M 成立之后，非常注重物联网测试方面标准的制定。目前已经完成以下物联网测试规范的制定：

- 安全和隐私保护方面的测试标准（身份验证、加密、鉴权认证）；
- 互操作性，包括测试和一致性规范；
- 信息模型和数据管理（包括存储和署名/通知功能）；
- 管理标准和测试规范（包括实体的远程管理）；
- 业务接口测试（包括应用和业务层、业务层和通信功能之间的 API）；

除了依托标准组织外，美国、欧洲等国家也依托大学的专项和实验室，开展物联网前期测试和技术验证。例如，省理工学院获得了 DARPA（Defense Advanced Research Projects Agency，美国国防部先进研究项目局）的支持，从事着极低功耗的无线传感器网络方面的研究，并依托学校实验室开展无线传感网方面的测试；奥本大学也获得 DARPA 支持，从事了大量关于自组织传感器网络方面的研究，宾汉顿大学计算机系统研究实验室移动自组织网络协议、传感器网络系统的应用层设计；州立克利夫兰大学（俄亥俄州）的移动计算实验室在基于 IP 的移动网络和自组织网络方面结合无线传感器网络技术进行了研究和测试。

虽然物联网测试整体仍处于起步阶段，但各国政府对物联网标准化和测试在保障系统互操作、跨系统开展应用等方面发挥的作用十分重视，并开始从国家层面推进物联网标准化和测试工作的开展。韩国明确提出，希望政府推动构建技术/产品的相关标准化和测试认证体系等早期商用化支撑体系，协助中小企业进行技术运用验证，培育物联网产业的发展。

6.2.3.2　我国物联网测试现状

我国物联网测试目前主要集中在典型行业应用测试、标准一致测试和通用性能测试三个方面，各领域发展进度不一致，如图 6-4 所示。

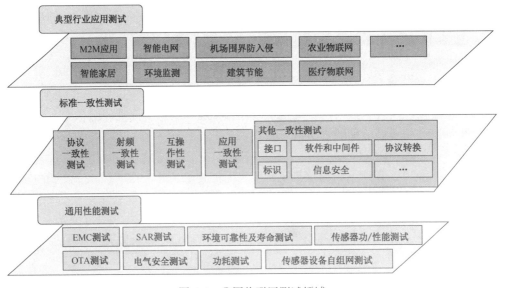

图 6-4　我国物联网测试领域

1. 典型行业应用测试

典型行业应用测试是根据行业相关标准和自身特点进行的方案和系统级测试，可以为相关行业提供有效的测试和评估手段，为行业大规模应用提供技术支持。典型的行业应用测试包括在智能家居、智能电网、环境监测、医疗、农业等领域的物联网行业测试。众多的行业组织，如全国工业过程测量和控制标准化技术委员会、全国智能建筑及居住区数字化标准化技术委员会、全国智能运输系统标准化技术委员会、工业和信息化部信息资源共享协同服务标准工作组等为行业应用测试的开展提供支撑和服务。

2．标准一致性测试

标准一致性测试是检验物联网产品与对应标准的符合程度。目前，物联网中的 RFID 和 IEEE 802.15.4 技术的相关标准（技术要求和测试方法）趋于成熟，物联网中涉及的标识、接口、软件和中间件、协议转换以及信息安全等也已经纳入到各个标准化组织的标准体系中，其他技术的相关标准正在逐步完善。

我国参与物联网标准制定的组织主要有中国通信标准化协会（CCSA）、国标委传感器网络标准工作组（WGSN）、工信部电子标签（RFID）标准工作组，以及各行业标准化组织。以下是三个国内标准化组织在物联网标准方面的主要进展。

（1）CCSA。CCSA 一方面积极参与国际标准化组织（如 ITU-T、IEEE、IETF 等）的标准化工作，另一方面于 2010 年 2 月成立了泛在网技术工作委员会（TC10）。物联网作为泛在网的初级和必然发展阶段，是 TC10 现阶段标准化工作的重点。TC10 下设总体（WG1）、应用（WG2）、网络（WG3）、感知/延伸（WG4）工作组，目前有以下 5 个项目完成标准草案：泛在网术语、下一代网络（NGN）中基于标签识别的应用和业务需求、泛在物联应用汽车信息化业务需求和总体框架、泛在物联应用医疗健康监测系统业务场景及技术要求、泛在物联应用绿色社区总体业务能力要求。

（2）WGSN 于 2009 年 9 月成立，主要进行传感网的标准化，对口 ISO/IEC JTC1 传感网标准化工作组，目前主要开展的标准包括传感器网络的接口、安全、标识、数据交换等标准。

（3）RFID 电子标签标准工作组于 2005 年重新组建，下设总体、标签与读写器、频率与通信、数据格式、信息安全、应用、知识产权 7 个专题工作组，目前我国研究和制定的标准超过 40 项。

3．通用性能测试

通用性能测试是指与物联网产品功能、性能相关的，所有电子产品都可能涉及的测试项目。这类项目包括环境可靠性、寿命、性能、电气安全、功耗等测试。通用性能测试涵盖了物联网体系中各层面的相关产品。

测试工作贯穿于物联网标准化和产业链的整个过程。测试可以对标准化的内容提供验证方法和手段，同时在测试工作中，不断发现和解决问题，有助于完善标准化体系。对于物联网这一新兴产业，随着物联网对象的逐渐明确，除了在目前已经较为成熟 RFID、ZigBee 等领域，还有很多空白的领域尚未具备有效的测试标准和手段，暂未形成统一的测试体系，导致无法对各种设备和技术进行良好验证，限制了设备和技术的大规模推广。从国家和行业的角度，在网络层和应用层技术和协议（包括网络层的 6LoWPAN、RoLL、CoRE 协议、应用层的物联网语义）、基于公众电信网的物联网相关技术和设备（包括 M2M）、行业和公共平台数据的互通和互操作等新兴领域将形成新的突破。

第 7 章
物联网发展

本章要点

- ✓ 泛在网简介
- ✓ 物联网向泛在网发展

本章导读

物联网将向泛在网发展，是泛在网发展的初级阶段，都是架构在现有网络（包括公众电信网、互联网及行业专用网络）的基础上，根据人类生活和社会发展的需求，增加和拓展相应的网络能力，逐步实现人与人、人与物、物与物之间的通信，从电信服务扩展为个人和社会提供泛在的、无所不含、涉及多行业的信息服务和应用。

7.1　泛在网简介

20 世纪末，全球众多国家和地区推出了旨在通过 ICT 技术提高国力的电子兴国战略，如日本的 E-Japan（电子日本）战略、韩国的 E-Korea（电子韩国）战略、欧洲的 E-Europe 战略等。2004 年，日本在两期 E-Japan 战略目标均提前完成的基础上，政府提出了下一步"U-Japan"战略，成为最早采用"泛在（Ubiquitous）"一词描述信息化战略并构建无所不在的信息社会的国家。

"泛在网（Ubiquitous Network）"日益受到更多国家和相关国际组织的重视。韩国紧随日本确立了 U-Korea 总体政策规划，并于 2006 年在 IT-839 计划中引入"泛在的网络"概念，将 IT-839 计划修订为 U-IT839 计划，增加了 RFID、USN 新的"泛在"内容。欧盟也启动了"环境感知智能（Ambient Intelligence）"项目 ARTEMIS（Advanced Research and Technology for Embedded Intelligence and Systems，嵌入式智能系统先进研发项目与技术）。

"泛在网"在部分国家已经从战略远景变为了现实，一些先导应用已经开始服务于社会、经济、生活的许多领域。从日韩等试点城市的部署到成熟的设备和产品解决方案，再到令人惊奇的丰富应用的推出等，都向人们展示出了一个真实的基于无所不在的网络的信息社会。当前，泛在网络应用和服务已经开始在许多产业的众多领域大大提升自动化水平并带来了革命性的变化，如实现政府管理、金融服务、后勤、环境保护、家庭网络、医疗保健、办公大楼等领域的自动化以及信息化等。移动、宽带、互联网的广泛应用更是使得无所不在网络社会不断深化。

一些社会学家认为，泛在网将带来"第四次浪潮"将进行"综合空间的革命"，如图 7-1 所示。特别是通过物联网技术，实现的机器→机器通信一直被各方认为是无处不在网络社会最大的特点之一。在网络基础设施已经比较完备，人-人、人-机器通信非常便捷的今天，在商品生成、传送、交换等过程中，若能充分交流物品信息，实现信息流的无缝传递，必然会大大提升生产力的发展水平，促进经济发展，使人类社会步入更新的社会发展阶段。与此同时，泛在网对社会发展也起到重要促进作用，不论是服务型政府的打造，还是和谐社会的建设。例如，随着城市化进程的加快，人们生活节奏的日益紧张，人口老龄化等问题的凸现，人们也急需在日常生活中纳入"无所不在"的通信方式，帮助解决照顾老人、家庭保安、儿童监控等社会问题。

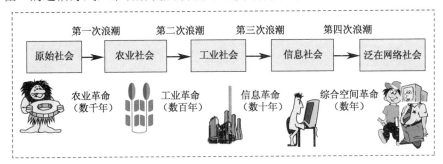

图 7-1　泛在网带来"第四次浪潮"

目前，ICT 发展战略从"e"向"u"已经成为趋势。"e"阶段是信息基础设施集中建设和发展的时期，而"u"战略则是建立在已经夯实的基础设施基础上的，继续升级网络，并注重发展多样化的服务和应用。随着泛在网络的发展，信息通信技术将与社会、生产、经济、生活进行更加深度的融合。

现阶段泛在网不是一个新的网络，它实际就是在现有网络（包括公众电信网、互联网、广电网以及其他行业的专用网络）的基础上，根据人类生活和社会发展的需求，增加和拓展相应的网络能力，在技术上实现人与人、人与物、物与物之间的通信，在服务上从电信服务扩展为个人和社会提供泛在的、无所不在、涉及多行业的信息服务和应用。

泛在网要突破和拓展的技术包括各种网络技术之间的互通和互操作技术、多种接入技术、近距离通信技术、自组织网络技术、定位和跟踪技术、传感器网络和射频标签技术、物品编码、家庭网络、多模多频智能终端、智能机器人、3D 视频通信、泛在网安全与隐私控制、智能人机接口与交互技术以及与各种结合应用的支撑技术，等等。

泛在的网络通信与信息沟通已成为全球社会的共同需求，发达国家通过构建泛在的网络以建设一个以人为本、包容性、全民知识共享的信息社会。我国处于工业化的中后期阶段，面临着推进新型工业化、实现经济社会又好又快发展的紧迫任务。构建泛在的网络，不仅是提升人们生活水平的需要，更是推动信息化与工业化融合、转变经济发展方式、有效缓解资源能源与缓解制约，改善政府管理与社会公共服务、建设和谐社会的紧迫需求。

泛在网具有如下特征：

● 泛在网是基于原有的网络和新的网络的基础上，根据用户的需求和社会的需求，增加相应的服务和应用。

● 泛在网不仅要提供人与人之间的通信能力，而且要实现人与物、物与物之间的通信，实现社会化的泛在通信能力，因此需要在现有网络接入能力的基础上延展覆盖和接入能力。

- 要与物体进行通信，首先需要对这些物体信息化，同时这些物体应该具备环境感知能力和智能性。
- 通信的物体具备了信息能力、感知能力、智能能力，不再是一个"哑巴"式的物体，同时网络还赋予了它一个唯一的标识，就像具备了"生命"一样具备了与人和其他物体间的通信能力。

7.2　物联网向泛在网发展

泛在网发展阶段可以划分为"泛在物联阶段"和"泛在协同阶段"。"泛在物联阶段"是泛在网发展的初级阶段，即物联网阶段，该阶段从网络的角度看主要实现网络的物联，即实现对物理世界中"物"的网络接入和连接；从应用的角度看主要是行业的垂直应用，行业使用现有的网络基础设施，在此基础上增强其物联的能力来支撑各种行业应用。"泛在协同阶段"是在"泛在物联"的基础上，不同行业的物联网、原有的通信网实现互联互通、信息共享和业务协同，如图 7-2 所示。

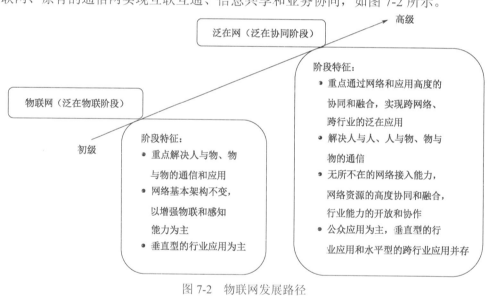

图 7-2　物联网发展路径

与物联网相比，泛在网的连通度和智能程度更高，即包含了人与人、人与物及物与物之间的广泛连接，各种末端技术与网络之间、不同网络之间，以及末端接入、网络和应用层之间的协同和融合程度更高。泛在网络目标是向个人和社会提供泛在的、无所不在的信息服务和应用；从网络技术上，泛在网是通信网、互联网、物联网高度融合的目标，它将实现多网络、多行业、多应用、异构多技术的融合和协同。

如果说泛在网是信息通信技术应用发展的最终目标和我国未来信息通信技术创新的领域和源泉，那么物联网就是采用信息通信技术实现行业的信息化应用，它的应用将促进信息通信技术在电网、交通、城市、家居、医疗、农业等领域的应用。

缩 略 语

3G	3rd Generation	第三代
3GPP	3rd Generation Partnership Project	第三代伙伴计划
AAA	Authentication，Authorization and Accounting	鉴权、授权和计费
ACB	Access Class Barring	接入等级控制
ADC	Analog to Digital Converter	模拟数字转换器
AHS	Advanced Highway System	先进道路支援系统
AIM	Association for Automatic Identification and Mobility	自动识别与移动技术协会
ANSI	American National Standards Institute	美国国家标准协会
API	Application Programming Interface	应用程序编程接口
APN	Access Point Name	接入点名称
AS	Application Server	应用服务器
ASV	Advanced Safety Vehicle	先进安全型汽车
BAN	Body Area Network	体域网
CCD	Charge-coupled Device	电荷耦合元件
CDF	Charge Data Function	计费数据功能
CDR	Charge Data Record	计费数据记录
CGF	Charge Gateway Function	计费网关功能
CID	Center for International Development	国际发展中心
CMOS	Complementary Metal-Oxide Semiconductor	补充金属氧化物半导体
CPU	Central Processing Unit	中央处理单元
CVD	Cardiovascular Disease	心血管疾病
DM	Device Management	设备管理
DNS	Domain Name System	域名系统
DOI	Digital Opportunity Index	数字机遇指数
DRX	Discontinuous Reception	非连续接收
DSP	Digital Signal Processing	数字信号处理
DSRC	Dedicated Short Range Communications	专用短距离通信

DVD	Digital Video Disc	数字视频光盘
EAB	Extended Access Barring	扩展接入控制
EAN	European Article Number	欧洲物品编码
ECG	Electrocardiography	心电图
EEPROM	Electrically Erasable Programmable ROM	电可擦除可编程只读存储器
EHR	Electronic Health Record	电子健康档案
EMR	Electronic Medical Records	电子病历
eNB	evolved Node B	演进的 Node B
ENUM	tElephone NUmber Mapping	电话号码映射
EPC	Electronic Product Code	电子产品编码
ePDG	evolved Packet Data Gateway	演进的分组数据网关
E-UTRAN	Evolved UTRAN	演进的 UTRAN
ETC	Electronic Toll Collection	电子不停车收费系统
FTP	File Transfer Protocol	文件传输协议
ETSI	European Telecommunications Standards Institute	欧洲电信标准化协会
GDP	Gross Domestic Product	国内生产总值
GERAN	GSM EDGE Radio Access Network	GSM 无线接入网络
GGSN	Gateway GPRS Support Node	网关 GPRS 支持节点
GPRS	General Packet Radio Service	通用分组无线业务
GSMA	Global System for Mobile Communications Association	全球移动通信系统协会
H2H	Human to Human	人与人通信
HIMSS	Healthcare Information and Management Systems Society	社会医疗信息和管理系统
HIS	Hospital Information System	医院信息系统
HLR	Home Location Register	归属位置寄存器
HPLMN	Home Public Land Mobile Network	归属的公众陆地移动通信网
HSS	Home Subscriber Server	归属用户服务器
ICT	Information and Communications Technology	信息通信技术
ICT-DI	Information and Communications Technology -Diffusion Index	信息化扩散指数
IEC	International Electrotechnical Commission	国际电工委员会
IEEE	The Institute of Electrical and	电气电子工程委员会

	Electronics Engineers	
IETF	Internet Engineering Task Force	互联网工程任务组
IMSI	International Mobile Subscriber Identity	国际移动用户识别码
IP	Internet Protocol	互联网协议
IPTV	Internet Protocol Television	互联网电视
IRI	Internationalized Resource Identifiers	国际化资源标识符
ISO	International Organization for Standardization	国际标准化组织
ITU	International Telecommunication Union	国际电信联盟
LTE	Long Term Evolution	长期演进
M2M	Machine to Machine	机器对机器
MEMS	Micro Electro Mechanical Systems	微机电系统
MME	Mobility Management Entity	移动性管理实体
MSC	Mobile Switching Centre	移动交换中心
MSISDN	Mobile Subscriber ISDN Number	移动用户 ISDN 号码
MT	Mobile Terminating	移动（用户）终结
MTC	Machine Type Communication	机器类型通信
MTC-IWF	Machine Type Communication– Interworking Function	机器类型通信-交互功能
NAS	Non-Access Stratum	非接入层
NAT	Network Address Transform	网络地址转换
NFC	Near Field Communication	近场通信
O2O	Online to Offline	线上线下
OID	Object Identifier	对象标识符
OMA	Open Mobile Alliance	开放移动联盟
ONS	Object Naming Service	对象名称解析服务
ORS	Object identifier Resolution System	对象标识符解析系统
PC	Personal Computer	个人计算机
PDA	Personal Digital Assistant	个人数码助理
PGW	Packte Data Network-GateWay	分组数据网网关
PKI	Public Key Infrastructure	公钥基础设施
POS	Point of Sale	销售时点情报系统
PROBE-IT	Pursuing ROadmap and BEnchmark for Internet of Things	探索物联网发展的路径和基准（欧盟 FP7 项目）

PS	Packet Switched	分组交换
QoS	Quality of Service	服务质量
RAB	Radio Access Bearer	无线接入承载
RAM	Random Access Memory	随机存储器
RAN	Radio Access Network	无线接入网
RFID	Radio Frequency Identification	无线射频识别
RO	Read Only	只读
ROM	Read Only Memory	只读存储器
RRC	Radio Resource Control	无线资源控制
RW	Read and Write	可读可写
SCS	Service Capability Servers	业务能力服务器
SGSN	Serving GPRS Support Node	服务 GPRS 支持节点
TD-SCDMA	Time Division-Synchronous Code Division Multiple Access	时分-同步码分多址
UCC	Uniform Code Council	统一编码协会
UCode	Ubiquitous Code	泛在识别码
UE	User Equipment	用户设备
UHF	Ultra High Frequency	超高频
UID	Ubiquitous ID Center	泛在识别中心
UII	Unique item identifier	唯一项目标识符
UMTS	Universal Mobile Telecommunications System	通用移动通信系统
UPC	Universal Product Code	通用产品码
URI	Uniform Resource Identifier	统一资源标识符
URL	Uniform Resource Locator	统一资源定位符
URN	Uniform Resource Name	统一资源名称
USIM	Universal Subscriber Identity Module	全球用户标识模块
UTRAN	Universal Terrestrial Radio Access Network	UMTS 陆地无线接入网
VICS	Vehicle Information and Communication System	车辆信息与通信系统
VPLMN	Visited Public Land Mobile Network	拜访公共陆地移动通信网
WHO	World Health Organization	世界卫生组织
Wi-Fi	Wireless Fidelity	无线保真
WLAN	Wireless Local Area Network	无线局域网
WPAN	Wireless Personal Area Network	无线个域网

参 考 文 献

[1] 彭瑜. 无线 HART 协议——一种真正意义上的工业无线短程网协议的概述和比较[J]. 仪器仪表标准化与计量，2007（5）.

[2] 丁颖，盛惠兴. HART 协议解析[J]. 现代电子技术，2004，（1）.

[3] GB/T 26790.1—2011，工业无线网络 WIA 规范 第 1 部分：用于过程自动化的 WIA 系统结构与通信规范.

[4] Bluetooth SIG. Bluetooth system Core Specification Version 4.0，June 30，2010.

[5] 金纯，林金朝，万宝红. 蓝牙协议及其源代码分析[M]. 北京：国防工业出版社，2006.

[6] 喻宗泉. 蓝牙技术基础[M]. 北京：机械工业出版社，2006.

[7] 金纯，肖玲娜，罗纬等. 超低功耗（ULP）蓝牙技术规范解析[M]. 北京：国防工业出版社，2010.

[8] 李金涛. 蓝牙自适应跳频技术的研究[A] 四川省通信学会 2006 年学术年会论文集，2006，（9）.

[9] 罗娟，曹阳. 蓝牙链路管理的系统级 SCO 设计方法[A]. 中国科技论文在线，2006，34（8）：1671-4512.

[10] 邹艳碧，吴智量，李朝晖. 蓝牙协议栈实现模式分析[J]. 微计算机信息，2003，19（5）.

[11] 孙光民，邵同震. 蓝牙基带数据传输机理分析[J]. 电子技术应用，2003，（4）.

[12] 信息产业部. 关于调整 2.4GHz 频段发射功率限值及有关问题的通知（信部无[2002]353号）. 2002，（8）.

[13] 信息产业部. 信息产业部关于使用 5.8GHz 频段频率事宜的通知（信部无[2002]277 号）. 2002，（7）.

[14] 信息产业部. 关于 60GHz 频段微功率（短距离）无线电技术应用有关问题的通知（信无函[2006]82 号）. 2006，（10）.

[15] 国家无线电管理局. 关于公开征求 5000 兆赫兹频段无线接入系统频率使用规划意见的通知. 2012，（9）.

[16] 罗振东. 无线局域网技术与标准发展趋势[J]. 电信网技术，2012，（5）.

[17] 罗振东. 下一代 WLAN 技术标准 IEEE 802.11ac/ad[J]. 现代电信科技，2010，（12）.

[18] 2012 年中国智慧城市发展水平评估报告. 国脉物联网. 2012 年 12 月.

[19] 信息化水平的国际比较研究课题组. 电信联盟的信息化机遇指数（ICT-OI）国际比较——信息化水平的国际比较研究——系列报告之三国家统计局科研所.

[20] 王秀屏. 全球数字机遇指数（DOI）排名[J]. 世界电信，2007，（5）.

[21] 欧盟 PROBE-IT 项目. http://www.probe-it.eu/.

[22] 中国通信行业标准 YD/T 2437—2012 物联网总体框架与技术要求.

[23] 中国通信标准化协会标准 YDB 083—2012 泛在网络标识、解析与寻址体系.

[24] 中华人民共和国工业和信息化部. 电信网编号计划.

[25] 中国互联网络信息中心 ENUM 工作组. ENUM 技术白皮书.

[26] 国家重大专项三项目"物联网总体架构及关键技术研究(泛在物联)". 物联网产业发展及其产业分析 研究报告.

[27] 中国电子元件行业协会信息中心. 2009 年版中国传感器市场竞争报告. 2009.

[28] 中国 RFID 产业联盟. 中国 RFID 与物联网发展 2009 年度报告. 2009 年.

[29] 舒婷,丁云,俞汝龙. 医院信息化建设三阶段核心目标之中美比较. 2007 中华医院信息网络大会,2007:72-78.

[30] 王建辉、张选、禹震、王培花. 信息化技术支撑下的东城区社区卫生服务新模式[J]. 中国数字医学,2008,3(9):14-16.

[31] ITU-T. 电子医疗标准和互操作性. 2012,(4).

[32] 伦国灿. 亚太地区卫生信息化的发展[J]. 世界医疗器械,2007,(1)18.

[33] 刘昌黎. 日本信息化的新发展与无所不在网络社会的建设. 2008,http://www.jsc.fudan.edu.cn/picture/jl080202.pdf.

[34] 毕然,汤立波,罗松. 车联网应用发展及产业格局分析. 电信网技术,2011,(9).

[35] 毕然,党梅梅. 智能交通系统标准化现状及发展趋势. 电信网技术,2011,(4).

[36] ITU-T E.164 The International Public Telecommunication Numbering Plan

[37] ITU-T X.660 ISO/IEC 9834-1 General Procedures and Top Arcs of the International Object Identifier Tree.

[38] ITU-T X.672 ISO/IEC 29168-1 Information technology - Open systems interconnection - Object identifier resolution system(ORS).

[39] ITU-T X.674 ISO/IEC 29168-2 Procedures for the registration of arcs under the Alerting object identifier arc.

[40] IETF RFC3986 Uniform Resource Identifier(URI): Generic Syntax [S].

[41] IETF RFC2141 URN Syntax.

[42] IETF RFC1034 Domain Names-Concepts and Facilities.

[43] IETF RFC1035 Domain Names-Implementation and Specification.

[44] IETF RFC791 Internet Protocol.

[45] 3GPP TS 22.368 Service requirements for Machine-Type Communications(MTC). Stage 1.

[46] 3GPP TS 23.060 General Packet Radio Service(GPRS). Service description. Stage 2.

[47] 3GPP TS 23.228 IP Multimedia Subsystem(IMS). Stage 2.

[48] 3GPP TS 23.401 General Packet Radio Service(GPRS)enhancements for Evolved Universal Terrestrial Radio Access Network(E-UTRAN)access.

[49] 3GPP TR 23.887 Architectural Enhancements for Machine Type and other mobile data applications Communications.

[50] 3GPP TS 23.682   Architecture enhancements to facilitate communications with packet data networks and applications.

[51] 3GPP TS 24.008   Mobile radio interface Layer 3 specification. Core network protocols. Stage 3.

[52] 3GPP TS 29.303   Domain Name System Procedures. Stage 3.

[53] 3GPP TS 29.061   Interworking between the Public Land Mobile Network（PLMN）supporting packet based services and Packet Data Networks（PDN）.

[54] IEEE Std 802.15.3c-2009，IEEE Standard for Information technology - Telecommunications and information exchange between systems - Local and metropolitan area networks - Specific requirements. Part 15.3: Wireless Medium Access Control（MAC）and Physical Layer（PHY）Specifications for High Rate Wireless Personal Area Networks（WPANs）Amendment 2: Millimeter-wave-based Alternative Physical Layer Extension，October 2009.

[55] WirelessHD Specification Overview，August 2009.

[56] WirelessHD Specification Version 1.1 Overview，May 2010.

[57] WiMedia Alliance，WiMedia Specification 1.5（PHY，MAC，and MAC-PHY Interface），2009.

[58] IEEE Std 802.15.6-2012，IEEE Standard for Local and metropolitan area networks - Part 15.6: Wireless Body Area Networks.

[59] IEEE Std 802.11-2012，IEEE Standard for Information technology—Telecommunications and information exchange between systems Local and metropolitan area networks—Specific requirements Part 11: Wireless LAN Medium Access Control（MAC）and Physical Layer（PHY）Specifications，March 2012.

[60] IEEE P802.11ac™ /D4.0，Draft STANDARD for Information Technology- Telecommunications and information exchange between systems- Local and metropolitan area networks- Specific requirements Part 11: Wireless LAN Medium Access Control（MAC）and Physical Layer（PHY）specifications Amendment 4: Enhancements for Very High Throughput for Operation in Bands below 6 GHz，October 2012.

[61] IEEE P802.11ad™ /D9.0，Draft Standard for Information Technology – Telecommunications and Information Exchange Between Systems – Local and Metropolitan Area Networks – Specific Requirements – Part 11: Wireless LAN Medium Access Control（MAC）and Physical Layer（PHY）Specifications – Amendment 3: Enhancements for Very High Throughput in the 60 GHz Band，July 2012.

[62] IEEE Std 802.15.4-2006，IEEE Standard for Information Technology- Telecommunications and Information Exchange Between Systems- Local and Metropolitan Area Networks- Specific Requirements Part 15.4: Wireless Medium Access Control（MAC）and Physical Layer（PHY）Specifications for Low-Rate Wireless Personal Area Networks（WPANs），September 2006.

[63] IEEE Std 802.15.4g-2012，IEEE Standard for Local and metropolitan area networks—Part 15.4: Low-Rate Wireless Personal Area Networks（LR-WPANs）Amendment 3: Physical Layer（PHY）

Specifications for Low-Data-Rate，Wireless，Smart Metering Utility Networks，April 2012.

[64] ZigBee Alliance，ZigBee Specification Document 053474r17，January 17，2008.

[65] Patrick Kinney，ZigBee Technology: Wireless Control that Simply Works，Communications Design Conference，October 2，2003.

[66] Minho Cheong，TGah Functional Requirements and Evaluation Methodology Rev. 5（IEEE 802.11-11/0905r5），January 16，2012.

[67] Minyoung Park，Proposed Specification Framework for TGah（IEEE 802.11-11/1137r12），November 15，2012.

[68] Hector Gonzalez，Jiawei Han，Xiaolei Li，Diego Klabjan．"Warehousing and Analyzing Massive RFID Data Sets，" ICDE 2006: 83.

[69] Hector Gonzalez，Jiawei Han，Xiaolei Li．"FlowCube: Constructuing RFID FlowCubes for Multi-Dimensional Analysis of Commodity Flows，" VLDB 2006: 834-845.

[70] Hector Gonzalez，Jiawei Han，Xiaolei Li．"Mining compressed commodity workflows from massive RFID data sets，" CIKM 2006: 162-171.

[71] Hector Gonzalez，Jiawei Han，Xiaolei Li，Diego Klabjan．"Warehousing and Analyzing Massive RFID Data Sets，" ICDE 2006: 83.

[72] Xiaolei Li，Jiawei Han，Sangkyum Kim，Hector Gonzalez．"ROAM: Rule- and Motif-Based Anomaly Detection in Massive Moving Object Data Sets，" SDM 2007.

[73] J.-G. Lee，J. Han，and X. Li．"Trajectory outlier detection: A partition-and-detect framework，" Proc. 24th Int'l Conf. on Data Engineering，pages140-149，Cancun，Mexico，Apr. 2008.

[74] Jae-Gil Lee，Jiawei Han，Xiaolei Li，Hector Gonzalez: "TraClass: trajectory classification using hierarchical region-based and trajectory-based clustering，" PVLDB 1（1）: 1081-1094（2008）.

[75] Jae-Gil Lee，Jiawei Han，Kyu-Young Whang．"Trajectory clustering: a partition-and-group framework，" SIGMOD 2007: 593-604.

[76] Joydeep Ghosh．"A Probabilistic Framework for Mining Distributed Sensory Data under Data Sharing Constraints，" First International Workshop on Knowledge Discovery from Sensor Data. 2007.

[77] Betsy George，James M. Kang，Shashi Shekhar．"Spatio-Temporal Sensor Graphs（STSG）: A data model for the discovery of spatio-temporal patterns，" Intell. Data Anal. 13（3）: 457-475（2009）.

[78] Parisa Rashidi and Diane J. Cook．"An Adaptive Sensor Mining Framework for Pervasive Computing Applications，" 2nd International Workshop on Knowledge Discovery from Sensor Data，2008.

[79] FAN Chun-xiao，SONG Jie，WEN Zhi-gang，et al．A scalable Internet of things lean data provision architecture based on ontology［C］//Proc of IEEE GCC Conference and Exhibition．2011: 553-556.

[80] JEFFERY S R，GAROFALAKIS M，FRANKLIN M J.Adaptive cleaningfor RFID data streams
      ［C］// Proc of the 32nd International Conference on Very Large Database．2006: 553-556.

[81] BAI Yi-jian，WANG Fu-sheng，LIU Pei-ya.Efficeiently filtering RFID data streams［C］//Proc of
      CleanDB Workshop．2006: 50-57.

[82] EPCglobal．http://www.gs1.org/epcglobal.

[83] uID center．http://www.uidcenter.org.

[84] 中国智能家居网．http://www.smarthomecn.com.

[85] Telecom，IT and Healthcare: wireless，wireline and digital Healthcare，The insight research
      corporation. 2008.5，http://www.insight-corp.com.

反侵权盗版声明

电子工业出版社依法对本作品享有专有出版权。任何未经权利人书面许可，复制、销售或通过信息网络传播本作品的行为；歪曲、篡改、剽窃本作品的行为，均违反《中华人民共和国著作权法》，其行为人应承担相应的民事责任和行政责任，构成犯罪的，将被依法追究刑事责任。

为了维护市场秩序，保护权利人的合法权益，我社将依法查处和打击侵权盗版的单位和个人。欢迎社会各界人士积极举报侵权盗版行为，本社将奖励举报有功人员，并保证举报人的信息不被泄露。

举报电话：（010）88254396；（010）88258888

传　　真：（010）88254397

E-mail：　dbqq@phei.com.cn

通信地址：北京市万寿路 173 信箱

　　　　　电子工业出版社总编办公室

邮　　编：100036